入門 機械学習による 異常検知

―Rによる実践ガイド―

博士(理学) 井手 剛 著

コロナ社

ま え が き

この本は，機械学習の技術を使って異常検知をやってみたい人のためのガイドブックとして書かれました。データに基づいて，なにか客観的な基準で変化の兆候をとらえて，いち早く意思決定をしてつぎの手を打つこと。これはあらゆるビジネスの基本ですが，異常検知はそのための第一歩となる大切な技術です。

筆者はこれまで，異常検知について開発した新たな手法を国際学会などで発表する傍ら，幅広い応用事例を手掛けてきました。その中で気づいたことが大きく二つあります。一つは，異常検知を実際にやってみたいと思っても，直接参考になる本を探すのが難しいということです。この研究を始めた 10 年ほど前，異常検知は統計学や制御工学の小さな一分野という扱いで，しかもその内容は，確率分布に関する理論的な解説がほとんどで，実データの荒々しさの前には使い物にならないというのが正直な感想でした。

気づいたことのもう一つは，異常検知においては，「機械学習」という比較的新しい学問分野で開発された技術が実用上とても役に立つということです。機械学習はもともと人工知能研究の一分野で，「機械が自動で学習する」という語感のとおり，大量のデータがあるときに，その中からパターンを見出すことを目標とする汎用技術です。機械学習は，2000 年前後から理論・応用面で目覚しい進歩を遂げました。どちらかといえば研究者側の発想で語られることの多いこの新しい技術分野を，異常検知という，実用ど真ん中の視点から語ってみたいと思います。

多くの場合，異常検知は，多大な経済的損失の防波堤としての重大な役割をもっています。人の命にすら関わる場合もあります。そのような重要な問題に関わるエンジニアとしては，使う手法について完全な理解をもちたいと願うのが人情だと思います。そのような要請に応えるため，本書では天下り式の説明をできるだけ排除し，理系の学部程度の統計学や線形代数の基礎知識さえあれば，本書のみで手法についての理解が得られるように努力しました。正規分布やカイ二乗分布といった主要な分布の分布形の導出さえ行っているのがその例です。ただし，細部の導出にこだわることで全体像が見えにくくなる危険も考えて，理論的詳細と考えられるところの節には「*」印を付けてあります。本書をぱらぱらと眺めていただければ，日本の製造業の現場で普及しているホテリング T^2 理論やマハラノビス=タグチ法はもちろん，機械学習の技術を使った基本的な異常検知の技術が，自己完結的に説明されていること，数式の書きっ放しではなく，実戦に使えるよう「手順」という形で内容をまとめていることなど，本書の特徴がおわかりいただけるかと思います。

本書は，電子情報通信学会「情報論的学習理論と機械学習研究会」が 2012 年に企画したチュートリアルのために準備した内容が基になっています。その機会を与えて下さり，またこの分野で研究を続けるきっかけをつくって下さった東京大学 山西健司 教授にはこの場を借りて御礼申し上げます。また，本書の執筆に際し，東京大学先端科学技術研究センターの矢入健久 博士には，その企画から細かい内容の確認に至るまで，ほとんど共著といえるほど多大なるご支援をいただきました。IBM 東京基礎研究所の勝木孝行氏には本書草稿について貴重かつ詳細な技術的コメントを得ました。ご支援に心から感謝いたします。

2015 年 1 月

井手　剛
http://ide-research.net/

本書のサポートページを下記の URL に公開しています。

http://ide-research.net/book/support.html

章末問題の解答と誤植情報を掲載する予定です。

目　　　次

1.　異常検知の基本的な考え方

2.　正規分布に従うデータからの異常検知

3. 非正規データからの異常検知

4.　性能評価の方法

5. 不要な次元を含むデータからの異常検知

6.　入力と出力があるデータからの異常検知

7. 時系列データの異常検知

8.　よくある悩みとその対処法

付　　　録 ……… 242

1

異常検知の基本的な考え方

この章では，簡単な例題を基に，異常検知の問題設定と，基本となる考え方を眺めてゆきます。

1.1　例題：健康診断

あなたがある高校の校医さんで，1 学年 200 人の身長と体重，さらに問診結果のデータを一覧できる立場にあると考えましょう。そして，このデータから「普通と変わった振舞い」を見つけ出す規則をつくることを考えましょう。常識的に頭に浮かぶのは，例えばこういう規則です。

「体重が 80 kg 以上なら太りすぎ」

なぜこう思うかといえば，頭の中に「普通の人ならこれくらいだ」というイメージがあり，それから外れる人を肥満とみなしているからです。

しかし，身長が高い人は当然体重も多いでしょうから，単に体重だけで太りすぎを判定するのは筋が通らない気もします。そこで世界保健機構（WHO）では，つぎのような指標を定め，BMI（body mass index）と呼んでいます。

BMI = （体重〔kg〕）÷（身長〔m〕の 2 乗）

そうして，これが 25 を超えると肥満，すなわち「普通と変わった振舞い」にあると定義しています†。なぜ WHO が 25 以上を肥満だと考えているかといえば，正常で健康な人が大体 BMI 25 未満に収まっているという臨床データを

† 体重は身体の体積に比例するはずなので，一見身長の 3 乗のほうが自然な気もしますが，赤ちゃんは別にして，大人の場合は体重と体積は比例しないそうです。

もっているからです。ただ，WHO の基準にはいろんな国のいろんな人種が混ざっているはずですから，高校生の健康のよい指標にはならないかもしれません。この場合，問診のデータを基に，「BMI がこのくらいなら不健康な人が多い」というような区切りの値（これを**閾値**（しきいち）と呼びます）をいろいろ調整して定めることになるのだと思います。

これはとても簡単な例ですが，異常検知の考え方をよく説明する例になっています。つまり異常検知の基本は，正常となるモデル（「普通の人なら BMI はこのくらいだ」）をデータからつくり，そのモデルから外れるものを異常とすることです。つぎの節で，もう少し詳しくこの問題を定義して，異常検知の問題設定についての理解を深めましょう。

1.2　計算機に判定規則をつくらせたい

まず，一般的に異常検知を行うにはなにが必要か考えてみましょう。例えば，上の健康診断の場合，「健康な人であれば，BMI の値がこれくらいの範囲におさまるはず」というような判定基準が必要になります。この判定基準をより一般的な言葉で表せば，正常と異常を区別するためのなんらかの「知識」ということになります。つまり，異常検知には「知識」が必要です。

「機械学習で異常検知を行う」というのは結局，この「知識」を（人間が事前に用意するのではなく）機械学習の手法を用いて過去のデータから計算機に見つけ出させるということを意味しています。この流れを模式的に図 **1.1** に書きました。知識は統計的モデルの形で表現され，統計モデルのパラメターや係

図 1.1　機械学習を用いた異常検知の流れ（データに基づいて統計的モデルの形の知識が自動で学習される）

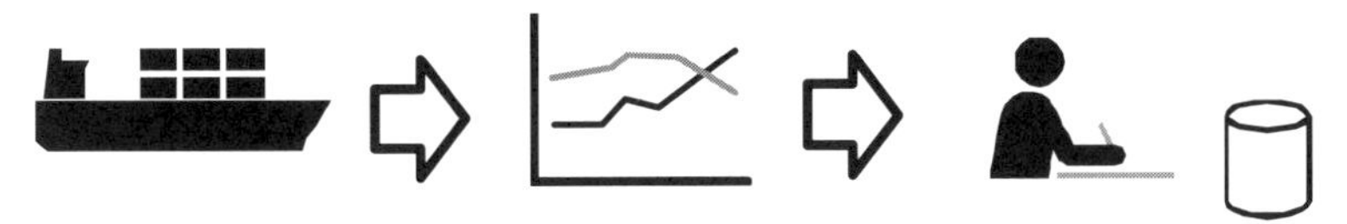

図 1.2 伝統的な異常検知の流れ（知識の生成源は主に人間で，典型的には人間が可読な IF–THEN ルールの形で知識が蓄積される）

数など，一般にはなにかの数値の集まりとなります。それらの数値を「読む」ためには一般には統計的モデルへの理解が必要ですが，統計モデルは，例えば「異常度」という形で現実世界に対し有用な知見を与えるように設計されます。

統計的機械学習の手法が発達する以前は，知識の生成源は人間でしかありえませんでした。知識は基本的に人間が読める形での IF–THEN ルールで記述されることが想定され，このルールを大量にためておけば最高の専門家の思考過程が再現できると考えられてきました。いわゆるエキスパートシステムです（図 **1.2**）。IF–THEN ルールは可読性の観点で魅力的ですが，人工知能の長い研究史が教えるところによれば，人間が明示的に列挙できるルールの多様性は，現実世界の多様性に比べて桁違いに乏しく，人間を主たる判定ルール生成源として監視システムを構築するアプローチはほぼ必ず失敗することがわかっています。実用的な監視システムの構築には，データからパターンを自動学習する機能が必要です。

最近，計測・データ保存の技術が発展して膨大なデータが集められるようになってきています。その一方で，適切な異常検知ルールやモデルを作成できる熟練エンジニアが減りつつあるといわれています。従来のエキスパートシステムが抱えていた本質的な課題（しばしば**知識獲得のボトルネック**と呼ばれます）を，機械学習という新しい解析技術を使って乗り越える機運が高まってきたといえるでしょう。本書はそのためのガイドブックになることを意図しています。

1.3 「確率分布」で正常パターンをつかむ

冒頭の健康診断の例では，身長と体重という二つの値を考えました。これを一般に**変数**と呼ぶことにします。生徒によって値がいろいろと変わるからです。いまの場合は，二つ変数がありますが，これを「入力変数は 2 **次元**である」ということにします。2 次元以上でも同様です。2 次元以上の変数をまとめて，太字で $\boldsymbol{x}$ というように表します。いまの場合，生徒の名前を仮に一郎さん，二郎さん，三郎さん，…としておくと，i 郎さんについての変数を

$$\boldsymbol{x}^{(i)} = \begin{pmatrix} x^{(i)}_{\text{身長}} \\ x^{(i)}_{\text{体重}} \end{pmatrix} \tag{1.1}$$

のように定義できます。$x^{(i)}_{\text{身長}}$ は，i 郎さんの身長を表す記号で，例えば二郎さんについては $x^{(2)}_{\text{身長}} = 178\,\mathrm{cm}$ というような感じです。同様に，二郎さんの体重を $x^{(2)}_{\text{体重}} = 63\,\mathrm{kg}$ のように表します。以下，複数の変数をまとめて列ベクトルとして表します †。この二郎さんの例だと，$\boldsymbol{x}^{(2)} = \begin{pmatrix} 178 \\ 63 \end{pmatrix}$ という感じです。

データには，身長・体重に加えて問診の結果もあると想定しました。話を簡単にするため,「不健康度」が記録されているとしましょう。例えば完全に健康なら 0，まったく病的なら 1，というような値を定義できるかもしれません。これはいってみれば，それぞれの人の日ごろの節制を表す結果，あるいは出力というべき変数です。これをやはり i 郎さんに対して $y^{(i)}$ という記号で表すことにしましょう。これらの記号を使うと，与えられたデータ $\mathcal{D}$ は，全生徒の数 $N = 200$ に対して

$$\mathcal{D} = \{(\boldsymbol{x}^{(1)}, y^{(1)}),\ (\boldsymbol{x}^{(2)}, y^{(2)}),\ \ldots,\ (\boldsymbol{x}^{(i)}, y^{(i)}),\ \ldots,\ (\boldsymbol{x}^{(N)}, y^{(N)})\}$$

というように書けます。$\{\cdot\}$ は集合を表す記号で，$(\cdot)$ は「組」を表す記号という意味で使っています。集合の場合，要素の順番はどうでもよいですが，組の場合は要素の順番には意味があることに注意しましょう。

さて，これらの準備の下で，冒頭で紹介した異常検知の基本的考え方をより

---

† 「列」ベクトルとするのはただの習慣で深い意味はありませんが，行列とベクトルの積の表記がきれいになるというメリットがあり，線形代数での標準的記法です。

「それらしく」表現してみましょう。異常検知モデルの構築は一般に3ステップあります。

1) ステップ1（分布推定）：　正常のモデルをつくる。通常,「正常」といってもある範囲でばらつくものですから，先の例ですと,「標準体型」の人の，身長と体重に関するばらつきを含んだモデル（確率分布）をつくることになります。

2) ステップ2（異常度の定義）：　正常からのずれの度合い，すなわち異常度を定義する。この場合，すごく体重が重い人とか，身長と体重のバランスがひどく崩れている人が高い異常度をもつように異常度を設計することになります。

3) ステップ3（閾値の設定）：　異常度がある値より大きいと異常，と判定できるような区切りの値（閾値）をデータから求める。いまの場合，正常人のモデルと問診結果 y を照合しつつその範囲を決めることになります。

分布，異常度，閾値を，異常検知の三大要素と呼んでよいでしょう。機械学習を用いて異常検知を行うということは，これらの要素を，機械学習を使ってデータから最適に決めることです。

なお，実応用上，これらの三要素が一部融合した形で扱われることがあります。特に，ステップ1と2の分布推定と異常度の定義を融合させ，全体を2ステップで取り扱う場合がしばしばあります。しかし本書では，異常検知技術全体に俯瞰（ふかん）的な視野を提示するという観点から，確率分布の存在を基本に考えます。

では,「確率分布を求める」というのはどういうことでしょうか。通常，正常のモデルをつくるためには，つぎの二つの作業を行うのが普通です。

(1) 未知のパラメターを含む確率分布モデルを仮定する。

(2) 未知パラメターをデータに合わせこむ。

これは「データからのモデルの学習」，すなわち，機械学習そのものです。例えば健康診断の例で，正規分布を使ったとすると，これは，身長と体重について $N = 200$ 人のデータから平均と分散を計算することに他なりません。これは誰でも知っている演算ではありますが，まさに「データからのモデルの学習」であり，機械学習で目標にすることそのものです。本書を手にとった読者の中には，機械学習という分野についてまったく予備知識がない人もいるかもしれません。でも大丈夫。機械学習ですることは，基本的に単純，正規分布の平均・分散を計算しているのと同じようなことです。次節でもう少し詳しく例を挙げます。

1.4　機械学習で確率分布を求める

正規分布の平均と分散の例は，機械学習でやることの最も単純な例でしたが，もう少し細かく問題を分けることができます。データから正常モデルを構築するには，対象となる系の性質に応じて，つぎのような問題を解く必要があります。

(1) **密度推定問題**　入出力に区別がなく，また，データの観測順序が重要でない場合。先の例だと，体重と身長に関する標準的なばらつきを表す確率分布 $p(\boldsymbol{x})$ を，データ $\mathcal{D}$ から求めることに当たります。2 章と 3 章で主に扱います。

(2) **次元削減問題**　これも $p(\boldsymbol{x})$ を $\mathcal{D}$ から求める問題ですが，$\boldsymbol{x}$ が多次元で，しかも，データのパターンの把握に役に立つ次元とそうでない次元が混在している状況を想定します。このような場合，役に立たない次元を削減し，役に立つ次元だけでモデルをつくることが理想的です。そのための手法を 5 章で扱います。

(3) **回帰問題**　ある入力に対する出力に興味があるが，観測データの順序が重要でない場合。先の例だと，身長と体重のデータ $\boldsymbol{x}$ を与えたときの，不健康度 y の値についての条件付き確率分布 $p(y \mid \boldsymbol{x})$ を $\mathcal{D}$ から求めることに当たります[†]。6 章で主に扱います。

(4) **分類問題**　上と同じく，$p(y \mid \boldsymbol{x})$ を $\mathcal{D}$ から求める問題ですが，この

---

† $p(y \mid \boldsymbol{x})$ の“|”は条件付き確率を表す記法。付録 A.2.2 項に基礎事項をまとめておきます。

場合，y は，例えば，0（健康）と 1（不健康）の 2 種類の値，というような離散値をとるのが特徴です。実用上は，健康か否かの結果だけでなく，その度合いを知りたいことが多いので，本書では分類問題としての定式化は主たる興味の対象とはしませんが，3.3 節の近傍法の文脈で，また 8.7 節で一般的な注意をまとめています。

(5) **時系列解析問題**　これは，観測データの順番に意味がある場合，特に典型的なのはデータが時系列になっている場合です。例えば，一郎さんの身長と体重を 5 年間ずっと追跡する，というような状況です。この場合，ある時刻 t における観測値のモデルが重要ですから，出力変数の有無に応じてそれぞれ $p(\boldsymbol{x} \mid t)$ または $p(y \mid \boldsymbol{x}, t)$ を $\mathcal{D}$ から求めることになります。7 章で扱います。

機械学習を使って異常検知をするとは，これらの問題を機械学習の分野で発展してきた手法を駆使して解き，異常度と閾値を問題に応じた適切な形で決めることを意味します。

1.5　やりたいことを具体的に整理する

上に述べた分類は機械学習側から述べたものですが，これを実問題側から見てみましょう。本書では例えばつぎのような問題パターンを扱っています。

(1) 手元にあるデータ $\mathcal{D}$ の中に，測定エラーによる値が混じっているかもしれないので，そういう値を取り除きたい。これは**データクレンジング**（データ洗浄）と呼ばれる問題です。例えば 2 章で述べる `Davis` データの中には，身長と体重を取り違えた標本が含まれています。本書の多くの箇所で例題として紹介されます。

(2) 過去に観測したデータ $\mathcal{D}$ を基にして，いま得られた観測値 $\boldsymbol{x}$ の異常度を計算したい。過去 5 年間の健診データを基に，健康人のモデルをつくり，個々人に対する最新のデータに対して健康判定を行うイメージです。通常，**外れ値検出**の問題，すなわち，正常時に期待される値から外れたかどうかを判定する問題となります。2 章のホテリング理論を手始めに，本書の多くの箇所で紹介されます。なお，$\mathcal{D}$ の中の標本に外れ値検出問題を解くのがデータクレンジングです。

(3) データ $\mathcal{D}$ の中の標本を，いくつかの塊に束ねて，データの中のパターンを把握したい。これは**クラスタリング**です。健診のデータだと，おそらく，男子と女子で異なる傾向があるでしょうから，二つのクラスターが現れるかもしれません。3.4 節で別の例が挙げられます。

(4) 入力 $\boldsymbol{x}$ と出力 y がある決まった関係にあると想定されるときに，その関係の崩れを検知したい。これは前節でも言及した回帰問題として解けます。また，入出力が複数あるときには，**正準相関分析**も有用です。6 章で詳しく説明されます。

(5) 時系列データを眺めて，他と違った振舞いをする部分を同定したい。**異常部位検出**と呼ばれる問題です。例えば，ある人の心電図データを眺めて異常な拍動を呈する部位を抜き出すことは，診断に有用だと思います。図 7.1 が実例です。

(6) 時系列データを眺めて，なにやら傾向が変わった時点で警報を出す。これは**変化点検知**という問題です。これも図 7.1 に実例があります。

(7) 高次元のデータのばらつきを可視化して，大雑把に状況を把握したい。これは**主成分分析**という手法を使えば可能です。実例として図 5.5 は，自動車の異なる車種の属性データの分布を描いた例です。

(8) 二つ（またはそれ以上）のデータセットがあるとき，違いがあるのかないのかを調べたい。東京の生徒と北海道の生徒の体格に違いがあるのだろうか，のような問題で，これは**変化解析**問題と本書で呼ぶ問題です。図 5.9 に示すように，自動車なり船舶なりの観測データを基に不具合を解析したい，という問題でも現れます。

半導体の生産監視の分野では，FDC† という名前で異常検知のツールが実用化され販売されていますが，これは外れ値検出問題を解いていることに対応し

† Fault Detection and Classification の略。

ます。プロトタイプ車に各種のテスト走行をさせて設計のよさを見る，というような問題は変化解析問題に近いと思います。

1.6　異常の度合いを数値で表す

先に述べたとおり，本書では，データの確率分布を異常判定の基本に据えます。再び健康診断の例を考えます。いま，i 郎さんについて，$\boldsymbol{x}^{(i)}$ という健康診断のデータが得られたとします。各次元には身長や体重の計測値の数値が入ります。正常時の確率分布 $p(\boldsymbol{x})$ が与えられているとすれば

(1)　正常時に出現確率が大きい観測値は異常度が低い。

(2)　正常時に出現確率が小さい観測値は異常度が高い。

ということはいえると思います（図 **1.3**）。このことから，観測値 $\boldsymbol{x}'$ についての一つの自然な異常度 $a(\boldsymbol{x}')$ として

$$a(\boldsymbol{x}') = -\ln p(\boldsymbol{x}') \tag{1.2}$$

を採用できることがわかります。ln は自然対数です。マイナスが付いていますので，出現確率が小さいところに来た観測値に高い異常度が与えられることになります。一般に，確率分布の引数に観測値を代入したものを**尤度**（ゆうど）

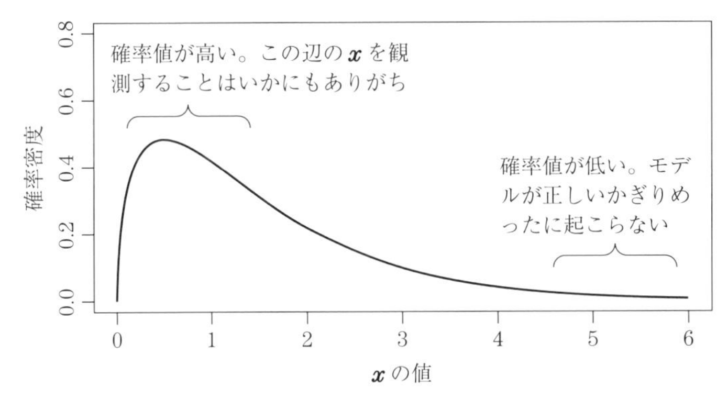

図 1.3　異常度についての基本的な考え方（正常時の系の振舞いについての確率モデルが決まると確率分布のグラフを上のように描ける。もし $\boldsymbol{x}'$ が出現確率の非常に低いところに来たら異常を疑う）

と呼びます。文字どおり，その観測値を所与としたときに，モデルを規定するパラメターの尤(もっと)もらしさを表すからです（詳細は次章で説明します）。上式は，**負の対数尤度**を異常度として採用することを述べています。

本書では，少数の例外を除き，負の対数尤度を基礎として異常度を定義します。この定義は，必ずしも唯一のものではありませんが，いくつもの望ましい性質があります。まず，異常検知の古典理論であるホテリング理論の自然な一般化になっているということが挙げられます。$p(\boldsymbol{x}')$ の確率密度分布モデル として正規分布を採用した場合，負の対数尤度はマハラノビス距離という自然な幾何学的距離と直接の対応がつきます（2.4.1 項 参照）。

また，情報理論の観点では，$-\ln p(\boldsymbol{x}')$ を $\boldsymbol{x}'$ の確率分布にわたり平均したものは，平均情報量と呼ばれます。情報量というのは，いかに $\boldsymbol{x}'$ を知ることが有意義か，ということですが，言い換えればいかに $\boldsymbol{x}'$ が意外か，ということでもあります。付録の A.4.1 項に正規分布とのつながりで多少の補足を載せておきます。

しかしここではさしあたり，上記のような異常度の定義が望ましい性質をもっていることをまずは認めていただいて，先に進みたいと思います。

1.7　いろいろな手法を試してみる

本書で紹介するさまざまな異常検知手法を手っ取り早く試すために，本書には R の実行例が多数付されています†。R には線形回帰や主成分分析などの標準的な手法は一通りそろっており，多くのサンプルデータも中に組み込まれています。例えば，3.4.3 項の実行例 3.7 は，混合正規分布モデルによるクラスタリングを行っている例ですが，必要なライブラリの読込み，クラスタリングの実行，そして図示まで，わずか 5 行で書けていることがわかります。本書では

† 本節で説明される RStudio 含む R 実行環境，および本書に掲載される R スクリプトの利用については，あくまで自己責任でお願いします。著者およびコロナ社はこれらに関する質問や問合せには応じられませんので，ご理解のほどをお願いいたします。

このように，すでにRにパッケージとして組み込まれているものを利用して，簡潔に書ける実行例を中心に紹介しています。

R言語およびRの開発環境についての説明は，検索エンジンを使って日本語で簡単に手に入ります。ここでは，Rを使ったことがない読者のために，Windows環境を前提に，Rおよびそのパッケージのダウンロードとインストールについて，必要最小限の解説をしましょう。まず，Rのダウンロードとインストールの手順は以下のとおりです。

手順 1.1 (**R のダウンロードとインストール**)

1) R本家のサイト `http://cran.r-project.org`，またはそのミラーサイトである統計数理研究所の `http://cran.ism.ac.jp` をブラウザで開く。
2) 英語なので若干面食らうが，落ち着いて "Download R for Windows" をクリック。次いで，とりあえず基本環境をインストールすべく "base" をクリック。
3) "Download R 3.1.1 for Windows" とあるリンクをクリックしてインストーラー R-3.1.1-win.exe をダウンロード（3.1.1 はバージョン番号なので，選択するバージョンにより数字は変わります）。
4) インストーラーのアイコンをダブルクリックしてインストールする（管理者権限で行うのが基本です）。

Rに標準で同梱されている開発環境（**図 1.4**）を使って，Rのコンソールから一行一行手打ちすることで，電卓のように使うことができます。例えば,「>」の右に，`56*log(10^(-20))` と打つと，$56 \ln 10^{-20}$ の答えが出てきます。ただ，数行以上のプログラムは，コンソールではなくて「スクリプト」という形で入力するのが得策です。

実行例 3.7 を具体的に動かしてみましょう。まず準備として，この実行例を動かすために必要な `car` および `mclust` パッケージをダウンロードしてインストールする必要があります。インターネットにつながったパソコンがあること

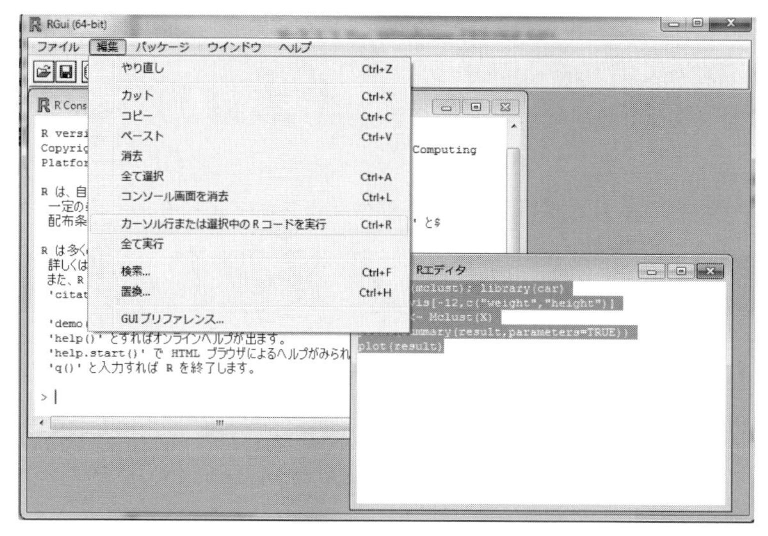

図 **1.4**　R に標準で付属する実行環境

を想定しています。

手順 1.2　(パッケージのダウンロードとインストール)

1) “R i386 3.1.1” あるいは “R x64 3.1.1”のようなアイコンを探し，そのアイコンをダブルクリックしてソフトウェアを起動† (i386 は 32 ビット，x64 は 64 ビットのパソコン用。3.1.1 はバージョン番号なので，選択するバージョンにより数字は変わります)。
2) パッケージメニューから “パッケージのインストール” を選ぶ。
3) ダイアロボックスが出るので，パッケージをダウンロードするサーバー (CRAN mirror) を選んで “OK” をクリックする。Japan の中のどれかを選ぶとよいでしょう。
4) さらに，Packages というダイアロボックスが出てくるので，根気よくスクロールして `car` と `mclust` を選択，“OK” をクリックする。

R の用語では,「パッケージ」というのは出来合いのプログラムの一単位のこ

† パソコンの設定によっては，管理者権限で実行しないとパッケージの導入がうまくいかないことがあるようです。

とを指します。クラスタリングであれば mclust，線形回帰であれば stats に入っている lm 関数，のように用途によりパッケージを使い分けます。ダウンロードされたものを R で使える状態にするためには，毎回，作業環境の中にパッケージを読み込む操作が必要で，それを行うのが library(パッケージ名) というコマンドです。

いよいよスクリプトを動かしてみましょう。

手順 1.3　(**R でスクリプトを実行**)

1) 左上の「ファイル」という文字をクリックして，「新しいスクリプト」をクリック。「無題」という新しいウィンドウが出る。
2) そのウィンドウに，実行例 3.7 の 5 行を打ち込んでみる。なお，「#」およびそれより右側はコメントなので不要。
3) 打ち込んだものをマウスで選択して色反転させ，ファイルメニューの

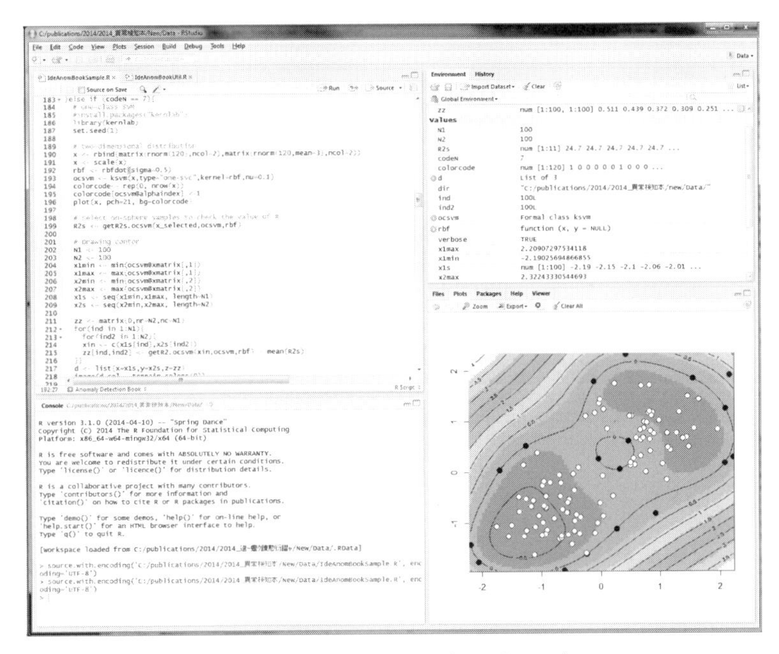

図 **1.5**　RStudio のスクリーンショット

"カーソル行または選択中の R コードを実行" をクリックして実行する（図 1.4）。

このコードの場合，R Graphics というタイトルのウィンドウにさまざまなグラフが出ますので，それをクリックすることで順次図が見られます。なお，記述したスクリプトは，適宜必要に応じて，ファイルメニューの "保存" で適切なファイル名（拡張子は R）を付けて保存するとよいでしょう。

既存のプログラムを使うだけでしたら，上記のように標準に付属する環境でも問題ありませんが，本格的にプログラミングをする必要があれば別途開発環境を整えるのがよいでしょう。本書執筆時点で，RStudio（`http://www.rstudio.com/`）という非常に完成度の高い無償の R の開発環境が利用できます。**図 1.5** にスクリーンショットを載せておきます。プログラムが美しく色分けされており，編集作業がとても容易な点だけでも，一見の価値はあるかと思います。

2

正規分布に従うデータからの異常検知

本章では，個々の観測データが独立に単一の正規分布に従うと仮定できる場合の異常検知の手法を学びます。「ホテリング理論」として知られる多変量解析における外れ値検出手法がその中心です。いわば異常検知の古典理論といえます。その歴史の長さに比例して理論の奥も深いので，初読の際は「*」の付いた節を飛ばして読むとよいでしょう。

2.1　異常検知手順の流れ

外れ値検出問題を念頭に，1.3 節で述べた異常検知の手順を改めてまとめます。

0) 準　　備：　まず，異常検知を行うためにはデータの準備が必要です。ここでは，対象とする系に観測を施した結果，M 次元の観測値が N 個手元にあると仮定します。データをまとめて $\mathcal{D}$ という記号で表し，この中には異常な観測値が含まれていないか，含まれていたとしてもその影響は無視できると仮定します。

$$\mathcal{D} = \{\boldsymbol{x}^{(1)}, \boldsymbol{x}^{(2)}, \ldots, \boldsymbol{x}^{(N)}\} \tag{2.1}$$

1) ステップ 1（分布推定）：　ここでは，データの性質に応じた適切な確率分布のモデルを仮定します。一般に確率分布はデータから定めるべきパラメターをいくつか含みますので，それをまとめて $\boldsymbol{\theta}$ という記号で表しておきます。典型的には，分布推定の問題とは，$p(\boldsymbol{x} \mid \boldsymbol{\theta})$ における未知パラメター $\boldsymbol{\theta}$ を，$\mathcal{D}$ から決める問題です。

2) ステップ 2（異常度の定義）：　未知パラメターをデータから決めるなど

して，観測値 $\boldsymbol{x}$ に対する**予測分布**が得られます。それを，$p(\boldsymbol{x} \mid \mathcal{D})$ と表しておきます。$\mathcal{D}$ は変数でなくてデータなので，条件付き確率の表記を使うのは本来は誤用なのですが，「データ $\mathcal{D}$ の情報を使って未知量を決めた後の分布」という意味でよく使われます。本書では，新たな観測値 $\boldsymbol{x}'$ に対する異常度 $a(\boldsymbol{x}')$ を，予測分布に対する負の対数尤度，すなわち

$$a(\boldsymbol{x}') = -\ln p(\boldsymbol{x}' \mid \mathcal{D}) \tag{2.2}$$

で測るのを基本とします。実際には，式の形をきれいにするため，$-\ln p(\boldsymbol{x}' \mid \mathcal{D})$ に定数を掛けたり足したりということもよく行われますが，具体的には後で説明しましょう。なお，式 (1.2) のところでも述べましたが，この異常度の定義は，情報理論的にも筋が通ったもので，正規分布の形と密接に関係があります。この辺りの理論的な議論を付録 A.4.1 項に載せておきます。

3) ステップ 3（閾値の設定）：　異常度が決まると，それに異常判定のための閾値を付すことで異常検知ができます。理想的には，正常時における異常度の確率分布を明示的に求めることで，例えば「いまの観測値 $\boldsymbol{x}'$ は，確率がたったの 2% でしか実現されない値だから，異常だと判定しよう」のように，パーセント値により異常判定を行うことができます。

ただし，一般に異常度の確率分布を明示的に求めるのは簡単ではありません。以下で示すとおり，最も基本といわれている 1 変数のホテリング理論でも，その確率分布の導出には相当の数学的な知識が必要です。そのため経験的には，正常（と信じられる）データ $\mathcal{D}$ における割合（**分位点**，**パーセンタイル**，などとも呼びます）を使うのが普通です。例えば，$N = 200$ とします。この場合，例えば，「異常度の 3 パーセンタイル値」とは，$\mathcal{D}$ における異常度の計算結果 $\{a(\boldsymbol{x}^{(1)}), \ldots, a(\boldsymbol{x}^{(N)})\}$ を高い順に並べ替えたとき，上から六つ目（$200 \times 0.03 = 6$）の値を意味します。このような基準値は，分布推定に使ったモデルの複雑さに無関係につねに計算可能であり，実用上たいへん便利です。

2.2　1 変数正規分布に基づく異常検知

この節では，1 変数の正規分布に基づき，前節で説明した手順を具体的に説明してゆきます。前半は主に手法の説明を行い，後半では R での実行例を説明します。

話を具体的にするために，あらかじめ具体的なデータの感覚をつかんでおきましょう。R の `car` パッケージに含まれる `Davis` というデータを取り上げます。このデータには，性別，身長（実測），体重，身長（自己申告）という四つのデータが $N = 200$ 人にわたり記録されています。このうち，ここでは体重に注目しましょう。この 200 人について，体重の頻度をグラフにしたものを図 **2.1** に示します。60 kg 辺りに頂点をもつひと山の形になっていることがわかります。この場合の異常検知の問題は簡単で，体重が重すぎるまたは軽すぎる人を見つけることです。その判定の規則をいかに客観的基準に基づいていえるかがポイントになります。

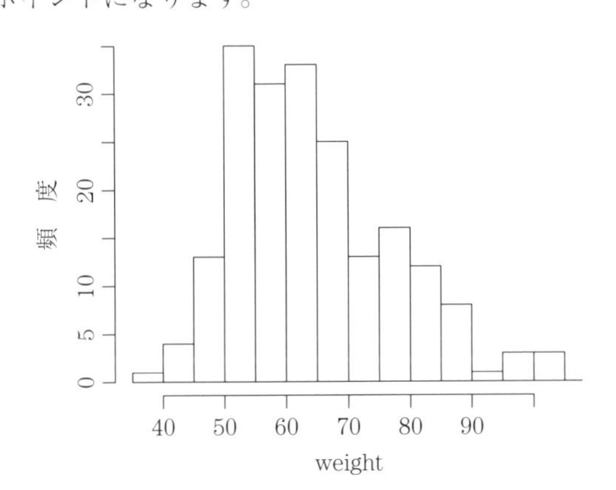

図 **2.1**　`Davis` データに含まれる体重の分布

2.2.1　ステップ 1：分布推定

さて，図 2.1 のデータを，一つの確率分布という形で「要約」することを考えましょう。図 2.1 によれば，頻度の分布は，若干左右非対称ではありますが

おおむねひと山の形になっています。この山を表現する確率分布はいろいろ考えられますが，まずは正規分布を当てはめることを考えましょう（単一正規分布以外についての解析例は後述します。3章 参照）。確率変数を x としたとき，平均 μ，分散 σ^2 をもつ正規分布 $\mathcal{N}(x|\mu,\sigma^2)$ は

$$\mathcal{N}(x \mid \mu, \sigma^2) \equiv \frac{1}{(2\pi\sigma^2)^{1/2}} \exp\left\{-\frac{1}{2\sigma^2}(x-\mu)^2\right\} \tag{2.3}$$

本書では，$\equiv$ は，右辺の内容で左辺を定義する，という意味で使います。また，しばしば，確率変数の表示を省略して，「変数 x は $\mathcal{N}(\mu,\sigma^2)$ に従う」，というような表現も用います。

この式が，μ を中心とする山となっていることは明らかですが，なぜわざわざこういう複雑な関数を考えるのかピンと来ないかもしれません。付録 A.4.1 項に，そもそもこの正規分布というものはなんなのか，という一つの特徴づけを与えています。一言でいえば，正規分布は，平均と分散が固定されたときに，最も自然で，偏見の少ない分布といえます。確率密度関数に関する基礎事項を A.2 節にまとめましたので，必要に応じてご参照ください。

上記の定義において，平均 μ と分散 σ^2 は，データから決めるべきパラメターです。このような確率分布に含まれるパラメターは，**最尤推定**（さいゆうすいてい）という手法で決定するのが普通です。導出の詳細はとりあえず後に回して（2.3.1 項 参照），まずは結果を示しましょう。

$$\hat{\mu} = \frac{1}{N}\sum_{n=1}^{N} x^{(n)} \tag{2.4}$$

$$\hat{\sigma}^2 = \frac{1}{N}\sum_{n=1}^{N}(x^{(n)} - \hat{\mu})^2 \tag{2.5}$$

ここで，$\hat{}$ は「ハット」と読み，データから推定した値であることを示します。最初の式は**標本平均**です。「全部足して個数で割る」ということですから，文字どおり平均をしているにすぎません。2 番目の**標本分散**も同じですが，「平均値からのずれの 2 乗」について平均していますので，平均値からのずれの大きさについての指標となっています。「分散」という名前は，平均値からのばらつき

の大きさ，という意味です。

これを式 (2.3) に入れることで，予測分布，つまり，任意の誰かの体重を測定したときに，どういう値をとるかの確率を表すモデルが，$\mathcal{N}(x \mid \hat{\mu}, \hat{\sigma}^2)$ のように得られます。

2.2.2　ステップ 2：異常度の定義

式 (2.2) に従い，ある観測値 x' がどのくらい異常かを表す値 $a(x')$，すなわち異常度を定義しましょう。冒頭でも述べたように，負の対数尤度を異常度として採用することにします。単に式 (2.3) の対数を計算して符号を変えると

$$\frac{1}{2\hat{\sigma}^2}(x' - \hat{\mu})^2 + \frac{1}{2}\ln(2\pi\hat{\sigma}^2)$$

となりますが，第 2 項は観測値 x' に依存しないので無視し，また，式の形をきれいにするため 2 を掛けて

$$a(x') \equiv \frac{1}{\hat{\sigma}^2}(x' - \hat{\mu})^2 = \left(\frac{x' - \hat{\mu}}{\hat{\sigma}}\right)^2 \tag{2.6}$$

のように異常度を定義することにします。

上の式の意味を多少考えてみましょう。まず，分子 $(x' - \hat{\mu})^2$ は，標本平均 $\hat{\mu}$ からのずれの大きさを表します。つまり「中心」$\hat{\mu}$ から離れれば離れるほど異常度が高い，という当然の直感を反映したものになっています。一方，分母にある $\hat{\sigma}$ は，標本分散の平方根，すなわち標準偏差です。標準偏差で割るということは，もともとがばらつきの大きい場合は多少の外れは大目に見て，ほとんどばらつきのないようなデータであれば，ちょっとの外れでも問題視する，という気持ちを表しています。例えば，相撲部の学生と，女子体操部の学生が混在したような母集団であれば，当然データのばらつきは大きくなるでしょう。このとき，体重が 40 kg であっても 120 kg であっても，さほど驚くには値しないと思います。一方，普通の学生のクラスであれば，さすがにこれらはちょっと例外的な値となるでしょう。そのような，データ内部にあるばらつきを正規化する働きをしているわけです。

2.2.3　ステップ 3：閾値の設定

式 (2.6) により，任意の観測値 x' に対して異常度を計算することができます。2.1 節で述べたとおり，分位点により異常度に閾値を設定するのが手軽なやり方ですが，観測値が正規分布をなすという仮定の下では，異常度 $a(x')$ の確率分布を明示的に求めることができ，ある意味でより「科学的」に閾値を設定することができます。

確率分布が定義できるということは，$a(x')$ の値がばらつく可能性があるということですが，その原因は二つあります。一つは，当然ながら，いま観測した値 x' のばらつきそのものです。もう一つは，やや見逃しやすいのですが，$\hat{\mu}$ と $\hat{\sigma}^2$ の推定に使ったデータ $\mathcal{D}$ のばらつきです。例えば，ある年のクラスにはたまたま相撲部の学生が多く，最尤推定値が例年とずれているかもしれません。$\mathcal{D}$ に含まれる標本の個数が有限であるかぎり，このような危険性はつねに付きまといます。

正規分布の仮定に基づいて異常度の確率分布をどう導くかは，統計学における外れ値検出理論のほぼすべてといって過言ではなく，それを詳しく学ぶことはより高度な手法を考える際の基礎となります。詳細は 2.3 節に回して，ここでは**ホテリング理論**として知られている結果だけを述べましょう。

定理 2.1　(ホテリング統計量の分布（1 変数))　1 次元の観測データ $\mathcal{D} = \{x^{(1)}, \ldots, x^{(N)}\}$ の各観測値が独立に同じ分布 $\mathcal{N}(\mu, \sigma^2)$ に従い，新たな観測値 x' も同じ分布に独立に従うとする。このとき，式 (2.6) の $a(x')$ の定数倍は，自由度 $(1, N-1)$ の F 分布に従う。すなわち

$$\frac{N-1}{N+1} a(x') \sim \mathcal{F}(1, N-1) \tag{2.7}$$

特に，$N \gg 1$ のときは，$a(x')$ そのものが自由度 1，スケール因子 1 のカイ二乗分布に従う:

$$a(x') \sim \chi^2(1, 1) \tag{2.8}$$

上記において，$\sim$ は，左辺の確率変数が右辺の確率分布に従うことを意味します。式 (2.7) の左辺をしばしば**ホテリング統計量**（または**ホテリングの** T^2）と呼びます†。

上の定理において，新たに二つの確率分布が出てきました。**F 分布**（えふぶんぷ）と**カイ二乗分布**です。F 分布は自由度と呼ばれる二つのパラメターをもちます。本書では，確率変数 u が自由度 (m,n) の F 分布に従う場合，その確率密度関数を $\mathcal{F}(u \mid m,n)$，または確率変数を省略して $\mathcal{F}(m,n)$ と表記します。また，本書の定義では，カイ二乗分布は，自由度 k とスケール因子 s という二つのパラメターをもち，その確率密度関数は $\chi^2(u|k,s)$ または $\chi^2(k,s)$ と表記されます。

両者とも正規分布から導かれるもので，その導出については 2.3.3 項および 2.3.4 項で説明します。ここでは，参考のために確率密度関数を示しておきます。まずカイ二乗分布については以下のとおりです。

$$\chi^2(u \mid k,s) \equiv \frac{1}{2s\Gamma(k/2)}\left(\frac{u}{2s}\right)^{(k/2)-1}\exp\left(-\frac{u}{2s}\right) \tag{2.9}$$

ここで Γ はガンマ関数を表し，次式で定義されます。

$$\Gamma(z) \equiv \int_0^\infty \mathrm{d}t\, t^{z-1}\mathrm{e}^{-t} \tag{2.10}$$

また，F 分布については以下のとおりです。

$$\mathcal{F}(u|m,n) \equiv \frac{1}{B(m/2,n/2)}\left(\frac{m}{n}\right)^{m/2} u^{(m/2)-1}\left(1+\frac{mu}{n}\right)^{-(m+n)/2} \tag{2.11}$$

ただし $B(a,b)$ はベータ関数と呼ばれるもので，ガンマ関数によりつぎのように定義されます。

$$B(a,b) = \frac{\Gamma(a)\Gamma(b)}{\Gamma(a+b)} \tag{2.12}$$

こんなに複雑な式を見せられても困ると思うかもしれませんが，あまり心配する必要はありません。これらの分布の性質は非常によく調べられているので，

† ティー・スクウェアと読みます。

その結果を利用すればよいのです。また，例えばRを使う場合，標準で組込み関数が用意されているので，これらの分布関数自体を直接さわる必要は実用上ほとんどないでしょう。

上記の定理をどう使うかをよく理解するために，**図 2.2** を見てみましょう。図の曲線は，自由度1，スケール因子1のカイ二乗分布の確率密度関数 $\chi^2(1,1)$ です。$N \gg 1$ を仮定しておきます。この曲線は，観測値が独立に正規分布に従うという定理の条件が満たされるときの異常度 $a(x')$ の確率密度分布を表しています。定理の条件が満たされるということは，系は正常状態にあるということです。いま，観測値 x' が，例えば $x' = 69.8$ kg のように得られたとします。そして式 (2.6) を実際に計算した結果，異常度 $a(x')$ の値が 2.0 のように得られたとします。異常判定という問題は，この値が，果たして正常時のばらつきに起因するのか，それとも系が異常状態に遷移したがゆえに生じたのかを見極めるという問題です。

そのためには，この $a(x') = 2.0$ という値が，正常時の分布に照らしてどの程度「あり得ない」値なのかを計算する必要があります。そのためには，図 2.2 の灰色部分の面積を計算します。もしこの面積が非常に小さければ，観測値 x' は正常時にほとんど確率 0 でしか起こらない事象ということになり，強く異常が疑われます。逆にいえば，この灰色部分の面積をパーセント値で指定するこ

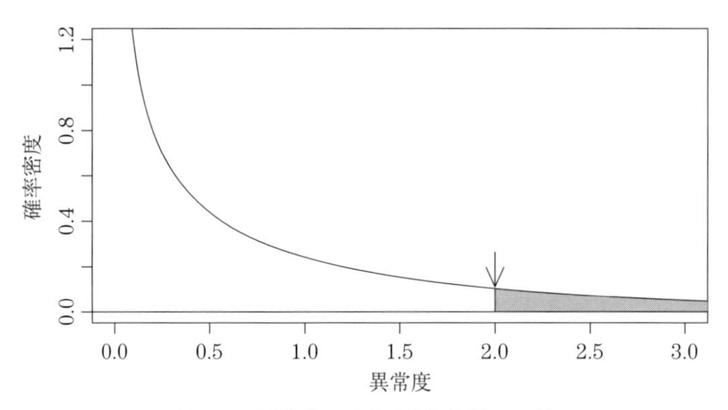

図 2.2　異常度の確率分布と閾値の関係

とにより，物理量の特性などに依存せず客観的に異常判定の閾値を決めることができるわけです。

例えば,「閾値を 1 パーセント値に選ぶ」というのは，灰色部分の面積が 1 パーセントになるようにするということで，異常判定の閾値としては「灰色部分の面積が 0.01 になるような $a(x')$ の値を選ぶ」，ということです。閾値よりも大きな異常度を与える x' は異常と判定します。これは「正常時には1 パーセント未満でしか起こらないくらいまれな値だから，きっと正常ではないのだろう」という論理になります。次節で具体的に計算を行ってみましょう。

2.2.4　R での実行例

前節までの手順を改めてまとめておきます。実用上はほとんどの場合，$N \gg 1$ と思われますので，定理 2.1 の式 (2.8) を使います。

手順 2.1　(ホテリング $\boldsymbol{T^2}$ 法（**1** 次元))

0) 準　　備：　異常が含まれていないか，含まれていたとしてもごく少数と思われるデータセットを用意する。異常判定の閾値を確率値 α で与え（例えば 0.01 や 0.03），カイ二乗分布の表から，異常度の閾値 a_{th} を求めておく[†]。

1) ステップ 1（分布推定）：　標本平均 (2.4) および標本分散 (2.5)

$$\hat{\mu} = \frac{1}{N}\sum_{n=1}^{N} x^{(n)}, \qquad \hat{\sigma}^2 = \frac{1}{N}\sum_{n=1}^{N}(x^{(n)} - \hat{\mu})^2$$

を計算する。

2) ステップ 2（異常度の計算）：　新たな観測値 x' が得られるたび，異常度 (2.6)

$$a(x') = \left(\frac{x' - \hat{\mu}}{\hat{\sigma}}\right)^2$$

の値を計算する。

3) ステップ 3（閾値判定）：　異常度が閾値 a_{th} を超えたら異常と判定する。

---

† th は threshold の意味です。

この手順において，閾値 $a_{\rm th}$ は自由度 1 のカイ二乗分布から決めます。式で書くと，図 2.2 の灰色の部分が確率値 α と一致するという式

$$\alpha = \int_{a_{\rm th}}^{\infty} {\rm d}u \, \chi^2(u \mid 1, 1) = 1 - \int_{0}^{a_{\rm th}} {\rm d}u \, \chi^2(u \mid 1, 1) \tag{2.13}$$

により決定されますが，通常，この積分方程式を直接計算する必要はありません。R が使えれば，標準の組込み関数 qchisq(p,df) を使えばすぐに答えが得られます。R がなければカイ二乗分布の数表を使うことになるでしょう。

上で述べた手順を R を使ってやってみましょう。まず，例題のデータを読み込み，図 2.1 に示したような体重（weight）についての頻度分布図を表示させてみます（実行例 2.1）。

実行例 2.1

```
> install.packages("car") # Car パッケージをインストール（まだの場合）
> library(car) # car パッケージの読込み。
(出力メッセージ省略)
> data(Davis)
> Davis
    sex weight height repwt repht
1     M     77    182    77   180
2     F     58    161    51   159
:     :      :      :     :     :
(以下略)
> hist(Davis$weight,xlim=c(35,105),breaks=14) # ヒストグラムの表示
```

つぎに，ステップ 1 に従って，標本平均 $\hat{\mu}$ と標本分散 $\hat{\sigma^2}$ を求めます（実行例 2.2）。

実行例 2.2

```
> mu <- mean(Davis$weight) #標本平均
> s2 <- mean((Davis$weight-mu)^2) #標本分散
> c(mu,s2)
[1]  65.80 226.72
```

なお，R には不偏分散を求める関数 var がありますが，これは最尤推定値とは

異なり，いわゆる不偏分散

$$\hat{\sigma^2}_{\mathrm{ub}} \equiv \frac{1}{N-1}\sum_{n=1}^{N}\left(x^{(n)}-\hat{\mu}\right)^2 \tag{2.14}$$

を計算します（ub は unbiased の略）。$N \gg 1$ では両者はほぼ一致するので，どちらでも大差はありませんが，ここでは明示的に標本分散を計算しています。

これで正常モデルのパラメターが求まったので，式 (2.6) に従って異常度を計算してみます。ここでは，分布推定に用いた元データの各観測値について異常度を計算し，プロットしてみます。閾値については，いまは $N = 200$ で，これは 1 に比べて十分大きいので，式 (2.8) の結果を利用することができます。R では，スケール因子 1 のカイ二乗分布が標準で用意されています。ここでは閾値を 1% として，実行例 2.3 のように求めてみます。

実行例 2.3

```
a <- (Davis$weight-mu)^2/s2 # 異常度
th <- qchisq(0.99,1) # カイ二乗分布による 1%水準の閾値
plot(a,xlab="index",ylab="anomaly score") # 異常度のプロット
lines(0:200,rep(th,length(0:200)),col="red",lty=2) # 閾値の線
```

異常度の計算結果を**図 2.3** に示しました†。破線は閾値を表します。12 番目の観測値の異常度が突出して高いことがわかります。これは体重が 166 という値に対応しています。

この実行例では，正常モデルをつくる（パラメターを推定する）ためのデータをそのまま使って異常度を計算しました。実用上，このような問題設定は，データクレンジングのための簡便な方法としてよく使われます。データクレンジングとは，測定時のミスなどにより混入した不要なデータを取り除く手続きを意味する一般的な用語です。手元にデータ $\mathcal{D}$ があったとして，そのデータの主流派とあまりにも異なるような標本は異常値として取り除きます。例えば今

† 著者のソフトウェア環境の制限から，本書の実行例は，コメント以外は英語表記が基本になっています。そのため，図の軸の名称で，一部，実行例のプログラムと出力結果が異なる箇所があります。日本語表記を得たければ，3 行目のところで `xlab="標本番号"`，`ylab="異常度"` とすることで図 2.3 と基本的に同じものが得られます。なお，グラフの縦横比もウィンドウに合わせて変わります。以上のことは，図 2.1，図 2.2，およびこれ以降のグラフについても同様です。

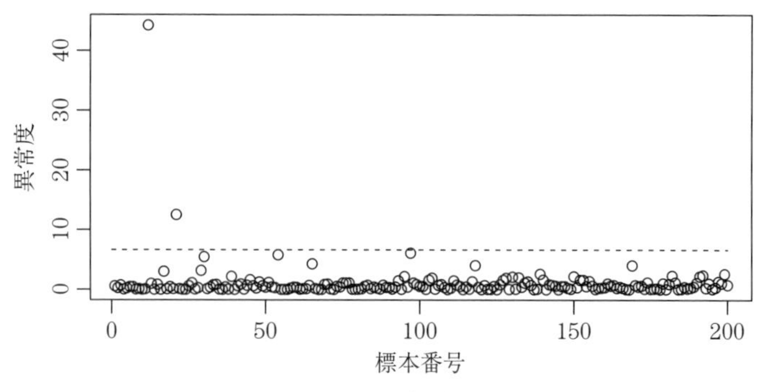

図 **2.3**　Davis データの体重に関する異常度

回の実行例では，異常度が突出して高い 12 番目の観測値を取り除いて，再度異常度の計算式をつくるのが合理的です。

なお，パラメター推定に使ったデータに対して異常度を計算するというやり方は，ホテリング理論の前提である独立性の仮定を破っているので，ホテリング統計量の使い方としては厳密にいえば誤用です。統計的機械学習の用語においても，分布推定に使うデータは**訓練データ**と呼ばれ，異常度評価用のデータである**確認データ**（**テストデータ**または**検証データ**と呼ぶこともあります）とは統計的に独立であることが前提になっています。しかし，直感的に予想できるとおり，標本数 N が変数の次元（いまの場合は 1）に比べて大きい場合には，非独立標本を使ったことによる誤差を無視することが可能です。一方，もし標本数 N が変数の次元に比べて大きくない場合は，**一つ抜き交差確認法**という手法を使いデータクレンジングを行うことが推奨されます。これについては 4.4 節で説明します（手順 4.1 参照）。

2.3　1 変数のホテリング理論の詳細*

この節では，前節で述べた 1 変数正規分布に基づく異常検出手法の理論的な詳細を説明します。理論的詳細に興味のない読者はこの節を飛ばして先に進んでください。

2.3.1　1 変数正規分布の最尤推定

最尤推定とは,「ある観測結果が与えられたとき，尤度（ゆうど）と呼ばれる量が最大になるようにパラメターを決める」という手法です。いまの場合，観測データとしては N 個の体重が与えられています。この N 個の体重が，それぞれ独立に式 (2.3) の正規分布に従うと仮定したとき，パラメター $\boldsymbol{\theta} \equiv (\mu, \sigma^2)$ の尤度ないし**尤度関数**は

$$p(\mathcal{D} \mid \boldsymbol{\theta}) \equiv \prod_{n=1}^{N} p(x^{(n)} \mid \boldsymbol{\theta}) = \prod_{n=1}^{N} \mathcal{N}(x^{(n)} \mid \mu, \sigma^2) \tag{2.15}$$

で定義されます。上記では，各観測は独立であると仮定しましたが，これは，異なる人の体重には取り立てて関連はないという常識的な想定を意味しています。i 郎さんが 70 kg だからといって j 郎さんも同様な体重をとる理由はなにもないということです。各観測が独立でないときは，尤度関数は上式のような単純な積の形にはならず，もう少し複雑になります（7 章 参照)。

計算の詳細に入る前に，尤度の式を眺めて「感じ」をつかんでおきましょう。この式は，N 個の $p(x^{(n)} \mid \boldsymbol{\theta})$ という量の積となっています。$x^{(n)}$ が与えられたとき，この量の値は，例えば平均値 μ の値によっていろいろ変わります。正規分布の性質から，μ が $x^{(n)}$ に一致するときに一番大きくなるのは明らかです。図 2.1 の「山のてっぺん」だからです。$N = 1$ だったらそれだけでおしまいですが，多くの標本があるときには，N 個のデータ全体を眺めて，ちょうどよい値を選ぶ必要があります。最尤推定とはその手続きに他なりません 。

実際には，尤度関数の式 (2.15) をそのまま扱うよりも，自然対数をとった対数尤度関数 $L(\boldsymbol{\theta} \mid \mathcal{D}) \equiv \ln p(\mathcal{D} \mid \boldsymbol{\theta})$ を用いたほうがこの後の計算にとって便利です。これに正規分布の式 (2.3) を代入して整理すると

$$L(\boldsymbol{\theta} \mid \mathcal{D}) \equiv \ln p(\mathcal{D} \mid \boldsymbol{\theta}) = -\frac{N}{2} \ln(2\pi\sigma^2) - \frac{1}{2\sigma^2} \sum_{n=1}^{N} (x^{(n)} - \mu)^2 \tag{2.16}$$

となります。これを最大化するパラメターこそ，観測データ $\mathcal{D}$ にとって最も当

てはまりのよい（一番尤もらしい）パラメターとなります。μ と σ^{-2} でそれぞれ偏微分してゼロと等置することにより

$$0 = \frac{\partial L}{\partial \mu} = -\frac{1}{\sigma^2}\sum_{n=1}^{N}(\mu - x^{(n)}) \tag{2.17}$$

$$0 = \frac{\partial L}{\partial \sigma^{-2}} = \frac{N}{2\sigma^{-2}} - \frac{1}{2}\sum_{n=1}^{N}(x^{(n)} - \mu)^2 \tag{2.18}$$

が得られ，これより容易に式 (2.4) および式 (2.5) の結果が得られます。

2.3.2 正規変数の和の確率分布（1 次元）

式 (2.6) で定義される異常度 $a(x')$ の確率分布を求めるには，つぎの三つの問いに答える必要があります。

(1)　$a(x')$ の分子 $x' - \hat{\mu}$ の確率分布はなにか。

(2)　$a(x')$ の分母 $\hat{\sigma}^2$ の確率分布はなにか。

(3)　両者の比の確率分布はなにか。

まず第 1 の点から考えましょう。これを考えるうえでは，つぎの定理が有用です。

定理 2.2　(1 次元正規変数の 1 次結合)　x と x' が独立に正規分布 $\mathcal{N}(\mu, \sigma^2)$ に従うとき，ある定数 a と b によりつくられる確率変数 $ax + bx'$ は，平均 $(a + b)\mu$，分散 $\sigma^2(a^2 + b^2)$ の正規分布に従う。

この定理は直感的にも明らかな結果だと思います。なぜなら，平均については，1 人の体重の平均が 60 kg なら，2 人分の体重は 120 kg 前後になりそうなことは容易に予想がつき，また分散についても，2 人分を考えると，そのばらつき度合いもまた 2 人の合算になりそうなことは想像できるからです。係数が 2 乗になるのは，そもそも分散の定義において，元の変数が 2 乗になっているところから来ます。

この厳密な証明は，付録 A.4.3 項に譲り，ここでは，簡易的証明を示します。

まず，上記の直感からして，結果として得られる分布が正規分布になりそうだと想定できます。正規分布は平均と分散で完全に特徴づけられますから，それらを計算しましょう。平均は，$ax + bx'$ の期待値ですから，項別に期待値をとって $a\mu + b\mu$ となります。分散は，$\{(ax + bx') - (a\mu + b\mu)\}^2$ の期待値です。これを整理すると

$$a^2(x-\mu)^2 + b^2(x'-\mu)^2 + 2ab(x-\mu)(x'-\mu)$$

の期待値ということになりますが，$(x-\mu)^2$ と $(x'-\mu)^2$ の期待値は σ^2 になり，$(x-\mu)$ の期待値はゼロなので，結局，分散は $(a^2+b^2)\sigma^2$ となります。これで定理の証明ができました。

量 $x' - \hat{\mu}$ は，$N+1$ 個の独立な確率変数 $x^{(1)}, \ldots, x^{(N)}, x'$ の一次結合として表せますから，この定理を繰り返し使うことで，この確率変数が従う分布の平均と分散が，それぞれ

$$\mu\left\{\frac{1}{N} + \cdots + \frac{1}{N} + (-1)\right\} = 0, \qquad \sigma^2\left\{\frac{1}{N^2} + \cdots + \frac{1}{N^2} + (-1)^2\right\}$$

となることがわかります。改めて形式的に書くと

$$x' - \hat{\mu} \sim \mathcal{N}\left(x' - \hat{\mu} \,\middle|\, 0, \frac{N+1}{N}\sigma^2\right) \tag{2.19}$$

ということです。

これは観測値と標本平均の差のばらつきについての分布です。観測値がばらつくのは当然ですが，標本平均 $\hat{\mu}$ のばらつきも考慮していることに注意してください。標本平均はデータが決まればただ一つに確定する値なので，常識的な理解では，そのばらつきを想像することはないと思います。ホテリング理論の凄（すご）みは，データ自体の不十分さ，不確定さまで想像しているところにあります。しかしながら，式 (2.19) からわかるとおり，標本が 100 個とか 200 個あり，$N \gg 1$ が成り立つ状況では，$x' - \hat{\mu}$ は分布 $\mathcal{N}(0, \sigma^2)$ にほぼ従います。これは，標本平均を真の平均とみなした場合の結果と同じです。

この分布においては，σ^2 という量が含まれます。これは真の分布のパラメ

ターですので未知量であり，これがわからないかぎりなにもいえないように思えます。そのとおりなのですが，後に示すように，最終的な異常度の分布を考えると，分母と分子でこの未知量が打ち消し合い，未知量によらない分布が現れます。これがホテリング理論の見所です。その結果にいく前に，つぎは「分母」に当たる量，標本分散の確率分布について考えましょう。

2.3.3 標本分散の確率分布（1 次元）

$a(x')$ の分母 $\hat{\sigma}^2$ の確率分布について考えます。これについては，つぎの定理が有用です。まずこれを証明しましょう。

定理 2.3 (1 次元正規変数の平方和の分布)　$\mathcal{N}(0,\sigma^2)$ に独立に従う N 個の確率変数 $x_1,\ldots,x_N$ と，定数 $a>0$ により定義される確率変数

$$u \equiv a({x_1}^2 + {x_2}^2 + \cdots + {x_N}^2)$$

は，自由度 N，スケール因子 $a\sigma^2$ のカイ二乗分布 $\chi^2(u \mid N, a\sigma^2)$ に従う。

この事実は確率分布の定義から直接示すことができます。付録 A.2.4 項で示した確率変数の変換公式 (A.12) によれば，確率変数 u の確率密度関数 $q(u)$ は形式的につぎのように書けます。

$$q(u) = \int_{-\infty}^{\infty} \mathrm{d}x_1 \cdots \mathrm{d}x_N \, \delta\left(u - a({x_1}^2 + \cdots + {x_N}^2)\right) \prod_{n=1}^{N} \mathcal{N}(x_n \mid 0, \sigma^2)$$

ここで，被積分関数は変数の二乗和にのみ依存しますので，N 次元球座標に変数変換するのが便利です。動径座標を r，N 次元空間内での単位球表面の面素を $\mathrm{d}S_{1,N}$ とおくと†，よく知られているとおり

$$\mathrm{d}x_1 \cdots \mathrm{d}x_N = \mathrm{d}r \, r^{N-1} \, \mathrm{d}S_{1,N}$$

† 前の添字の「1」は 1 次元を表します。後で M 次元正規変数に拡張するための記法です。

です。さらに，$v = ar^2, r = \sqrt{v/a}$ により r から v に積分変数を変換すると

$$\mathrm{d}x_1 \cdots \mathrm{d}x_N = \mathrm{d}r\, r^{N-1}\, \mathrm{d}S_{1,N} = \frac{\mathrm{d}v}{2a}\left(\frac{v}{a}\right)^{(N/2)-1}\mathrm{d}S_{1,N} \tag{2.20}$$

となります。これを使うと $q(u)$ は

$$q(u) = \int_0^\infty \frac{\mathrm{d}v}{2a}\left(\frac{v}{a}\right)^{(N/2)-1}\delta(u-v)\,(2\pi\sigma^2)^{-N/2}\,\mathrm{e}^{-v/(2a\sigma^2)}\int \mathrm{d}S_{1,N}$$

となります。この v の積分については，デルタ関数の一般的性質

$$\int \mathrm{d}x\, \delta(x-a) f(x) = f(a)$$

を使えば瞬時に実行できます。また，被積分関数は単位球上での位置にまったく依存しませんので，これも積分を実行できて，結果は明らかに，N 次元空間での単位球の表面積

$$S_{1,N} \equiv \int \mathrm{d}S_{1,N} = \frac{2\pi^{N/2}}{\Gamma(N/2)} \tag{2.21}$$

となります。これはよく知られた結果ですが，証明を付録 A.4.2 項に付けておきました。

以上まとめると，最終的な結果はつぎのとおりです。

$$q(u) = \frac{1}{2a\sigma^2\Gamma(N/2)}\left(\frac{u}{2a\sigma^2}\right)^{(N/2)-1}\exp\left(-\frac{u}{2a\sigma^2}\right) \tag{2.22}$$

これは自由度 N，スケール因子 $a\sigma^2$ のカイ二乗分布に他なりません。これで定理 2.3 が証明できました。なお，この証明からわかるとおり，カイ二乗分布の自由度は「独立な正規変数が何個あったか」を示しています。独立変数の分だけ自由に動けるわけですから，自由度というネーミングは納得できます。

この定理を使うと，前節で出てきた $(x' - \hat{\mu}) \sim \mathcal{N}\left(0,\ \frac{N+1}{N}\sigma^2\right)$ の 2 乗について

$$(x' - \hat{\mu})^2 \sim \chi^2\left(1,\ \frac{N+1}{N}\sigma^2\right) \tag{2.23}$$

がただちに導かれます。

一方，標本分散 $\hat{\sigma}^2$ の式 (2.5) を見ると，N 個の項の二乗和の形になってお

り，この定理が使えそうなのですが，ここで注意すべきは，各項が標本平均 $\hat{\mu}$ を共有しており，各項は一般に独立ではないということです。定理 2.3 を使うためには，独立な正規変数の二乗和の形にもってゆく必要があります。

そこで，つぎの定理を証明しましょう。

定理 2.4 (標本分散の自由度)　N 次元の確率変数ベクトル $\boldsymbol{X} \equiv [x^{(1)}, \ldots, x^{(N)}]^\top$ の各次元が独立に $\mathcal{N}(\mu, \sigma^2)$ に従うとする。このとき

1. $N \times N$ の任意の直交行列 U を与えたとき，直交変換 $\boldsymbol{Y} = \mathsf{U}^\top \boldsymbol{X}$ により定義される確率変数ベクトル $\boldsymbol{Y}$ の各次元 $y_1, \ldots, y_N$ はやはりたがいに独立で，分散 σ^2 の正規分布をなす。
2. さらに，U をうまく選べば，式 (2.5) の標本分散 $\hat{\sigma}^2$ を
$$\hat{\sigma}^2 = \frac{1}{N} \sum_{n=2}^{N} y_n^2 \tag{2.24}$$
の形に変換することができる。これに含まれない y_1 は，$y_1 = \sqrt{N}\hat{\mu}$ を満たす。したがって，$\hat{\sigma}^2$ は $\hat{\mu}$ とは統計的に独立である。
3. 標本分散 $\hat{\sigma}^2$ は，自由度 $N-1$，スケール因子 σ^2/N のカイ二乗分布に従う。

まず，定理 2.4 の *1.* を考えます。独立性の定義（A.2.2 項 参照）によれば，確率分布関数が各 y_i について積の形になっていれば独立といえます。$\boldsymbol{X}$ の同時分布は正規分布の積となりますが，これは

$$p(\boldsymbol{X}) \propto \exp\left\{-\frac{1}{2\sigma^2}(\boldsymbol{X} - \mu\boldsymbol{1}_N)^\top(\boldsymbol{X} - \mu\boldsymbol{1}_N)\right\}$$

となっています。ただし，$\boldsymbol{1}_N$ は要素がすべて 1 である N 次元ベクトルです。直交変換 $\boldsymbol{Y} = \mathsf{U}^\top \boldsymbol{X}$ により定義される確率変数 $\boldsymbol{Y}$ の分布は，定理 A.2 により

$$p(\boldsymbol{Y}) \propto \exp\left\{-\frac{1}{2\sigma^2}(\boldsymbol{Y} - \mu\mathsf{U}^\top\boldsymbol{1}_N)^\top(\boldsymbol{Y} - \mu\mathsf{U}^\top\boldsymbol{1}_N)\right\}$$

となります。ここで，直交行列の性質 $\mathsf{U}^\top\mathsf{U} = \mathsf{U}\mathsf{U}^\top = \mathsf{I}_N$ を使いました。I_N は N 次元の単位行列です。これが，各成分ごとの積の形になっており，それぞれが，分散 σ^2 の 1 次元正規分布となっていることは明らかです。

つぎに定理 2.4 の 2. に進み，U をうまく選ぶことで標本分散を二次形式の標準形[†]に直せることを示しましょう。これは，N 個の変数 $x^{(1)}, \ldots, x^{(N)}$ からなる二次形式 (2.5) の主軸問題に他なりません。まず，標本平均 $\hat{\mu}$ が，N 次元ベクトル同士の内積として

$$\hat{\mu} = \frac{1}{N}\mathbf{1}_N^\top \boldsymbol{X} \tag{2.25}$$

と表せることに注意します。これを使うと，標本分散 $\hat{\sigma}^2$ はつぎのように表せます。

$$\hat{\sigma}^2 = \frac{1}{N}\boldsymbol{X}^\top \mathsf{H}_N \boldsymbol{X} \quad \text{ただし} \quad \mathsf{H}_N \equiv \mathsf{I}_N - \frac{1}{N}\mathbf{1}_N\mathbf{1}_N^\top \tag{2.26}$$

ここで行列 H_N は，しばしば**中心化行列**と呼ばれます。つぎに，直交変換 $\boldsymbol{X} = \mathsf{U}\boldsymbol{Y}$ により，この二次形式が

$$\hat{\sigma}^2 = \frac{1}{N}\boldsymbol{Y}^\top \mathsf{U}^\top \mathsf{H}_N \mathsf{U} \boldsymbol{Y} = \frac{1}{N}\sum_{n=1}^{N} \lambda_n y_n^2 \tag{2.27}$$

の形となるように直交行列 U を選びます。式 (2.27) からすぐわかるように，U は

$$\mathsf{U}^\top \mathsf{H}_N \mathsf{U} = \mathrm{diag}(\lambda_1, \ldots, \lambda_N)$$

を満たさなければなりません。ただし，$\mathrm{diag}(\cdot)$ はかっこ内のスカラーを対角要素に順に並べた対角行列です。線形代数においてよく知られているとおり，これは H_N の固有値問題と同等であり，λ_i はその固有値と一致します。また，U の第 i 列は固有値 λ_i に対応する H_N の固有ベクトルです。H_N の固有値方程式を書くと

† 一般に $\sum_{i,j} c_{i,j} x_i x_j$ という多項式を二次形式といいます。その標準形とは，$i \neq j$ となる項（交差項，非対角項などとも呼びます）が存在しないものです。

$$
\begin{aligned}
0 &= |\mathsf{H}_N - \lambda \mathsf{I}_N| \\
&= \left| (1-\lambda)\mathsf{I}_N - \frac{1}{N}\mathbf{1}_N\mathbf{1}_N^\top \right| = (1-\lambda)^N \left| \mathsf{I}_N - \frac{1}{(1-\lambda)N}\mathbf{1}_N\mathbf{1}_N^\top \right|
\end{aligned}
$$

となりますが，最右辺の行列式は，いわゆるシルベスターの行列式補題（付録の補題 A.1 参照）により $1 - \mathbf{1}_N^\top \mathbf{1}_N / \{(1-\lambda)N\}$ となりますから，結局

$$
-\lambda(1-\lambda)^{N-1} = 0
$$

が解くべき固有値方程式となります。すなわち，H_N の固有値は一つだけが 0（$\lambda_1 = 0$）で，残りの $N-1$ 個はすべて 1 となります（$\lambda_2 = \cdots = \lambda_N = 1$）。式 (2.27) にこれらを代入して，式 (2.24) を得ます。また，$\lambda_1 = 0$ に対応する固有ベクトル $\boldsymbol{u}_1$ は，$\mathsf{H}_N \boldsymbol{u}_1 = 0 \cdot \boldsymbol{u}_1$ を満たす必要がありますが，これから，$\boldsymbol{u}_1 \propto \mathbf{1}_N$ がただちにわかり，直交条件 $\boldsymbol{u}_1^\top \boldsymbol{u}_1 = 1$ から，$\boldsymbol{u}_1 = \mathbf{1}_N / \sqrt{N}$ です。したがって，直交変換 $\boldsymbol{Y} = \mathsf{U}^\top \boldsymbol{X}$ と式 (2.25) により，新しい確率変数が

$$
y_1 = \boldsymbol{u}_1^\top \boldsymbol{X} = \frac{1}{\sqrt{N}} \mathbf{1}_N^\top \boldsymbol{X} = \sqrt{N}\hat{\mu}
$$

となることがわかります。$\hat{\sigma}^2$ の式に y_1 が含まれない以上，$\hat{\sigma}^2$ と y_1 は独立で，したがって，$\hat{\mu}$ とも独立です。これで定理 2.4 の *2.* の後半も証明できました。

最後に，定理 2.4 の *3.* ですが，$p(\boldsymbol{Y})$ の式によれば y_n の期待値が $\boldsymbol{u}_n^\top \boldsymbol{u}_1$ に比例していること，したがって固有ベクトルの直交性から $n = 2, \ldots, N$ に対しゼロになることに注意します。このことと，定理 2.3 と式 (2.24) により

$$
\hat{\sigma}^2 \sim \chi^2 \left(N-1, \frac{1}{N}\sigma^2 \right) \tag{2.28}
$$

であることがただちにわかります。以上で定理の証明が完了しました。

この最終的な結果 (2.28) は，標本分散がどういうばらつきをもちうるかを述べています。標本平均について 2.3.2 項の最後で述べたことと同様，最尤推定量としての標本分散を，データから一意に決まるただの数値ではなく，データのばらつきの可能性をも考えた確率変数として取り扱っているところが，ホテリング理論のポイントです。

これもまた，真の分布の分散という未知のパラメターを含み，このままでは

実用的ではありません。次節において，異常度の最終的な分布においては一切の未知パラメターが含まれないことを示しましょう。

2.3.4　ホテリング統計量の確率分布（1 次元）

さて，以上より，式 (2.6) で定義される異常度 $a(x')$ の分子と分母が独立にカイ二乗分布に従っていることがわかりました。カイ二乗分布の比の確率密度関数は解析的に求めることが可能で，それが先に示した F 分布です。ということで，F 分布についての以下の定理を証明しましょう。

定理 2.5 (カイ二乗分布の比と F 分布)　x が自由度 m，スケール因子 a のカイ二乗分布に従い，y が自由度 n，スケール因子 b のカイ二乗分布に従う。このとき

$$f \equiv \frac{x/(am)}{y/(bn)} \tag{2.29}$$

により定義される確率変数 f は，自由度 (m, n) の F 分布をなす。その確率密度関数は式 (2.11) で与えられる。

これもまた，定理 2.3 の証明と同様，確率分布の定義から直接示すことができます。確率変数の変換公式 (A.12)（付録 A.2.4 項 参照）によれば，f の確率密度関数 $q(f)$ は形式的につぎのように書けます。

$$q(f) = \int_0^\infty \mathrm{d}x \int_0^\infty \mathrm{d}y\, \delta\left\{f - \frac{x/(am)}{y/(bn)}\right\} \chi^2(x \mid m, a)\, \chi^2(y \mid n, b)$$

まず x についての積分を先に実行するものとし，x を $u = bnx/(amy)$ と変数変換します。それにより，つぎの計算ができます。

$$\begin{aligned} q(f) &= \int_0^\infty \mathrm{d}y \frac{amy}{bn} \int_0^\infty \mathrm{d}u\, \delta(u - f)\, \chi^2\left(\frac{amyu}{bn}\middle| m, a\right)\, \chi^2(y \mid n, b) \\ &= \int_0^\infty \mathrm{d}y \frac{amy}{bn} \chi^2\left(\frac{amyf}{bn}\middle| m, a\right)\, \chi^2(y \mid n, b) \end{aligned}$$

カイ二乗分布の定義 (2.9) を用いて被積分関数を整理すると

$$\frac{1}{2bf\Gamma(m/2)\Gamma(n/2)}\left(\frac{mf}{n}\right)^{m/2}\left(\frac{y}{2b}\right)^{\{(m+n)/2\}-1}\exp\left\{-\frac{y}{2b}\left(1+\frac{mf}{n}\right)\right\}$$

となりますが，よく見るとこれは自由度 $m+n$，スケール因子 $s\equiv b\{1+(mf/n)\}^{-1}$ のカイ二乗分布に比例していることがわかります。すなわち被積分関数は

$$\frac{1}{fB(m/2,n/2)}\left(\frac{mf}{n}\right)^{m/2}\left(1+\frac{mf}{n}\right)^{-(m+n)/2}\chi^2(y\,|m+n,s)$$

であり，y の積分をカイ二乗分布の規格化条件を用いて実行すると，$q(f)$ が F 分布の確率密度関数 (2.11) になることがわかります。これで定理 2.5 が証明されました。

さて，異常度の定義 (2.6)

$$a(x')=\frac{(x'-\hat{\mu})^2}{\hat{\sigma}^2}$$

に戻り，先に結果だけを示した定理 2.1 を証明しましょう。上式中，分母分子とも，カイ二乗分布に従うことをすでに示しました。改めてまとめるとつぎのとおりです。

(1) $(x'-\hat{\mu})^2\sim\chi^2\left(1,\frac{N+1}{N}\sigma^2\right)$　　(式 (2.23))

(2) $\hat{\sigma}^2\sim\chi^2\left(N-1,\frac{1}{N}\sigma^2\right)$　　(これは $\hat{\mu}$ と独立，定理 2.4 および式 (2.28))

これらは未知のパラメター σ^2 を含んでいますが，両者の比

$$\frac{(x'-\hat{\mu})^2}{1\cdot\frac{N+1}{N}\sigma^2}\times\frac{1}{\frac{\hat{\sigma}^2}{(N-1)\cdot\frac{1}{N}\sigma^2}}=\frac{N-1}{N+1}\frac{(x'-\hat{\mu})^2}{\hat{\sigma}^2}=\frac{N-1}{N+1}a(x')$$

をつくることでその寄与は消え，定理 2.5 によれば，これが自由度 $(1,N-1)$ の F 分布という既知の分布に従うことがわかります。これで定理 2.1 の前半部分が示されました。定理の後半部分，$N\gg 1$ の結果については F 分布の確率密度関数を直接近似することで示せますが，やや技巧的になりますので，これは統計学の教科書[31)†]にその証明を譲ります。

† 肩付番号は巻末の引用・参考文献の番号を表します。

2.4 多変量正規分布に基づく異常検知

前節において，1 変数のホテリング理論の全貌を解説しました。この枠組みは二つ以上の変数がある場合にも拡張が可能です。式 (2.1) のような，独立に同じ分布に従う M 次元の N 個の観測値からなるデータ $\mathcal{D}$ を考えます。ホテリング理論では，このデータを，多次元正規分布

$$\mathcal{N}(\boldsymbol{x}|\boldsymbol{\mu},\Sigma) \equiv \frac{|\Sigma|^{-1/2}}{(2\pi)^{M/2}} \exp\left\{-\frac{1}{2}(\boldsymbol{x}-\boldsymbol{\mu})^\top \Sigma^{-1}(\boldsymbol{x}-\boldsymbol{\mu})\right\} \tag{2.30}$$

によりモデル化します。この確率分布には平均ベクトル $\boldsymbol{\mu}$ と，共分散行列 Σ という二つのパラメターが入っています。$|\cdot|$ は行列式，Σ^{-1} は共分散行列の逆行列を意味します。行列式と逆行列という，それ自体手計算が困難な量が含まれており，絶望的な気持ちにさせられますが，まったく心配はいりません。なぜなら，一つには，ホテリング理論の枠組みでは，最終的に使うのは異常度の分布だけであり（これは近似的にはカイ二乗分布になります），多次元正規分布を実際に計算する必要はないからです。仮になんらかの事情で多次元正規分布のなにかの量を計算する必要があったとしても，既存のライブラリを単に使えばよい場合がほとんどだと思います。例えば R では，`mvtnorm` パッケージなど関連するプログラムが豊富に用意されています。

1 変数の場合の正規分布による異常検知理論でもそうだったように，正規分布を仮定するということは，データの分布がひと山でだいたい安定している，とみなすことと同じです。たんたんと生産を続ける工場の設備の異常を判定する，というようなイメージになります。

2.4.1 ステップ 1：多次元正規分布の最尤推定

多変量正規分布の未知パラメターである $\boldsymbol{\mu}$ と Σ を $\mathcal{D}$ から最尤推定で定めましょう。N 個の観測データに独立性が仮定できるため，$\mathcal{D}$ に基づく未知パラメターの対数尤度 $L(\boldsymbol{\mu},\Sigma \mid \mathcal{D})$ はつぎのようになります。

$$L(\boldsymbol{\mu}, \Sigma \mid \mathcal{D}) = \ln \prod_{n=1}^{N} \mathcal{N}(\boldsymbol{x}^{(n)}|\boldsymbol{\mu}, \Sigma) = \sum_{n=1}^{N} \ln \mathcal{N}(\boldsymbol{x}^{(n)}|\boldsymbol{\mu}, \Sigma) \qquad (2.31)$$

ここで，多変量正規分布の定義 (2.30) を代入することで

$$L(\boldsymbol{\mu}, \Sigma \mid \mathcal{D}) = -\frac{MN}{2}\ln(2\pi) - \frac{N}{2}\ln|\Sigma| \\ -\frac{1}{2}\sum_{n=1}^{N}(\boldsymbol{x}^{(n)} - \boldsymbol{\mu})^{\top}\boldsymbol{\Sigma}^{-1}(\boldsymbol{x}^{(n)} - \boldsymbol{\mu})$$

となることがわかります。これを最大化するような $\boldsymbol{\mu}$ と $\boldsymbol{\Sigma}$ を求めましょう。そのために，それぞれで $L(\boldsymbol{\mu}, \Sigma \mid \mathcal{D})$ を微分してゼロと等置した式を解きます。まず $\boldsymbol{\mu}$ については，付録 A.3.3 項の式 (A.35) を利用すると

$$\frac{\partial L(\boldsymbol{\mu}, \Sigma \mid \mathcal{D})}{\partial \boldsymbol{\mu}} = \sum_{n=1}^{N} \boldsymbol{\Sigma}^{-1}(\boldsymbol{x}^{(n)} - \boldsymbol{\mu})$$

ですから，これをゼロにする $\boldsymbol{\mu} = \hat{\boldsymbol{\mu}}$ は

$$\hat{\boldsymbol{\mu}} = \frac{1}{N}\sum_{n=1}^{N}\boldsymbol{x}^{(n)} \qquad (2.32)$$

であることがわかります。これは，いわゆる相加平均に他なりません。

$\boldsymbol{\Sigma}$ については若干工夫が必要です。まず，$-\ln|\boldsymbol{\Sigma}| = \ln|\boldsymbol{\Sigma}^{-1}|$ であることに注意します。また

$$(\boldsymbol{x}^{(n)} - \boldsymbol{\mu})^{\top}\boldsymbol{\Sigma}^{-1}(\boldsymbol{x}^{(n)} - \boldsymbol{\mu}) = \mathrm{Tr}\left\{\boldsymbol{\Sigma}^{-1}(\boldsymbol{x}^{(n)} - \boldsymbol{\mu})(\boldsymbol{x}^{(n)} - \boldsymbol{\mu})^{\top}\right\}$$

と書けることに注意します。ただし，Tr は行列の跡（せき）（トレースとも呼ぶ）で，任意の $M \times M$ 行列 A に対し

$$\mathrm{Tr}(\mathsf{A}) \equiv \sum_{i=1}^{M} \mathsf{A}_{i,i} \qquad (2.33)$$

のように定義されます。このことと，付録 A.3 にある行列の微分公式 (A.31) と式 (A.29) を使うと

$$\frac{\partial L(\boldsymbol{\mu}, \Sigma \mid \mathcal{D})}{\partial(\boldsymbol{\Sigma}^{-1})} = \frac{N}{2}\boldsymbol{\Sigma} - \frac{1}{2}\sum_{n=1}^{N}(\boldsymbol{x}^{(n)} - \boldsymbol{\mu})(\boldsymbol{x}^{(n)} - \boldsymbol{\mu})^{\top}$$

となり，$\boldsymbol{\mu}$ の最尤推定の結果も合わせると，ただちに

$$\Sigma = \hat{\Sigma} \equiv \frac{1}{N}\sum_{n=1}^{N}(\boldsymbol{x}^{(n)} - \hat{\boldsymbol{\mu}})(\boldsymbol{x}^{(n)} - \hat{\boldsymbol{\mu}})^\top \tag{2.34}$$

において尤度が最大化されることがわかります。以上で，モデルに含まれる二つの未知パラメターをデータ $\mathcal{D}$ から定めることができました。

2.4.2 ステップ 2：異常度の定義

つぎにステップ 2 として，異常度を定義しましょう。1 変数の場合と同様，負の対数尤度 $-\ln\mathcal{N}(\boldsymbol{x}'|\hat{\boldsymbol{\mu}},\hat{\Sigma})$ の 2 倍を基につぎのように定義します。

$$a(\boldsymbol{x}') = (\boldsymbol{x}' - \hat{\boldsymbol{\mu}})^\top\hat{\Sigma}^{-1}(\boldsymbol{x}' - \hat{\boldsymbol{\mu}}) \tag{2.35}$$

これは明らかに，観測データ $\boldsymbol{x}'$ が，どれだけ標本平均 $\hat{\boldsymbol{\mu}}$ から離れているかを表すもので,「距離」という側面を強調して，**マハラノビス距離**（の 2 乗）と呼ぶこともあります。$\hat{\Sigma}^{-1}$ は，各軸を標準偏差で割ることに対応しています。大雑把にいえば,「ばらつきが大きい方向の変動は大目に見る」という効果があります。例を**図 2.4** に掲げます。これは 2 次元の観測値のばらつきの例です。二つの対角方向に対応して，ばらつきに異方性があることがわかります。マハラ

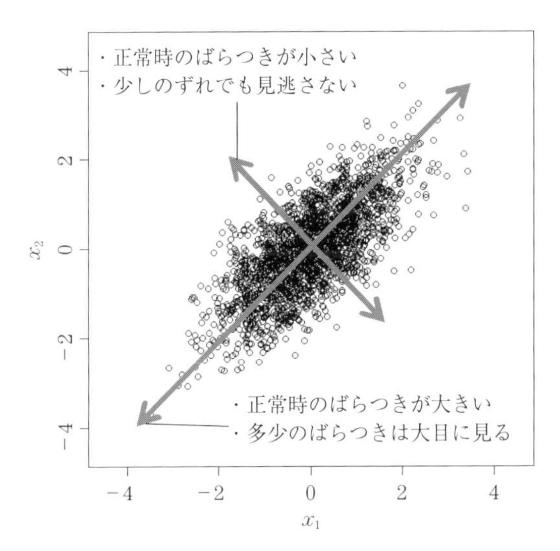

図 **2.4** 2 次元のデータのばらつきの例

ノビス距離は，このような違いをいわば吸収して，異なる変数をフェアに統合した指標になっています。

ここで，1 変数と多変数の異常度の定義の違いについて簡単に言及しておきます。上式 (2.35) は，M 次元の観測値 $\boldsymbol{x}'$ が新たに観測されたときにその異常度を計算する式です。複雑な系では，M は数百から数千になる場合もありますが，系全体を要約して一つのスカラーの値を計算するわけです。つまり 1 変数の場合とは異なり,「異常度 $a(\boldsymbol{x}')$ が高いとして，では，$\boldsymbol{x}'$ のどの変数が悪かったのか」，という問いが新たに発生します。ホテリング理論においては，それに答えるのはまた別の問題である，という想定になっています。この点については，ホテリング理論の課題という観点から後述しましょう（2.8 節 参照)。

2.4.3　ステップ 3：閾値の設定（ホテリングの $\boldsymbol{T}^2$ 理論）

多変数の場合も，先に導いた結果が自然な形で拡張されます。主要な結果を下記に定理の形でまとめておきます。

定理 2.6　(多変数のホテリングの T^2 理論)　M 次元正規分布 $\mathcal{N}(\boldsymbol{\mu}, \Sigma)$ からの N 個の独立標本 $\{\boldsymbol{x}^{(1)}, \ldots, \boldsymbol{x}^{(N)}\}$ に基づき，標本平均 $\hat{\boldsymbol{\mu}}$ を式 (2.32) で，標本共分散 $\hat{\Sigma}$ を式 (2.34) で定義する。$\mathcal{N}(\boldsymbol{\mu}, \Sigma)$ からの独立標本 $\boldsymbol{x}'$ を新たに観測したとき，以下が成立する。

1. $\boldsymbol{x}' - \hat{\boldsymbol{\mu}}$ は，平均 $\boldsymbol{0}$，共分散 $\dfrac{N+1}{N}\Sigma$ の M 次元正規分布に従う。
2. $N\hat{\Sigma}$ は，$\boldsymbol{x}' - \hat{\boldsymbol{\mu}}$ と統計的に独立に，自由度 $N-1$，スケール行列 Σ の M 次元ウィシャート分布に従う。
3. 式 (2.35) からつくられる統計量 $\dfrac{N-M}{(N+1)M}a(\boldsymbol{x}')$ は，自由度 $(M, N-M)$ の F 分布に従う。
4. $N \gg M$ の場合は，$a(\boldsymbol{x}')$ は，近似的に，自由度 M，スケール因子 1 のカイ二乗分布に従う。

上記，命題 *3.* に現れた

$$T^2 \equiv \frac{N-M}{(N+1)M}(\boldsymbol{x}'-\hat{\boldsymbol{\mu}})^\top \hat{\Sigma}^{-1}(\boldsymbol{x}'-\hat{\boldsymbol{\mu}}) \tag{2.36}$$

を，しばしば**ホテリング統計量**，またはホテリングの T^2 と呼びます。

ここで，**ウィシャート分布**という新たな分布が出てきました。参考までに確率密度関数を示しておきましょう。$M \times M$ の正定値行列 A が，自由度 k，スケール行列 Σ のウィシャート分布に従うとき，その確率密度関数 $\mathcal{W}_M(\mathsf{A} \mid k, \Sigma)$ は以下で与えられます。

$$\mathcal{W}_M(\mathsf{A} \mid k, \Sigma) = \frac{1}{2^{kM/2}|\Sigma|^{k/2}\Gamma_M(k/2)}|\mathsf{A}|^{(k-M-1)/2} \times \exp\left\{-\frac{1}{2}\mathrm{Tr}\left(\Sigma^{-1}\mathsf{A}\right)\right\} \tag{2.37}$$

他の分布同様，$\mathsf{A} \sim \mathcal{W}_M(k, \Sigma)$ というような表記を使うことがあります。ここで，$\Gamma_M(\cdot)$ は多次元のガンマ関数と呼ばれるもので，通常のガンマ関数の積から，つぎのように定義されます。

$$\Gamma_p(a) = \pi^{p(p-1)/4}\prod_{j=1}^{p}\Gamma(a+(1-j)/2) \tag{2.38}$$

容易に確かめられるように，$M=1$ のときは，A と Σ はただのスカラーであり，それぞれ u, s とおくと $\mathcal{W}_1(k, \Sigma) = \chi^2(u \mid k, s)$ が成り立ちます。すなわち，ウィシャート分布はカイ二乗分布を多次元に拡張したものに対応しています。

この定理 2.6 を使うにあたり，実用上は，よほど系の変数の数 M が多いのでなければ，$N \gg M$ が成り立つことがほとんどだと思います。この場合，異常度 a が，データの物理的単位や数値によらず，普遍的に，自由度 M，スケール因子 1 のカイ二乗分布に従う，というのが一番最後の命題 *4.* の主張です。このカイ二乗分布の期待値は M，分散 $2M$ です。したがって，1 変数当りの異常度 $a(\boldsymbol{x})/M$ は，正常時には，1 を中心にして大体 $\sqrt{2/M}$ の幅でばらつく感じになります。この量の分散が M に依存することに注意しましょう。

2.4.4 R での実行例

定理 2.6 を使って異常判定をしてみましょう。1 変数の場合と同様に（2.2.4 項 参照），データの準備と閾値の確率値の設定，標本平均と標本分散の計算，異常度の計算，異常判定，という流れで進みます。閾値 a_{th} は，標本数 N が変数の数 M より十分大きければ，定理 2.6 の命題 4. より，カイ二乗分布により求められます。この場合の異常検知手順を下記にまとめておきます。

手順 2.2（ホテリングの $\boldsymbol{T^2}$ 理論（多次元）） あらかじめある所与のパーセント値 α に基づき，カイ二乗分布から方程式

$$1-\alpha=\int_0^{a_{\mathrm{th}}}\mathrm{d}u\,\chi^2(u\mid M,1)$$

により閾値 a_{th} を求めておく[†]。

1) 正常標本が圧倒的多数を占めると信じられるデータから標本平均 (2.32) および標本共分散行列 (2.34)

$$\hat{\boldsymbol{\mu}}=\frac{1}{N}\sum_{n=1}^{N}\boldsymbol{x}^{(n)},\qquad \hat{\Sigma}=\frac{1}{N}\sum_{n=1}^{N}(\boldsymbol{x}^{(n)}-\hat{\boldsymbol{\mu}})(\boldsymbol{x}^{(n)}-\hat{\boldsymbol{\mu}})^\top$$

を計算しておく。

2) 新たな観測値 $\boldsymbol{x}'$ を得るたび，異常度としてのマハラノビス距離 (2.35)

$$a(\boldsymbol{x}')=(\boldsymbol{x}'-\hat{\boldsymbol{\mu}})^\top\hat{\Sigma}^{-1}(\boldsymbol{x}'-\hat{\boldsymbol{\mu}})$$

を計算する。

3) $a(\boldsymbol{x}')>a_{\mathrm{th}}$ なら警報を発する。

ここでは，Davis データの体重（weight）と身長（height）の 2 変数を使います。実行例 2.4 に示すように，元データから，標本数 × 次元数 のデータ

実行例 2.4

```
X <- cbind(Davis$weight,Davis$height) #データ行列
plot(X[,1],X[,2],pch=16,xlab="weight",ylab="height")
```

[†] R であれば標準の組込み関数 qchisq(p,df) が利用できます。

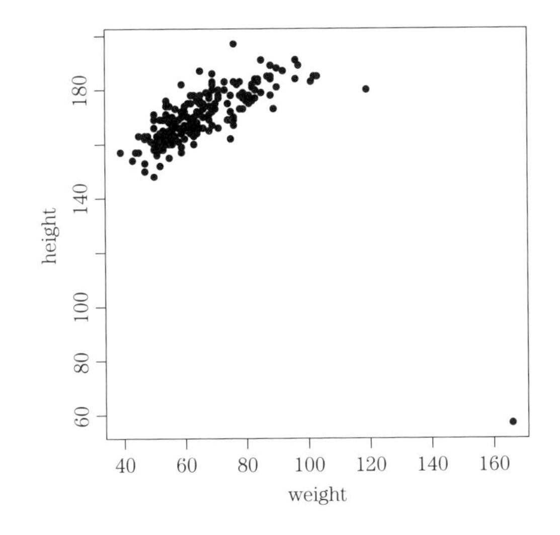

図 **2.5**　Davis データの体重と身長に関する散布図

行列 X を作成し，散布図を描いてみます (図 **2.5**)。

つぎに，実行例 2.5 に示すように，データの圧倒的多数が正常であるとの想定の下，全データセットを使って平均 $\boldsymbol{\mu}$ と共分散行列 $\boldsymbol{\Sigma}$ を最尤推定します。そして異常度を計算しプロットしてみます (図 **2.6**)。ここでも，データクレンジングの問題設定として，最尤推定に使うデータセットに対して異常度を計算しています。なお，下記の実行例では，一般に $\mathsf{A}^{-1}\boldsymbol{b}$ が，方程式 $\mathsf{A}\boldsymbol{x} = \boldsymbol{b}$ の解であることを用いて式 (2.35) 中の $\hat{\Sigma}^{-1}(\boldsymbol{x}' - \hat{\boldsymbol{\mu}})$ を計算しています。

実行例 2.5

```
mx <- colMeans(X) # 標本平均
Xc <- X - matrix(1,nrow(X),1) %*% mx  # 中心化したデータ行列
Sx <- t(Xc) %*% Xc / nrow(X) # 標本共分散行列
a <- colSums(t(Xc) * solve(Sx,t(Xc))) # 異常度
plot(a,xlab="index",ylab="anomaly score") # 異常度のプロット
lines(0:200,rep(th,length(0:200)),col="red",lty=2) # 閾値
```

予想どおり，一つだけ異常度が飛び抜けて大きいデータ点があります。これは身長が 57，体重が 166 という標本で，おそらく身長と体重を取り違えたデータだと思われます。1 変数（体重）のみを使った図 2.3 と比較してみると，2 変数を用いることで正常なデータと異常なデータとがよりはっきりと区別できる

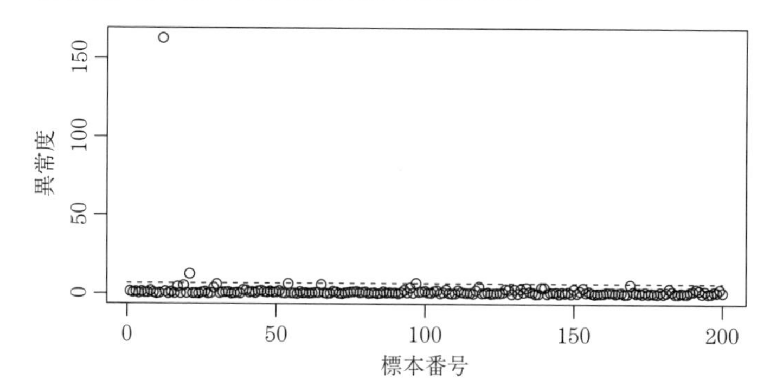

図 2.6　Davis データの体重と身長の 2 変数に関する異常度

ことがわかります。

これは非常に興味深い結果といえるでしょう。この場合，2 変数に基づいて分布推定をしたことは，標準的な身長と体重の組合せの正常パターンを学習したことに対応しています。体重だけなら 100 kg を超える人がいてもおかしくはありませんが，もしその人の身長が普通の値よりも不自然に小さいとしたら，それはどう考えても異常です。ホテリング理論は，そのような正常パターンを把握するための簡便な方法を与えています。

2.5　多変数のホテリング理論の詳細*

この節では，前節でやや天下り式に示した定理 2.6 について，簡単に解説を加えます。目標は，異常度 (2.35) の確率分布を求めることです。多次元の場合，やや煩雑な行列計算が必要となりますので，理論的詳細に興味のない読者は本節を読み飛ばしてもかまいません。

2.5.1　多変量正規変数の和の分布

本節では，定理 2.6 の命題 1 について考えます。容易に予想できるように，定理 2.2 に対応して，M 次元正規変数の線形和について，つぎの定理が成り立ちます。

定理 2.7 (多次元正規変数の一次結合)　$\boldsymbol{x}$ と $\boldsymbol{x}'$ が独立に多次元正規分布 $\mathcal{N}(\boldsymbol{\mu}, \Sigma)$ に従うとき，行列 A と B によりつくられる確率変数 $\mathsf{A}\boldsymbol{x} + \mathsf{B}\boldsymbol{x}'$ は，多次元正規分布 $\mathcal{N}\left((\mathsf{A}+\mathsf{B})\boldsymbol{\mu}\ ,\ \mathsf{A}\Sigma\mathsf{A}^\top + \mathsf{B}\Sigma\mathsf{B}^\top\right)$ に従う。

この場合も，結果が正規分布になることを仮定した簡易的証明を与えます。まず期待値については，$\mathsf{A}\boldsymbol{x} + \mathsf{B}\boldsymbol{x}'$ について，項別に期待値を計算することにより，明らかに定理が成り立ちます。つぎに，共分散行列ですが，これは定義から，$(\mathsf{A}\boldsymbol{z} + \mathsf{B}\boldsymbol{z}')(\mathsf{A}\boldsymbol{z} + \mathsf{B}\boldsymbol{z}')^\top$ の期待値となります。ただし $\boldsymbol{z} \equiv \boldsymbol{x} - \boldsymbol{\mu}$ および $\boldsymbol{z}' \equiv \boldsymbol{x}' - \boldsymbol{\mu}$ とおきました。単純に括弧を展開すると

$$\mathsf{A}\boldsymbol{z}\boldsymbol{z}^\top\mathsf{A}^\top + \mathsf{B}\boldsymbol{z}'\boldsymbol{z}'^\top\mathsf{B}^\top + \mathsf{A}\boldsymbol{z}\boldsymbol{z}'^\top\mathsf{B}^\top + \mathsf{B}\boldsymbol{z}'\boldsymbol{z}^\top\mathsf{A}^\top$$

となります。ここで項別に期待値を考えると，$\boldsymbol{z}\boldsymbol{z}^\top$ と $\boldsymbol{z}'\boldsymbol{z}'^\top$ の期待値は Σ ですが，$\boldsymbol{z}'\boldsymbol{z}^\top$ の期待値は，$\boldsymbol{x}$ と $\boldsymbol{x}'$ の独立性からゼロになります。以上で定理がすべて証明できました。

特に A と B がスカラー a, b のときは，平均 $(a+b)\boldsymbol{\mu}$，共分散行列 $(a^2+b^2)\Sigma$ となりますから，標本平均の定義 (2.4) を使うと，$\boldsymbol{x}' - \hat{\boldsymbol{\mu}}$ の期待値は

$$\left(1 - \frac{1}{N} - \cdots - \frac{1}{N}\right)\boldsymbol{\mu} = \boldsymbol{0}$$

となり，共分散については

$$\left(1 + \frac{1}{N^2} + \cdots + \frac{1}{N^2}\right)\Sigma = \frac{N+1}{N}\Sigma$$

がいえます。これで定理 2.6 の命題 *1.* が証明できました。

2.5.2 多変量正規変数の平方和の分布

つぎに定理 2.6 の命題 *2.* について考えます。準備として，独立に $\mathcal{N}(\boldsymbol{0}, \Sigma)$ に従う N 個の M 次元の確率変数 $\boldsymbol{z}^{(1)}, \ldots, \boldsymbol{z}^{(N)}$ からつくられる

$$\mathsf{A} = \boldsymbol{z}^{(1)}\boldsymbol{z}^{(1)\top} + \cdots + \boldsymbol{z}^{(N)}\boldsymbol{z}^{(N)\top} = \mathsf{Z}\mathsf{Z}^\top \tag{2.39}$$

という $M \times M$ 行列 A の分布について考えましょう。ただし，$M \times N$ 行列 Z を，$\mathsf{Z} \equiv \left[\boldsymbol{z}^{(1)}, \ldots, \boldsymbol{z}^{(N)}\right]$ と定義しました。$M = 1$ のときに A が 1 次元正規変数の二乗和になっていることは明らかです。

行列 A の分布 $p(\mathsf{A})$ は，変換公式 (A.12) によれば，形式的に

$$p(\mathsf{A}) = \int \mathrm{d}\boldsymbol{z}^{(1)} \cdots \mathrm{d}\boldsymbol{z}^{(N)}\ \delta(\mathsf{A} - \mathsf{Z}\mathsf{Z}^\top) \prod_{n=1}^{N} \mathcal{N}(\boldsymbol{z}^{(n)} \mid \mathbf{0}, \mathsf{\Sigma}) \tag{2.40}$$

と書かれます。表記を簡単にするために，被積分関数に現れる正規分布の積を $f(\mathsf{Z}\mathsf{Z}^\top)$ と表します。正規分布の定義 (2.30) を使えば

$$f(\mathsf{Z}\mathsf{Z}^\top) = (2\pi)^{-MN/2}\ |\mathsf{\Sigma}|^{-N/2} \exp\left\{-\frac{1}{2}\mathrm{Tr}\left(\mathsf{\Sigma}^{-1}\mathsf{Z}\mathsf{Z}^\top\right)\right\} \tag{2.41}$$

となります。

この積分 (2.40) を実行するために，$M = 1$ のときは，積分変数を球座標に変換したのでした。その座標変換 (2.20) を再掲するとつぎのとおりです。

$$\mathrm{d}z^{(1)} \cdots \mathrm{d}z^{(N)} = \mathrm{d}v\ \ 2^{-1}\ |v|^{(N-2)/2}\ \mathrm{d}S_{1,N}$$

ただし，本節と合わせるため $a = 1$ として表記を調整しました。$M > 1$ においては，この関係は，$\mathsf{V} = \mathsf{Z}\mathsf{Z}^\top$ に対し

$$\mathrm{d}\boldsymbol{z}^{(1)} \cdots \mathrm{d}\boldsymbol{z}^{(N)} = \mathrm{d}\mathsf{V}\ \ 2^{-M}\ |\mathsf{V}|^{(N-M-1)/2}\ \mathrm{d}S_{M,N} \tag{2.42}$$

のように拡張されることが知られています。ただし，V の定義域は正定値行列，$\mathrm{d}S_{M,N}$ は，$N \times M$ の直交行列†が囲む領域（シュティーフェル多様体と呼ばれます）の表面の面素です。被積分関数は V にのみ依存するので，後者の積分は実行できて，結果は，N 次元空間での単位球の表面積 (2.21) を拡張した

$$S_{M,N} \equiv \int \mathrm{d}S_{M,N} = \frac{2^M \pi^{MN/2}}{\Gamma_M(N/2)} \tag{2.43}$$

となることが知られています。式 (2.42) と式 (2.43) の導出は数学的に高度にな

† $N > M$ のとき，$N \times M$ の直交行列とは，$\mathsf{U}^\top\mathsf{U} = \mathsf{I}_M$ を満たす行列 U のことです。

るので，ここでは省略します。これらの関係を認めると，積分 (2.40) は，つぎのように実行できます。

$$p(\mathsf{A}) = f(\mathsf{A}) \times 2^{-M}|\mathsf{A}|^{(N-M-1)/2} \times \frac{2^M \pi^{MN/2}}{\Gamma_M(N/2)} \tag{2.44}$$

式 (2.41) を入れて整理すると，結果が $p(\mathsf{A}) = \mathcal{W}_M(\mathsf{A} \mid N, \Sigma)$ となることがわかります。これを定理としてつぎのようにまとめておきましょう。

定理 2.8 (多変量正規変数の平方和)　$\mathcal{N}(\mathbf{0}, \Sigma)$ に従う独立な M 次元の確率変数 $\boldsymbol{z}^{(1)}, \ldots, \boldsymbol{z}^{(N)}$ に対し，$\mathsf{A} = \sum_{n=1}^{N} \boldsymbol{z}^{(n)}\boldsymbol{z}^{(n)\top}$ とおくと，A は，自由度 N，スケール行列 Σ のウィシャート分布に従う。

この定理に基づいて，標本共分散行列 (2.34) の分布を考えましょう。式 (2.26) 同様，中心化行列 H_N を使って

$$\hat{\Sigma} = \frac{1}{N}\mathsf{X}\mathsf{H}_N\mathsf{X}^\top \tag{2.45}$$

と書けることに注意します。ただし，$\mathsf{X} \equiv \left[\boldsymbol{x}^{(1)}, \ldots, \boldsymbol{x}^{(N)}\right]$ です。したがって，式 (2.26) 以降の主軸問題についての議論はほとんどそのまま成り立ち，$N\hat{\Sigma}$ が，平均 $\mathbf{0}$，共分散 Σ の M 次元正規変数 $\{\boldsymbol{y}_n\}$ の外積の和として

$$N\hat{\Sigma} = \sum_{n=2}^{N} \boldsymbol{y}_n\boldsymbol{y}_n^\top$$

と書けること，また，これに含まれない $\boldsymbol{y}_1$ が $\sqrt{N}\hat{\boldsymbol{\mu}}$ と書けることがわかります。この事実と定理 2.8 から，定理 2.6 の命題 2. の成立は明らかです。

2.5.3 ホテリング統計量の分布

最後のステップとして，定理 2.6 の命題 3. と命題 4. について考えます。この証明はやや技巧的になるので，雰囲気の説明にとどめます。まず，多変数の場合の異常度 (2.35) をつぎのように書きます。

$$a(\boldsymbol{x}') = \frac{\boldsymbol{z}'^\top \boldsymbol{\Sigma}^{-1} \boldsymbol{z}'}{\left(\dfrac{\boldsymbol{z}'^\top \boldsymbol{\Sigma}^{-1} \boldsymbol{z}'}{\boldsymbol{z}'^\top \hat{\boldsymbol{\Sigma}}^{-1} \boldsymbol{z}'} \right)}$$

ただし，$\boldsymbol{z}' = \boldsymbol{x}' - \hat{\boldsymbol{\mu}}$ です。ここで，分子の $\boldsymbol{\Sigma}$ は単なる定数の行列ですので，二次形式の主軸問題を解いた上で定理 2.2 を適用することができ，自由度 M のカイ二乗分布に従うことがわかります。

一方，分母は，もともと自由度 $N-1$ のウィシャート分布に従う $M \times M$ 行列を，ブロック分割行列の逆行列の公式（付録の定理 A.4 参照）を使って 1×1 行列に縮約したものに対応していることを示せます。1 次元のウィシャート分布はカイ二乗分布になり，その自由度は，$N-1$ から，縮めた $M-1$ 次元分を差し引いた $N-M$ となります。

定理 2.5 で示したとおり，F 分布はカイ二乗分布の比からつくられます。いまの場合，$a(\boldsymbol{x}')$ が，自由度 M と $N-M$ という二つのカイ二乗分布の比からなっているので，（係数を適当に合わせれば）自由度 $(M, N-M)$ の F 分布に従うことがわかります。

最後に，定理 2.6 の命題 4，マハラノビス距離（の 2 乗）が，$N \to \infty$，$N \gg M$ のときに，近似的にカイ二乗分布に従うことについて考えます。一般に，確率変数 z が $\mathcal{F}(z|m,n)$ に従うとき，m を有限に保ちつつ $n \to \infty$ とすると，確率変数 mz が，自由度 m，スケール因子 1 のカイ二乗分布に従うという古典的な結果があります[31)]。これを使うと

$$M \times \frac{N-M}{(N+1)M} a(\boldsymbol{x}') \sim \chi^2(M, 1)$$

となります。この近似は M/N のゼロ次まで残していることに当たるので，同じ近似において，左辺は $a(\boldsymbol{x}')$ そのものになることがわかります。これで，定理 2.6 の命題 4. が示されました[†]。

† サポートページに上記の結果の導出を掲載していますので興味のある方はご参照下さい。

2.6　マハラノビス=タグチ法

2.6.1　手 法 の 概 要

2.4.2 項で述べたとおり，多変数のホテリング理論で計算されるのは全系の総合的な異常度であり，個別の変数の異常度ではありません。**マハラノビス=タグチ法**（**MT 法**，**MT システム**（**MTS**））は，ホテリング統計量（またはマハラノビス距離）に基づく外れ値検出手法に，異常変数の選択手法を組み合わせることで，この課題に対応することを目指しています。

MT 法にはさまざまな変種がありますが，Taguchi および Jugulum[30] で述べられている内容を要約するとつぎのとおりです。

手順 2.3 (マハラノビス=タグチ法) 正常データが圧倒的多数だと信じられるデータセット $\mathcal{D} = \{\boldsymbol{x}^{(1)}, \ldots, \boldsymbol{x}^{(N)}\}$ と，異常と判明しているデータセット $\mathcal{D}' = \{\boldsymbol{x}'^{(1)}, \ldots, \boldsymbol{x}'^{(N')}\}$ を用意する。変数の数は共に M（したがってデータは M 次元ベクトルの集まり）とする。

1) 分布推定：　$\mathcal{D}$ を基に，標本平均 (2.32) と標本共分散 (2.34) を求める。
2) 異常度の計算：　$\mathcal{D}$ の中の各標本に対し，1 変数当りのマハラノビス距離（異常度 (2.35) を M で割ったもの）を計算する。
3) 異常判定 1：　$\mathcal{D}$ の標本が正常範囲に入るように 1 変数当りのマハラノビス距離の閾値を決める。
4) 異常判定 2：　$\mathcal{D}'$ の各標本に対して，M 変数の中からいくつかの変数を選び，その変数集合の 1 変数当りの異常度を計算する。

最後のステップにおいて，個々の変数の寄与が数値化され，「なにが悪さをしていたのか」という質問に答えることが一応可能です。タグチらは指標

$$\mathrm{SN}_q \equiv -10 \log_{10} \left\{ \frac{1}{N'} \sum_{n=1}^{N'} \frac{1}{a_q(\boldsymbol{x}'^{(n)})/M_q} \right\} \tag{2.46}$$

を経験的に導入し，これを変数集合 q に対する SN 比（有用性の指標）としています。ただし，q は変数の取捨選択パターンを区別する添字で，M_q はパターン q における変数の数，a_q は，パターン q に対応して，$M_q \times M_q$ 次元の共分散行列を使ったときの異常度です。$\{\cdot\}$ に現れる分子の「1」は，定理 2.6 の説明で述べたとおり，異常度 (2.35) を変数の数で割ったものの期待値（$=1$）を表しています。すなわち，これを正常状態を表す基準値にとり，異常状態の 1 変数当りの異常度 $a_q(\boldsymbol{x}'^{(n)})/M_q$ との比を計算し，さらに，それを異常標本にわたり平均したものになっています。なお，MT 法では，マハラノビス距離が 1 以下の領域を「単位空間」と呼びます。

例えば一つずつ変数を見る場合，q は M 通りあり，$M_q = 1$ です。もし第 q 変数が，N' 個の異常事例の大半に大きく寄与していたとすると，1 変数当りの異常度はたいへん大きなものになるはずです。したがって SN_q も大きくなるはずです。したがって，この値を見れば，変数 q の，異常判定における有用性を知ることができます。

1 変数ずつではなくある複数の変数を除去することも可能です。この場合，除去変数の場合の数が非常に多くなりますが，通常，2 水準（変数を含める or 含めない）の割付けに関する実験計画法を用いることで，網羅性と効率の両立が図られます。

なお，上において，$\mathcal{D}'$ の各標本に対して，1 変数当りの異常度を計算した際，その値が $\mathcal{D}$ に対するものよりも大きいことが前提です。もしこれが成り立たなければ異常検知手法自体を再検討する必要があります。

2.6.2 R での実行例

本節では，`MASS` パッケージに含まれる `road` データを使ってマハラノビス=タグチ法の手順を示します。このデータはアメリカの 26 個の州について，交通死亡事故者数 `deaths`，運転者数 `drivers`，人口密度 `popden`，郊外地区の道路長 `rural`，1 月における 1 日の最高気温の平均値 `temp`，1 年ごとの燃料消費量 `fuel` という 6 変数を記録したデータです。まず，2.4.4 項と同じデータクレンジングの手順で，26 州のデータを使って標本平均と標本共分散の最尤推定をしつつ，異常度も合わせて計算します（実行例 2.6）。データは変数を drivers の値で割ってドライバー当りの数に変換した上で対数変換しておきます（8.3.2 項参照）。これにより 5 変数になります。

実行例 2.6

```
library(MASS)
X <- road / road$drivers # driver により各列を割る
X <- as.matrix(log(X[,-2] +1)) # 対数変換
mx <- colMeans(X) # 平均値の計算
Xc <- X - matrix(1,nrow(X),1) %*% mx # 中心化データ行列
Sx <- t(Xc) %*% Xc / nrow(X)  # 共分散行列の計算
a <- rowSums((Xc %*% solve(Sx)) * Xc)/ncol(X) # 1 変数当りの異常度
plot(a,xlab="index",ylab="anomaly score",ylim=c(-1,30)/ncol(X))
lines(0:30,rep(1,length(0:30)),col="red",lty=2) # 「1」の高さに線を引く
```

実行例 2.6 により，1 変数当りのマハラノビス距離が計算され，**図 2.7** のような図が出力されます。閾値の線は 1 としています。五つの州が顕著に高い異常度を与えています。これらは左から，Alaska, Calif, DC, Maine, Mont です。それ以外は 1 以下の値になっていることがわかります。

つぎに SN 比解析を行います。$N' = 1, M_q = 1$ として各変数の SN 比を計算してみます。この場合 SN 比の式は非常に簡単になり

$$\mathrm{SN}_q = 10 \log_{10} \frac{a_q(\boldsymbol{x}')}{M_q} = 10 \log_{10} \frac{(x'_q - \hat{\mu}_q)^2}{\hat{\sigma}_q^2} \tag{2.47}$$

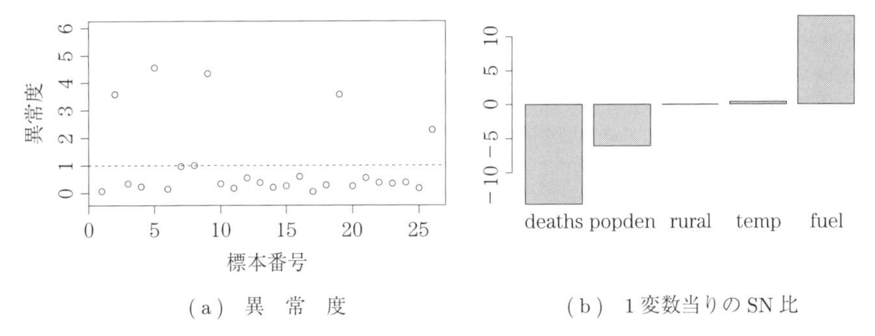

（a）異 常 度　　（b）1 変数当りの SN 比

図 2.7 road データの各標本の 1 変数当りの異常度（縦軸が異常度，横軸が標本番号）と各変数についての 1 変数当りの SN 比

のようになります。$\hat{\mu}_q$ および $\hat{\sigma}_q^2$ はそれぞれ，第 q 番目の変数の標本平均と標本分散です。この式から，マハラノビス=タグチ法における SN 比という量が，本質的にはマハラノビス距離を対数変換したものであることがわかります。

実行例 2.7 により SN 比を計算した結果を図 2.7 に示します。負の SN 比は，平均からの偏差が標準偏差よりも小さい場合に生じます。これによれば，Calif の大きな異常度はほとんどすべて fuel に帰せられることがわかります。データによればこの変数の値は，平均よりも顕著に低い値となっていました。データの詳細は不明なので詳しくはわかりませんが，データ上はこれは，運転手数（driver）に比べて燃料消費量が小さいことによります。

実行例 2.7

```
xc_prime <- Xc["Calif",] # 中心化行列から Calif のデータを取り出す
SN1 <- 10*log10(xc_prime^2/diag(Sx)) # 全変数一気に SN 比を計算
barplot(SN1) # 棒グラフの出力
```

もともとマハラノビス距離は，正規分布を基にした負の対数尤度という意味をもっていました。式 (2.47) によれば，SN 比という量は，正規分布を 2 重に対数変換したものに対応しており，それを統計学の観点から，あるいは統計的機械学習の観点から正当化するのは困難です。また，SN 比の定義の基になっているのは，変数の数 M で割ったマハラノビス距離の期待値が 1 になるという事実ですが，定理 2.6 の下において述べたように，その標準偏差は M により異なり，$\sqrt{2/M}$ となります。これは SN 比の定義が，M によってその意味合いを変えることを意味しています。実問題にマハラノビス=タグチ法を適用する際には，これらの特徴をよく理解する必要があります。

2.6.3 QR　分　解*

マハラノビス距離で実用上問題となるのが，標本共分散行列の逆行列の計算です。よく知られているとおり，逆行列の計算を行うのは数値的に非常に難しく，ノイジーなセンサーデータの場合，特になんの工夫もしなければ，M が数 10 を超えると計算不能になります。

これに対応するため，マハラノビス=タグチ法では，しばしば，データ行列を事前に**QR 分解**しておきます。QR 分解とは，任意の正方行列を，直交行列 Q と上三角行列 R に因子化することです。それを行う手法はいくつか知られていますが，**グラム=シュミットの直交化法**（GS 直交化）を使うのが便利です。GS 直交化による QR 分解を併用した MT 法を，MTGS 法（マハラノビス=タグチ=グラム=シュミット法）と呼ぶことがあります。

以下，QR 分解について説明します。例えば R の場合 `qr()` 関数を使えば瞬時に QR 分解は実行できますので，計算法の詳細に興味のない読者は以下読み飛ばしてもかまいません。QR 分解する行列を一般に $\mathsf{A} = [\boldsymbol{a}_1, ..., \boldsymbol{a}_M]$ とおきます。これは正方行列でなくてもかまいません。ただし，列ベクトルは一次独立であるとします。GS 直交化は，ベクトルの集まりから正規直交ベクトルをつくる手続きです。求めたい正規直交ベクトルを $\boldsymbol{v}_1, \ldots, \boldsymbol{v}_M$ とおくと，これらは逐次的につぎのようにつくられます。

$$
\begin{aligned}
\boldsymbol{u}_1 &= \boldsymbol{a}_1, & \boldsymbol{v}_1 &= \frac{\boldsymbol{u}_1}{\sqrt{\boldsymbol{u}_1^\top \boldsymbol{u}_1}}, \\
\boldsymbol{u}_2 &= \boldsymbol{a}_2 - \boldsymbol{v}_1 \boldsymbol{v}_1^\top \boldsymbol{a}_2, & \boldsymbol{v}_2 &= \frac{\boldsymbol{u}_2}{\sqrt{\boldsymbol{u}_2^\top \boldsymbol{u}_2}}, \\
\boldsymbol{u}_3 &= \boldsymbol{a}_3 - \boldsymbol{v}_1 \boldsymbol{v}_1^\top \boldsymbol{a}_3 - \boldsymbol{v}_2 \boldsymbol{v}_2^\top \boldsymbol{a}_3, & \boldsymbol{v}_3 &= \frac{\boldsymbol{u}_3}{\sqrt{\boldsymbol{u}_3^\top \boldsymbol{u}_3}}, \\
&\vdots & &\vdots \\
\boldsymbol{u}_M &= \left(\mathsf{I} - \sum_{i=1}^{M-1} \boldsymbol{v}_i \boldsymbol{v}_i^\top \right) \boldsymbol{a}_M, & \boldsymbol{v}_M &= \frac{\boldsymbol{u}_M}{\sqrt{\boldsymbol{u}_M^\top \boldsymbol{u}_M}}
\end{aligned}
\tag{2.48}
$$

$\boldsymbol{v}_1, \ldots, \boldsymbol{v}_M$ が正規直交すること，すなわち $\boldsymbol{v}_i^\top \boldsymbol{v}_j = \delta_{i,j}$ が成り立つことは，上記の構成から直接確かめられます。ここで $\delta_{i,j}$ はクロネッカーのデルタと呼ばれるもので，$i = j$ でのみ 1，それ以外では 0 となる関数です。

GS 直交化により（あるいは他の方法でもかまいません），A の列空間（列ベクトルの張る空間）において正規直交ベクトルがつくられたら

$$
\mathsf{Q} \equiv [\boldsymbol{v}_1, \ldots, \boldsymbol{v}_M] \tag{2.49}
$$

とおき，$\mathsf{A} = \mathsf{QR}$ となるように上三角行列 R の要素 $r_{i,j}$ を求めてゆきます。

$$[\boldsymbol{a}_1, ..., \boldsymbol{a}_M] = [\boldsymbol{v}_1, \ldots, \boldsymbol{v}_M] \begin{pmatrix} r_{1,1} & r_{1,2} & \cdots & r_{1,M-1} & r_{1,M} \\ 0 & r_{2,2} & \cdots & r_{2,M-1} & r_{2,M} \\ 0 & 0 & \cdots & r_{3,M-1} & r_{3,M} \\ \vdots & \vdots & \ddots & \ddots & \vdots \\ 0 & 0 & \cdots & 0 & r_{M,M} \end{pmatrix}$$

において，行列の積を実行して列ベクトルごとに比べた式

$$\boldsymbol{a}_1 = \boldsymbol{v}_1 r_{1,1}$$

$$\boldsymbol{a}_2 = \boldsymbol{v}_1 r_{1,2} + \boldsymbol{v}_2 r_{2,2}$$

$$\vdots$$

$$\boldsymbol{a}_M = \boldsymbol{v}_1 r_{1,M} + \boldsymbol{v}_2 r_{2,M} + \cdots + \boldsymbol{v}_M r_{M,M}$$

が成り立つためには

$$r_{i,j} = \begin{cases} \boldsymbol{v}_i^\top \boldsymbol{a}_j & (i \leqq j) \\ 0 & (i > j) \end{cases} \tag{2.50}$$

でなければならないことがただちにわかります。

いま $M \times N$ のデータ行列を $\mathsf{X} \equiv \left[\boldsymbol{x}^{(1)}, \ldots, \boldsymbol{x}^{(N)}\right]$ とおきます。これに中心化行列を右から掛けた XH_N の第 n 列は，$\boldsymbol{x}^{(n)} - \hat{\boldsymbol{\mu}}$ になります。いま，この中心化されたデータ行列（の転置行列）をつぎのように QR 分解します。

$$[\mathsf{XH}_N]^\top = \mathsf{QR} \tag{2.51}$$

これを使うと，標本共分散が

$$\hat{\Sigma} = \frac{1}{N}\mathsf{R}^\top \mathsf{Q}^\top \mathsf{QR} = \frac{1}{N}\mathsf{R}^\top \mathsf{R} \tag{2.52}$$

と表せます。ただし，$\{\boldsymbol{v}_1, \ldots, \boldsymbol{v}_M\}$ の正規直交性から $\mathsf{Q}^\top \mathsf{Q} = \mathsf{I}_M$ となることを用いました。これを使うと，マハラノビス距離の式が

$$a(\boldsymbol{x}') = N \cdot (\boldsymbol{x}' - \hat{\boldsymbol{\mu}})^\top \mathsf{R}^{-1} \mathsf{R}^{-\top} (\boldsymbol{x}' - \hat{\boldsymbol{\mu}}) \tag{2.53}$$

となります。ただし $\mathsf{R}^{-\top}$ は，R の転置行列の逆行列を表す記号です。容易に確かめられるとおり，R^{-1} は簡単な後退代入操作で求められ，数値的にもたいへん安定しています。したがって，共分散行列の逆行列を明示的に求める必要はなく，R のみをつくっておけば異常度が安定して計算できることになります。

なお，同様の発想で数値安定化を図る方法として，データ行列ではなく標本共分散行列から始めて直接式 (2.52) のような $\hat{\Sigma} = \mathsf{R}^{\top}\mathsf{R}$ の形の分解を得る手法もよく使われます。これを**コレスキー分解**と呼びます。R では `chol` 関数で手軽に実行できます。

2.7　t 分布による異常判定*

定理 2.1 の 1 変数のホテリング理論では異常度としてのマハラノビス距離の確率分布を導きました。同じ仮定から，式 (2.7) 左辺の平方根に当たる

$$t(x') \equiv \sqrt{\frac{N-1}{N+1}}\frac{x' - \hat{\mu}}{\hat{\sigma}} \tag{2.54}$$

を異常度として採用し，その確率分布を求めることもできます。平均値からのずれの符号が重要な用途には，このような定式化が有用なこともあるでしょう。

異常検知の三つのステップのうち，分布推定と異常度の定義までは終わっていますから，最後の閾値の設定について考えます。一般の多次元の場合は煩雑になりますので，1 変数の場合に話を限ります。上式 (2.54) において，$\hat{\mu}, \hat{\sigma}$ はそれぞれ標本平均 (2.4) と標本分散 (2.5) です。$x' - \hat{\mu}$ は式 (2.19) で示したとおり，平均 0，分散 $\sigma^2(N+1)/N$ の正規分布に従います。また，$\hat{\sigma}^2$ は，式 (2.28) より，自由度 $N-1$，スケール因子 σ^2/N のカイ二乗分布に従います。ここで，$t(x')$ をつぎのように書くと

$$t(x') = \frac{x' - \hat{\mu}}{\sqrt{\sigma^2 \dfrac{N+1}{N}}} \times \frac{1}{\sqrt{\dfrac{\hat{\sigma}^2}{\sigma^2/N}\dfrac{1}{N-1}}}$$

上式の $t(x')$ が，$\mathcal{N}(0,1)$ に従う変数と，「$\chi^2(N-1,1)$ に従う変数をその自由

度 $N-1$ で割ったものの平方根」との比に等しいことがわかります。したがって，この t の確率分布は，変換公式 (A.12) を使うと形式的に

$$p(t) = \int_{-\infty}^{\infty} \mathrm{d}x \int_{0}^{\infty} \mathrm{d}y\, \mathcal{N}(x \mid 0, 1)\, \chi^2(y \mid N-1, 1)\, \delta\left(t - \frac{x}{\sqrt{y/(N-1)}}\right) \tag{2.55}$$

と書けます。F 分布の場合と同様，x，次いで y の順番に積分を実行することで，つぎの定理が証明できます。

定理 2.9　$u \sim \mathcal{N}(0,1)$，$v \sim \chi^2(m,1)$ のとき，確率変数

$$t \equiv \frac{u}{\sqrt{v/m}}$$

は，自由度 m，平均 0 の t 分布 $\mathcal{S}(t \mid m, 0)$ に従う。特に，式 (2.54) については

$$\sqrt{\frac{N-1}{N+1}}\frac{x' - \hat{\mu}}{\hat{\sigma}} \sim \mathcal{S}(t \mid N-1, 0) \tag{2.56}$$

が成り立つ。$N \gg 1$ が成り立てば，t は，正規分布 $\mathcal{N}(0,1)$ に近似的に従う。

上記の定理において，自由度 m，平均 0 の **t 分布**の確率密度関数 $\mathcal{S}(t \mid m, 0)$ はつぎのように定義されます。

$$\mathcal{S}(t \mid m, 0) = \frac{\Gamma((m+1)/2)}{\Gamma(m/2)}\sqrt{\frac{1}{\pi m}}\left(1 + \frac{t^2}{m}\right)^{-(m+1)/2} \tag{2.57}$$

これもまた複雑な形をしていますが，例えば R では，標準の組込み関数 `dt(x,df)` を用いれば，自由度 `df` の t 分布について，ただちに確率密度の値の評価ができます。詳しくは `help("dt")` をご覧ください。

なお，実用上はほとんどつねに $N \gg 1$ が成り立つと思われますので，異常度それ自体にあえて t 分布を使う利点は乏しいといえます。t 分布は，それ以外の用途，例えば，異なる解析手法の優劣の判定や回帰係数の優位性判定などの

問題で重要な役割を演じます。異常検知の観点では，むしろ問題なのは，データが単一の正規分布から生成されるというもともとの仮定が正しいかどうかという点です。これについては一般にホテリング理論の課題という観点で次節にまとめましょう。

2.8　ホテリング理論の課題

ホテリング理論は，その非常に完備された理論体系を背景にして，統計学的な外れ値検出理論のかなりの部分を占めています。しかしながら，実用上は主につぎの三つの欠点があります。

(1)　異常度が，単一の正規分布に従いデータが生成されると仮定しているため，例えばいくつかのモードがあるような機械系のデータに適用する場合，モードの変化に追従できず誤報が頻発する。

(2)　ホテリング統計量は，M 次元の系の異常度を単一の指標で表すため，変

コーヒーブレイク

筆者がホテリング理論を学んだとき思ったのは，とてつもなく難しい理論であるということでした。ホテリング理論はすべての異常検知理論の基本となるべき理論なのですが，完全に理解するためには，例えば共分散行列の振舞いを理解するために,「行列の分布」というものを考えなければなりません。これは通常の理系の修士課程のレベルをはるかに超えます。

理論が難しくても実用上役に立てばいいのですが，実際のところ，ホテリング理論がうまく使える問題は限られるというのが実感です。実問題にうまく対処できない場合があることはわかっているが，理論が難しすぎてどこをどう改良してよいのか見当がつかない，というのが，多くのエンジニアの気持ちだったと思います。

幸い，2000 年代半ばから，統計的機械学習が，実用的な異常検知の枠組みとして多様な問題に適用されるようになってきており，ホテリング理論の位置づけも変わりつつあります。本書は，ホテリング理論（とその応用としての MT 法）が広く現場で使われているという日本の現実にかんがみ，ホテリング理論にかなりのページ数を割きましたが，将来，異常検知の解説書の内容がどう変わってゆくことになるのかは興味深いところです。

数が多くなるにつれ，少数の変数のみに生ずる異常がかき消される傾向がある。

(3) 異常度の定義が，一定の平均値からのずれという形で与えられているため，値が動的に変化する系では適用が困難である。

ホテリング理論は，例えば半導体のプロセス制御などに実用化されていますが，一般的には，この方法が妥当なのは，非常によく制御され値がほぼ静的に一定値にとどまるような状況のみとされています。

次章以降，上記のような課題を念頭に，機械学習の観点からさまざまな異常検知の手法を見てゆきます。

章 末 問 題

【1】 1 次元の正規分布の確率密度関数 (2.3) を x の関数と見て，それを x で微分することにより，極大点と変曲点を求めてください。

【2】 付録の定理 A.6 の式 (A.38) を用いて，正規分布 (2.3) が規格化条件（付録 A.2.1 項 参照）を満たすことを確かめてください。

【3】 正規分布 (2.3) に従う変数 x があったとき，変数変換 $z = (x - \mu)/\sigma$ により定義される変数 z が**標準正規分布**に従うことを証明してください。なお，標準正規分布とは平均ゼロ，分散 1 の正規分布のことです。

【4】 1 次元確率変数の N 個の標本を使って，つぎのような式を考えます。

$$\omega \equiv \frac{1}{2N^2} \sum_{n=1}^{N} \sum_{n'=1}^{N} (x^{(n)} - x^{(n')})^2 \tag{2.58}$$

これは力学的には，N 個の標本がたがいにばねでつながれたときのポテンシャルエネルギーの平均と解釈できます。これが標本分散の式 (2.5) と一致することを証明してください。

【5】 正方行列 A と，それと同じ次元をもつベクトル $\boldsymbol{a}, \boldsymbol{b}$ について，$\boldsymbol{a}^\top \mathsf{A} \boldsymbol{b} = \mathrm{Tr}(\mathsf{A}\boldsymbol{b}\boldsymbol{a}^\top)$ が成り立つことを証明してください。

【6】 $\boldsymbol{z}$ と $\boldsymbol{z}'$ がそれぞれ**独立**に $\mathcal{N}(\mathbf{0}, \boldsymbol{\Sigma})$ に従うとします。$\boldsymbol{z}\boldsymbol{z}'^\top$ という量の期待値は何でしょうか。また，$\boldsymbol{z}\boldsymbol{z}^\top$ の期待値は何でしょうか。

【7】 M 変数のホテリングの統計量 (2.36) は，各変数が統計的に無相関であるとき，1 変数のホテリング統計量（定義は式 (2.7) 左辺で与えられています）の和で表されることを証明してください。

3

非正規データからの異常検知

ここまで，正常データの様子が正規分布，すなわち単一の左右対称の山で表されると仮定して異常検知の方法を考えてきました。この章では，データが普通の正規分布ではとらえきれない場合の処方箋（しょほうせん）を解説します。

3.1　分布が左右対称でない場合

2.2 節で取り上げた Davis データの体重の分布図 2.1 をもう一度眺めてみると，体重が大きい側に長い尾をもつ分布になっていることがわかります。これを無理やり左右対称の正規分布に当てはめてよいか疑問をもった人もいるかもしれません。また，正規分布は，厳密にいえば，$-\infty$ から ∞ で定義された確率分布ですが，体重はマイナスにはならないため，この意味でもやや無理があると思った人もいるかもしれません。

このような状況，すなわち，「ひと山」ではあるが，① 正の値しかとらない，② 分布が左右対称ではない，という特徴をもつデータに対しては，カイ二乗分布，またはその別表現である**ガンマ分布**の当てはめが有効です。

3.1.1　ガンマ分布の当てはめ

ガンマ分布は，式 (2.9) に示したカイ二乗分布のパラメターの定義を変えてすっきりさせたような分布で，その確率密度関数は，$x \geqq 0$ に対して以下のとおりです。

$$\mathcal{G}(x \mid k, s) \equiv \frac{1}{s\Gamma(k)}\left(\frac{x}{s}\right)^{k-1}\exp\left(-\frac{x}{s}\right) \tag{3.1}$$

明らかに，$\mathcal{G}(x \mid k/2, 2s) = \chi^2(x \mid k, s)$ であることがわかります。この式にはガンマ関数 $\Gamma(k)$ が入っていますが，これは k が正の整数なら階乗

$$\Gamma(k) = (k-1)! \tag{3.2}$$

のことですから，値を評価することは容易です。

さて，いま，手元に1次元のデータ $\mathcal{D} = \{x^{(1)}, x^{(2)}, \ldots, x^{(N)}\}$ があるとします。正規分布の場合と同様に，二つのパラメターを最尤推定で求めてみることを考えます。対数尤度は

$$L(k, s \mid \mathcal{D}) = \sum_{n=1}^{N} \left[-\ln\{s\Gamma(k)\} + (k-1)\ln \frac{x^{(n)}}{s} - \frac{x^{(n)}}{s} \right] \tag{3.3}$$

となりますから，正規分布と同じように考えれば，パラメター k と s で微分して0と等置すればよいように思われます。

$$0 = \frac{\partial L}{\partial s} = \sum_{n=1}^{N} \left(-\frac{k}{s} + \frac{x^{(n)}}{s^2} \right) \tag{3.4}$$

$$0 = \frac{\partial L}{\partial k} = \sum_{n=1}^{N} \left\{ -\frac{\Gamma'(k)}{\Gamma(k)} + \ln \frac{x^{(n)}}{s} \right\} \tag{3.5}$$

ただし $\Gamma'(k) = \mathrm{d}\Gamma(k)/\mathrm{d}k$ です。上の式からただちに

$$\hat{s} = \frac{1}{\hat{k}N} \sum_{n=1}^{N} x^{(n)} = \frac{\hat{\mu}}{\hat{k}} \tag{3.6}$$

であることがわかります。すなわち，スケール因子 s の最尤推定量は，標本平均 $\hat{\mu}$ を，自由度 k の推定量 $\hat{k}$ で割ったものです。しかし下の式は，未知パラメター k がガンマ関数の中に埋め込まれているので，なにか近似でもしないかぎり閉じた形での解は求まりません。このような場合の一つの方法は，式 (3.3) の対数尤度を目的関数として，数値的に最小化することです。実際，R では，`MASS` パッケージに含まれる `fitdistr` 関数を用いることによって，ガンマ分布を含むいくつかの1変数確率密度分布モデルのパラメターの最尤推定値を数値的に求めることができます†。

† 矢入健久博士のご教示に感謝します。なお，ガンマ分布モデルの最尤推定では，スケール因子の代わりにその逆数を返すので注意が必要です。

実用上使われるもう一つの方法として，**モーメント法**という手法があります。数値的に最尤推定値を求めるよりも，容易かつ安定にパラメターの推定値を得られるところが特長です。モーメントとは，確率変数のべき乗の期待値のことです。モーメントをガンマ分布のパラメターで表現し，それらをデータから求められた数値と等置することで，パラメターを求めることができます。

まず x の 1 次のモーメント $\langle x \rangle$ は，$\Gamma(k+1) = k\,\Gamma(k)$ に注意すると

$$\langle x \rangle = \int_0^\infty \mathrm{d}x\; x\, \mathcal{G}(x \mid k, s) = s\frac{\Gamma(k+1)}{\Gamma(k)} \times \int_0^\infty \mathrm{d}x\; \mathcal{G}(x \mid k+1, s) = ks$$

と計算できます。積分の実行には規格化条件（付録の式 (A.1) 参照）を使いました。同様に，2 次のモーメント $\langle x^2 \rangle$ についても

$$\begin{aligned}\langle x^2 \rangle &= \int_0^\infty \mathrm{d}x\; x^2 \mathcal{G}(x \mid k, s) \\ &= s^2\frac{\Gamma(k+2)}{\Gamma(k)} \times \int_0^\infty \mathrm{d}x\; \mathcal{G}(x \mid k+2, s) = k(k+1)s^2\end{aligned}$$

と簡単に求まります。

一方，1 次と 2 次のモーメントは，データからも

$$\langle x \rangle = \frac{1}{N}\sum_{n=1}^{N} x^{(n)}, \qquad \langle x^2 \rangle = \frac{1}{N}\sum_{n=1}^{N} {x^{(n)}}^2 \tag{3.7}$$

のように容易に計算できます。正規分布の最尤推定で出てきた標本平均 (2.4) と標本分散 (2.5) の記号を使えば，$\hat{\mu} = \langle x \rangle$ および $\hat{\sigma}^2 = \langle x^2 \rangle - \hat{\mu}^2$ となりますから，これらの表記を使うと，モーメント法による推定量 $\hat{k}_{\mathrm{mo}}, \hat{s}_{\mathrm{mo}}$ はつぎのような単純な形に表せます。

$$\hat{k}_{\mathrm{mo}} = \frac{\langle x \rangle^2}{\langle x^2 \rangle - \langle x \rangle^2} = \frac{\hat{\mu}^2}{\hat{\sigma}^2} \tag{3.8}$$

$$\hat{s}_{\mathrm{mo}} = \frac{\langle x^2 \rangle - \langle x \rangle^2}{\langle x \rangle} = \frac{\hat{\sigma}^2}{\hat{\mu}} \tag{3.9}$$

ここで添字の mo は最尤法ではなくモーメント法による推定値であることを示します。

3.1.2 R での実行例

正常モデルとしてガンマ分布のモデルが得られたら，つぎは異常度の定義です。これは負の対数尤度 $-\ln \mathcal{G}(x' \mid \hat{k}_{\mathrm{m}}, \hat{s}_{\mathrm{m}})$ から，例えば

$$a(x') = \frac{x'}{\hat{s}_{\mathrm{m}}} - (\hat{k}_{\mathrm{m}} - 1) \ln \frac{x'}{\hat{s}_{\mathrm{m}}} \tag{3.10}$$

と定義することができます。x' に依存しない項は省略しましたが，値をそろえるために残しておいてもかまいません。

異常検知の最後のステップは閾値の設定です。本来，上記の異常度の確率分布が求まれば便利なのですが，この場合簡単ではないので，閾値の設定には分位点を使うことが現実的です（2.1 節 参照）。

以上，改めてガンマ分布の当てはめによる異常検知の手順をまとめます。

手順 3.1 （ガンマ分布による異常検知）

1) ステップ 1（分布推定）：　モーメント法 (式 (3.8) と式 (3.9))，あるいは数値最適化による最尤法によって，ガンマ分布のパラメターを推定する。
2) ステップ 2（異常度の定義）：　新たな観測値 x' を得るたびに，式 (3.10) にて異常度 $a(x')$ を計算する。
3) ステップ 3（閾値の設定）：　訓練データを使ってあらかじめ α パーセンタイルに対応する異常度の値 $a_{\mathrm{th}}(\alpha)$ を求めておき，$a(x') > a_{\mathrm{th}}(\alpha)$ なら警報発報。

Davis データの体重の分布について，この手順で異常検知を行ってみます。実行例 3.1 は，ガンマ関数の二つのパラメターを，モーメント法と，fitdist 関数を用いた数値的な最尤法という二つのやり方で求めるプログラムの例です。

実行例 3.1

```
N <- length(Davis$weight)  # 標本数
mu <- mean(Davis$weight) # 標本平均
si <- sd(Davis$weight)*sqrt((N-1)/N) # 標準偏差
kmo <- (mu/si)^2 # モーメント法による k の推定値
smo <- si^2/mu # モーメント法による s の推定値
ml <- fitdistr(Davis$weight,"gamma")
kml <- ml$estimate["shape"] # 最尤法による k の推定値
sml <- 1/ml$estimate["rate"] # 最尤法による s の推定値
```

この計算の結果，モーメント法および最尤法によるパラメターの推定値が，$(k_{\mathrm{mo}}, s_{\mathrm{mo}}) = (19.192\,82, 3.428\,365)$，$(k_{\mathrm{ml}}, s_{\mathrm{ml}}) = (22.485\,48, 2.926\,333)$ となることが確かめられます。二つのパラメターを与えたときのガンマ分布の確率密度関数は，R の dgamma 関数によって計算できます。モーメント法によるパラメター推定値を使ってプロットしてみたのが**図 3.1** の実線です。同じ図には正規分布での最尤推定の結果も破線で示してあります。両者に大きな差はありませんが，ガンマ分布のほうがより当てはまりがよいことがわかります。

つぎに，異常度を計算してみます。ここではモーメント法によるパラメター推定値を用いていますが，最尤法による推定値も同様に求められます。データ

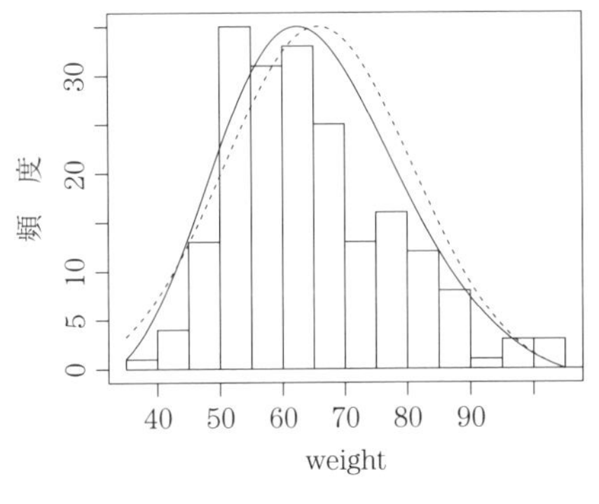

(a)　体重の頻度分布

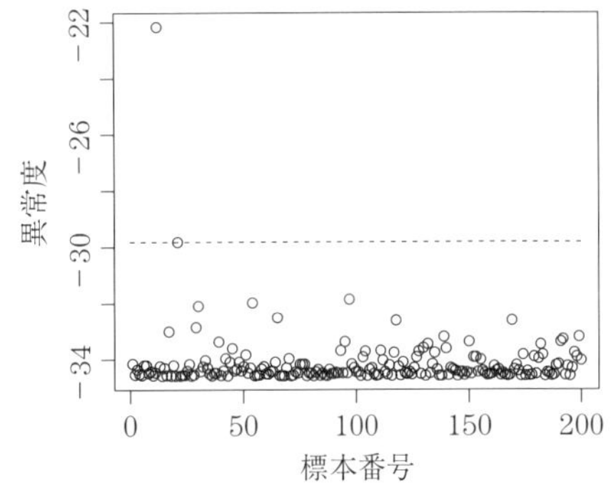

(b)　体重の異常度

図 3.1　Davis データにおける体重の頻度分布と異常度（頻度分布では，ガンマ分布（実線）および正規分布（破線）での当てはめの結果も重ねている。異常度では 1%分位点に対応する閾値も示す（破線））

クレンジングの簡便法という設定で，分布の当てはめに使ったデータについて計算をしてみます（実行例 3.2）。

実行例 3.2

```
a <- Davis$weight/smo - (kmo -1)*log(Davis$weight/smo)
th <- order(a,decreasing=T)[0.01*N]
plot(a, ylab="anomaly score")
lines(0:200,rep(a[th],length(0:200) ), col="red", lty=2)
```

この計算結果は図 3.1 に示されています。図では，上の実行例で計算しているように，上位 1%に当たる分位点（$N = 200$ の場合は第 2 番目の点に相当）を閾値として，図に点線で書き入れています。

3.1.3 カイ二乗分布による異常度の当てはめ

本節の方法の重要な応用として，異常度の当てはめという問題を考えます。2 章において，データが単一の正規分布から生成されたとの仮定の下，ホテリング統計量（またはマハラノビス距離）が，標本数が大きい場合には自由度 M のカイ二乗分布に従うという結果を導きました（定理 2.6）。しかし一般には，実データの分布と正規分布との間に齟齬（そご）が生ずる場合が多く，自由度 M のカイ二乗分布に基づく閾値は誤報を頻発させる傾向にあります。

このような場合，「自由度 M のカイ二乗分布」という理論上の帰結をいったん忘れて，任意のカイ二乗分布を当てはめ，それを基に閾値を決める，という手順が実用上非常に有効です。いま，N 個の標本に対して N 個の異常度（非負値をとると仮定します）が

$$a(\boldsymbol{x}^{(1)}), \ldots, a(\boldsymbol{x}^{(N)}) \tag{3.11}$$

のように与えられているとします。表記を単純化するため，$a(\boldsymbol{x}^{(n)})$ を $a^{(n)}$ などと表すことにしましょう。われわれの問題は，$a^{(1)}, \ldots, a^{(N)} \sim \chi^2(m, s)$ と想定したときに，カイ二乗分布のパラメター m と s を，データ (3.11) から求めることです。

カイ二乗分布はガンマ分布を線形変換したものであり，一般に $\mathcal{G}(m/2, 2s) =$

$\chi^2(m,s)$ が成り立ちますから，前節の結果式 (3.8) および式 (3.9) からただちに

$$\hat{m}_{\rm mo} = \frac{2\langle a\rangle^2}{\langle a^2\rangle - \langle a\rangle^2} \tag{3.12}$$

$$\hat{s}_{\rm mo} = \frac{\langle a^2\rangle - \langle a\rangle^2}{2\langle a\rangle} \tag{3.13}$$

が導けます。ただし，$\langle a\rangle$ と $\langle a^2\rangle$ はそれぞれ a についての 1 次と 2 次のモーメントで，式 (3.7) 同様

$$\langle a\rangle = \frac{1}{N}\sum_{n=1}^{N} a^{(n)}, \qquad \langle a^2\rangle = \frac{1}{N}\sum_{n=1}^{N} a^{(n)2} \tag{3.14}$$

により定義されます。

式 (3.12) で推定されたカイ二乗分布の自由度は，多くの場合，ホテリング理論の想定する値 M よりもかなり小さくなります。これは，実データではしばしば，見かけ上の次元 M が大きくても，実は活動的な次元はさほど多くない，ということが起こるからです。この意味で，$\hat{m}_{\rm mo}$ は系の**有効次元**（effective dimension）と呼ぶことができます。

3.2　訓練データに異常標本が混ざっている場合

これまで，訓練データには異常標本が含まれていないか，含まれていたとしても圧倒的少数派であると仮定して異常検知のモデルを構築してきました。しかし現実的にはそのような仮定が許されないことがあります。本節では，訓練データの中に，異常標本が混ざっていると信じられる場合の処方箋を提示します。

3.2.1　正規分布の線形結合のモデル

いま，話を簡単にするため，系がなんらかの 1 次元の観測値で表されるとし，訓練データとして，観測データ $\mathcal{D} = \{x^{(n)} \mid n = 1, \ldots, N\}$ が得られているとします。そして，正常な状態が,「ひと山」で表されていると信じられるとします。ここで，$\mathcal{D}$ が「背景雑音」によって汚染されていると考えましょう。図 **3.2**

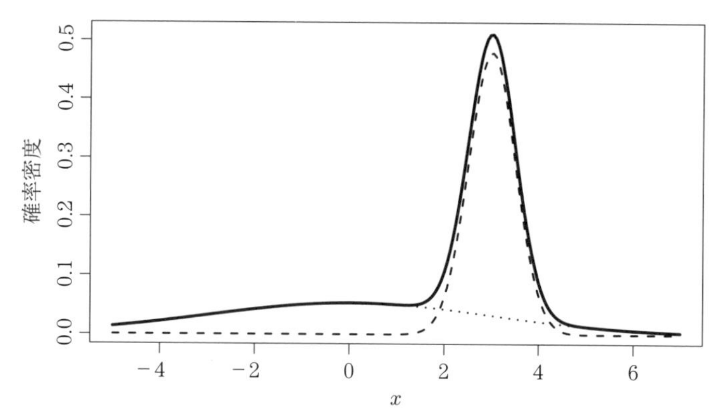

図 3.2　背景雑音に汚染されたデータの例（実線が観測データの確率分布で，なだらかな雑音成分と信号成分の和として観測される）

が具体的なイメージです。ここでは，正常データが $x = 3$ を中心とするきれいな山で表されるのに対し，背景雑音が，$x = 0$ 辺りを中心にしたなだらかな山で表されています。山を表現するのに正規分布を使ったとすると，式の上ではつぎのようになります。

$$p(x) = \pi_0 \mathcal{N}(x \mid \mu_0, \sigma_0^2) + \pi_1 \mathcal{N}(x \mid \mu_1, \sigma_1^2) \tag{3.15}$$

ただし，添字の 0 は正常標本，1 が異常標本を表します。正規分布の前に付いた係数は，π_0 が正常標本が観測される確率，π_1 が異常標本が観測される確率を表します。

x についての規格化条件から

$$\begin{aligned} 1 &= \int_{-\infty}^{\infty} \mathrm{d}x \, p(x) \\ &= \pi_0 \int_{-\infty}^{\infty} \mathrm{d}x \, \mathcal{N}(x \mid \mu_0, \sigma_0^2) + \pi_1 \int_{-\infty}^{\infty} \mathrm{d}x \, \mathcal{N}(x \mid \mu_1, \sigma_1^2) = \pi_0 + \pi_1 \end{aligned}$$

が成り立つ必要があります。式 (3.15) のような，正規分布の一次結合で表される分布を，**混合正規分布**または混合ガウス分布と呼びます。

さて，このモデルには，平均と分散がそれぞれ二つあり，それに π_0 と π_1 を加えると，六つもの未知パラメターがあります。全部書くと煩雑なので，これ

を全部まとめて

$$\boldsymbol{\theta} = (\pi_0, \mu_0, \sigma_0^2, \pi_1, \mu_1, \sigma_1^2)^\top$$

のようにベクトルで表しておきます。これをいつものように最尤推定で決めることを考えましょう。素朴に対数尤度 $L(\boldsymbol{\theta} \mid \mathcal{D})$ を書き下ろすと

$$L(\boldsymbol{\theta} \mid \mathcal{D}) = \sum_{n=1}^{N} \ln \left\{ \pi_0 \mathcal{N}(x^{(n)} \mid \mu_0, \sigma_0^2) + \pi_1 \mathcal{N}(x^{(n)} \mid \mu_1, \sigma_1^2) \right\} \tag{3.16}$$

のようになります。そしていつものようにこれをパラメーターで微分して，ゼロと等置してみましょう。例えば μ_0 についてはつぎのようになります。

$$0 = \frac{\partial L}{\partial \mu_0} = \frac{1}{\sigma_0^2} \sum_{n=1}^{N} \frac{\pi_0 \mathcal{N}(x^{(n)} \mid \mu_0, \sigma_0^2)(x^{(n)} - \mu_0)}{\pi_0 \mathcal{N}(x^{(n)} \mid \mu_0, \sigma_0^2) + \pi_1 \mathcal{N}(x^{(n)} \mid \mu_1, \sigma_1^2)} \tag{3.17}$$

これは，未知のパラメーターが分母にも分子にも出てきて，しかも分数を N 項加えるという複雑な式です。ちょっと最尤推定は難しそうに思えます。しかし**期待値–最大化**（expectation-maximization; しばしば **EM** と略される）**法**という技術を使えば，簡明なパラメーター推定公式を導くことができます。次節でそれを説明しましょう。

3.2.2 期待値–最大化法：期待値ステップ

式 (3.17) のようなややこしい式がなぜ出てきたかを考えるために，2.3.1 項で論じた単一正規分布での最尤推定を振り返ってみましょう。単一正規分布の場合には簡単に最尤解が求まった理由は，対数 ln が単一の正規分布だけにかかっていたためでした。一方，式 (3.16) はそうなっていません。これは，各観測値 $x^{(n)}$ が二つの正規分布の山のどちらから出てきたのかわからないからです。そこで，仮想的に，データ $x^{(n)}$ の帰属先を表す変数 $z^{(n)}$ を導入してみます。つまり，$z^{(n)} = 0$ なら $x^{(n)}$ は「0 の山」出身で，$z^{(n)} = 1$ なら「1 の山」出身と考えます。

この仮想的な変数を使って，混合正規分布の対数尤度を書くとしたらつぎのようになるでしょう。

$$L(\boldsymbol{\theta} \mid \boldsymbol{Z}, \mathcal{D}) = \sum_{n=1}^{N} \Bigg[\delta(z^{(n)}, 0) \ln \Big\{ \pi_0 \mathcal{N}(x^{(n)} \mid \mu_0, \sigma_0^2) \Big\} + \delta(z^{(n)}, 1) \ln \Big\{ \pi_1 \mathcal{N}(x^{(n)} \mid \mu_1, \sigma_1^2) \Big\} \Bigg] \qquad (3.18)$$

ただし，一般に $\delta(a,b)$ はクロネッカーのデルタで，$a=b$ のときにのみ 1，その他では 0 となる関数です。$\boldsymbol{Z}$ は $z^{(1)}, \ldots, z^{(N)}$ をまとめた表記です。$L(\boldsymbol{\theta} \mid \boldsymbol{Z}, \mathcal{D})$ は一般には元の対数尤度 (3.16) と同じものではありませんが，後ほど 3.5 節にて，これが混合正規分布の対数尤度の最善の近似となっていることを示します。ともかく，この問題の読替えにより，ln の中には一つの正規分布しか入りません。したがって，もしもこの変数 $z^{(1)}, \ldots, z^{(N)}$ の値がわかっていれば，最尤推定は単一正規分布モデルと同様に，尤度を最大化することで行えます。

期待値–最大化法の名前は，この値が不明な仮想的な変数 $z^{(n)}$ に依存する $\delta(z^{(n)}, \cdot)$ の値を，ある種の期待値としてとりあえず与え，それを基に，尤度最大化により残りのパラメターを求める，という手順に由来しています。「ある種の期待値」の正確な定義は 3.5 節で論ずるとして，ここでは直感的考察からその値について考えてみます。まず，$\delta(z^{(n)}, 0)$ という量は「0 の山」出身であれば 1 となる関数ですから，その期待値は,「第 n 標本が『0 の山』出身である確率」を意味しています。図 3.2 を見て明らかにわかるのは，もし $x^{(n)}$ が 3 という値の近くであれば,「0 の山」出身である確率が非常に高く，逆に，0 の近くであれば「1 の山」出身である可能性が高いということです。それらの山についていた強さ（高さ）を表す π_0，π_1 という量も含めれば

$$\Big[\delta(z^{(n)}, 0) \text{ の期待値}\Big] : \Big[\delta(z^{(n)}, 1) \text{ の期待値}\Big] = \Big[\pi_0 \mathcal{N}(x^{(n)} \mid \mu_0, \sigma_0^2)\Big] : \Big[\pi_1 \mathcal{N}(x^{(n)} \mid \mu_1, \sigma_1^2)\Big] \qquad (3.19)$$

としてよさそうです。いま，$\delta(z^{(n)}, i)$ の期待値を $q_i^{(n)}$ とすれば（$i = 0, 1$），この比例式から

$$q_i^{(n)} = \frac{\pi_i \mathcal{N}(x^{(n)} \mid \mu_i, \sigma_i^2)}{\pi_0 \mathcal{N}(x^{(n)} \mid \mu_0, \sigma_0^2) + \pi_1 \mathcal{N}(x^{(n)} \mid \mu_1, \sigma_1^2)} \qquad (3.20)$$

のようにこの変数の値を求めることができます。上述のとおり，$q_i^{(n)}$ は $x^{(n)}$ が i の山出身である確率を表しますから，この点を強調してしばしば**帰属度**と呼ばれます。式 (3.20) 右辺には未知の変数が入っていますが，次節の最大化ステップと交互に計算を繰り返すことにより，真の値に近づいてゆくことを期待する，というのが期待値–最大化法の戦略です。この見方に従えば，上式右辺の π_i, μ_i, σ_i^2 は，前段の最大化ステップにて数値としてすでに求められたものです。したがって，$q_i^{(n)}$ はこの段階で数値として完全に確定しています。この前提で，つぎの最大化ステップの説明に入りましょう。

3.2.3 期待値–最大化法：最大化ステップ

さて，仮想的変数を導入することで最尤推定に使う尤度 $L(\boldsymbol{\theta} \mid \mathcal{D})$ は式 (3.18) のようなすっきりした形になっています。問題は仮想的変数が未知だったことですが，いまやわれわれは，式 (3.20) に基づき数値として計算ずみと想定しています。$\delta(z^{(n)}, i)$ を $q_i^{(n)}$ に置き換えた上で素朴に式 (3.18) をパラメターで微分すると，つぎのような式を得ます。

$$
\begin{aligned}
0 &= \frac{\partial L}{\partial \mu_i} = -\sum_{n=1}^{N} q_i^{(n)} \left(\frac{x^{(n)} - \mu_i}{\sigma_i^2} \right) \\
0 &= \frac{\partial L}{\partial (\sigma_i)^{-2}} = \sum_{n=1}^{N} \frac{q_i^{(n)}}{2} \left\{ -(x^{(n)} - \mu_i)^2 + \sigma_i^2 \right\}
\end{aligned}
$$

これらから容易につぎの結果が得られます。

$$
\hat{\mu_i} = \frac{\displaystyle\sum_{n=1}^{N} q_i^{(n)} x^{(n)}}{\displaystyle\sum_{n'=1}^{N} q_i^{(n')}}, \qquad \hat{\sigma_i}^2 = \frac{\displaystyle\sum_{n=1}^{N} q_i^{(n)} (x^{(n)} - \hat{\mu_i})^2}{\displaystyle\sum_{n'=1}^{N} q_i^{(n')}} \tag{3.21}
$$

これらは，各標本に $q_i^{(n)}$ という重みを与えたときの重み付き平均と重み付き分散の式に他なりません。最後に，π_i については，尤度 $L(\boldsymbol{\theta} \mid \mathcal{D})$ に，条件 $\pi_0 + \pi_1 = 1$ をラグランジュ乗数 λ で取り込んだ $L(\boldsymbol{\theta} \mid \mathcal{D}) - \lambda(\pi_0 + \pi_1)$ を微

分することで（ラグランジュ乗数法については付録 A.6 節 参照），容易につぎの結果を得ます。

$$\hat{\pi}_i = \frac{1}{N}\sum_{n=1}^{N} q_i^{(n)} \tag{3.22}$$

以上の結果が，2 混合ばかりでなく一般に K 混合モデルに成り立つことは明らかです。一般化した形で以下にまとめておきます。

手順 3.2　(1 次元混合正規分布の期待値–最大化法)　K 成分混合正規分布モデル

$$p(x) = \pi_1 \mathcal{N}(x \mid \mu_1, \sigma_1^2) + \cdots + \pi_K \mathcal{N}(x \mid \mu_K, \sigma_K^2) \tag{3.23}$$

のパラメター $\{\pi_i, \mu_i, \sigma_i^2\}$ $(i = 1, 2, \ldots, K)$ を求めるための手順はつぎのとおり。

1)　パラメター $\{\pi_i, \mu_i, \sigma_i^2\}$ $(i = 1, 2, \ldots, K)$ の初期値を適当に与える。

2)　$\{\pi_i, \mu_i, \sigma_i^2\}$ $(i = 1, 2, \ldots, K)$ の値を基に，式 (3.20) に対応した

$$q_i^{(n)} = \frac{\pi_i \mathcal{N}(x^{(n)} \mid \mu_i, \sigma_i^2)}{\displaystyle\sum_{l=1}^{K} \pi_l \mathcal{N}(x^{(n)} \mid \mu_l, \sigma_l^2)} \tag{3.24}$$

より，データ $x^{(n)}$ の，山 i への帰属度 $q_i^{(n)}$ を求める。

3)　$\{q_i^{(n)}\}$ の値を基に，式 (3.21) および式 (3.22)

$$\mu_i = \frac{\displaystyle\sum_{n=1}^{N} q_i^{(n)} x^{(n)}}{\displaystyle\sum_{n'=1}^{N} q_i^{(n')}},\ \sigma_i^2 = \frac{\displaystyle\sum_{n=1}^{N} q_i^{(n)} (x^{(n)} - \mu_i)^2}{\displaystyle\sum_{n'=1}^{N} q_i^{(n')}},\ \pi_i = \frac{1}{N}\sum_{n=1}^{N} q_i^{(n)}$$

を計算する。

4)　値が収束していなければ 2) に戻る。

3.2.4　R での実行例

ここでは，図 3.2 に示したデータについて 2 混合正規分布を学習し，背景雑

音をうまく取り除けるかを試してみます。実行例 3.3 に示したように，信号成分として平均 mu0=3，標準偏差 sig0=0.5 の正規分布，雑音成分として平均 mu1=0，標準偏差 sig1=3 の正規分布を設定し，両者を (pi0,pi1)= (0.6, 0.4) で混合したと考え，その分布から $N = 1\,000$ 個の標本をつくります。

実行例 3.3

```
N <- 1000 #標本数
attr <- sample(0:1,N,replace=T,prob=c(pi0,pi1)) #各標本の（真の）出身
x <- rep(-99,N) # 観測値の配列を初期化
x[which(attr ==0)] <- rnorm(length(which(attr ==0)),mu0,sig0) #0 出身
x[which(attr ==1)] <- rnorm(length(which(attr ==1)),mu1,sig1) #1 出身
```

次いで，手順 3.2 に従い，混合正規分布モデルのパラメターの初期値を与えます。ここでは

$$(\pi_0, \pi_1) = (0.5, 0.5),\ \ (\mu_0, \mu_1) = (5.0, -5.0),\ \ (\sigma_0, \sigma_1) = (1.0, 5.0)$$

と与えることにします。期待値計算と最大化計算を 10 回繰り返します。実行例 3.4 のプログラムを実行すると

$$(\pi_0, \pi_1) = (0.61, 0.39),\ \ (\mu_0, \mu_1) = (2.98, 0.28),\ \ (\sigma_0, \sigma_1) = (0.51, 3.0)$$

という答えが得られます。μ_1 の結果が真の値 0 よりもややずれていますが，これはもともと標準偏差が 3 という広い山の推定だったので，ある程度ずれるのは仕方ないところです。その他の値は，ほんの 10 回の反復でかなりよいところに収束していることがわかります。この結果から，正常モデルとしては，背景雑音の成分を除去した $\mathcal{N}(2.98, 0.51^2)$ を使えばよいことがわかります。

実行例 3.4

```
for(iteration in 1:10){
  piN0 <- pi0*dnorm(x,mu0,sig0); piN1 <- pi1*dnorm(x,mu1,sig1)
  qn0 <- piN0/(piN0+piN1); qn1 <- piN1/(piN0+piN1)
  pi0 <- sum(qn0)/N; pi1 <- sum(qn1)/N
  mu0 <- sum(qn0*x)/(N*pi0);  mu1 <- sum(qn1*x)/(N*pi1)
  sig0 <- sqrt(sum(qn0*(x-mu0)*(x-mu0))/(N*pi0))
  sig1 <- sqrt(sum(qn1*(x-mu1)*(x-mu1))/(N*pi1))
}
```

この計算の結果を，データ $\mathcal{D}$ における標本のグルーピングに使うことができます。いまの場合，$q_i^{(n)}$ を，n 番目の標本が「i の山」に帰属する確率とみなすことができます。これに閾値（例えば 0.5）を付すことで，N 個の標本がどちらの山出身かを判定することができます。このようなグルーピングを，機械学習では「クラスタリング」と呼びます。詳しくは 3.4 節で説明します。

3.3　分布がひと山にならない場合：近傍距離に基づく方法

前節では，データの分布を二つの山で表す方法を紹介しましたが，この節では，データの分布が,「山」というよりも「まだら模様」になっている場合にも使える手法を紹介します。

3.3.1　k 近 傍 法

正規分布やガンマ分布を用いた異常検知手法では，まず，データ $\mathcal{D}$ に確率分布 $p(x)$ を当てはめ，典型的には負の対数尤度 $-\ln p(x')$ が大きい場合に x' を異常と判定していました。負の対数尤度が大きいということは $p(x')$ が小さいということを意味します。これをわかりやすくいえば，確率が「薄い」ところに x' が来たら，それは異常である可能性が高く，逆に，確率が「濃い」ところでは正常の公算が高い，ということです（図 1.3 参照）。

この直感を素直に表したのが，近傍距離に基づく異常判定法です。いま，訓練データとしていつものように M 次元データ N 個からなる $\mathcal{D} = \{\boldsymbol{x}^{(1)}, \ldots, \boldsymbol{x}^{(N)}\}$ が与えられており，新たに観測した $\boldsymbol{x}'$ の異常を判定したいとしましょう。図 **3.3** のように，$\boldsymbol{x}'$ を中心とした M 次元球を考えます。図からただちにわかるとおり，つぎの二つの異常判定基準が考えられます。

(1)　球の半径を決めたとき，その球の中に入る標本の数 k がある基準値以下ならば，$\boldsymbol{x}'$ は異常。

(2)　観測値 $\boldsymbol{x}'$ に近い順に k 個の標本を選んだとき，それらを囲む球の半径

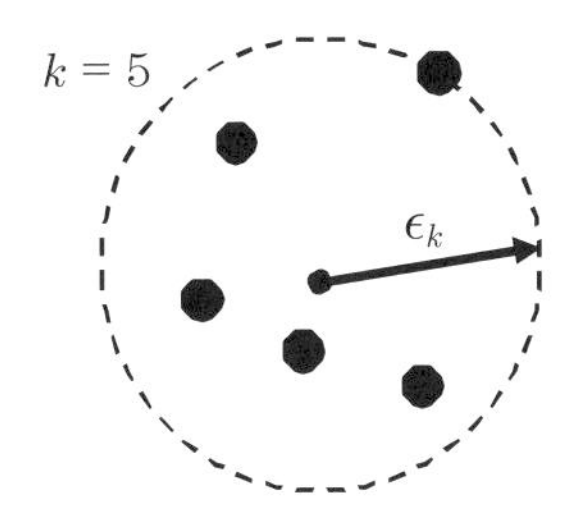

図 3.3 球の中に入る近傍標本の数は，この球の位置での確率の重みに比例している

ϵ_k がある基準値以上なら $\boldsymbol{x}'$ は異常。

このことをもう少しきちんと考察してみましょう。$\mathcal{D}$ を確率密度風に直接表現するとしたらつぎのような式になります。

$$p_{\mathrm{emp}}(\boldsymbol{x}) = \frac{1}{N}\sum_{n=1}^{N}\delta(\boldsymbol{x}-\boldsymbol{x}^{(n)}) \tag{3.25}$$

これを，**経験分布**と呼びます†。デルタ関数の性質（付録 A.2.4 項 参照）から，$\mathcal{D}$ の中で「経験」された値のところでのみ値をもち，その他の点ではゼロになるからです。また，これが規格化条件を満たすことも確認できます。任意の位置 $\boldsymbol{x}'$ での確率密度 $p(\boldsymbol{x}')$ が，$\boldsymbol{x}'$ を中心とした半径 ϵ（イプシロン）の球の中では一定であるとして近似すれば，確率密度関数の定義から

$$p(\boldsymbol{x}') \times |V_M(\epsilon,\boldsymbol{x}')| \approx \int_{\boldsymbol{x}\in V_M(\epsilon,\boldsymbol{x}')} \mathrm{d}\boldsymbol{x}\, p_{\mathrm{emp}}(\boldsymbol{x})$$

が成り立ちます。なぜなら，(確率密度) $\times$ (体積) $=$ (確率) だからです。ただし，$\boldsymbol{x}'$ を中心とした半径 ϵ の M 次元球内部の領域を $V_M(\epsilon,\boldsymbol{x}')$，その体積を $|V_M(\epsilon,\boldsymbol{x}')|$ と表しています。デルタ関数の性質を使って右辺の積分を実行すると

$$p(\boldsymbol{x}') = \frac{k}{N\,|V_M(\epsilon,\boldsymbol{x}')|} \tag{3.26}$$

となります。k は領域 $V_M(\epsilon,\boldsymbol{x}')$ に含まれる $\mathcal{D}$ の要素の数です。

M 次元空間における球の体積 $V_M(\epsilon,\boldsymbol{x}')$ は，半径 ϵ の M 乗に比例しますから，負の対数尤度で異常度を定義した場合

† emp は empirical distribution を表しています。

$$a(\boldsymbol{x}') = -\ln p(\boldsymbol{x}') = -\ln k + M \ln \epsilon + (\text{定数}) \tag{3.27}$$

となります。先に述べた近傍半径 ϵ と近傍数 k との競合関係がここで表現されています。すなわち，ϵ を固定すれば k が小さいほうが高い異常度を与え，k を固定すれば ϵ が大きいほうが高い異常度を与えます。このような手法を通常，**k 近傍法**または **ϵ 近傍法**と呼びます。k は近傍の個数，ϵ は微小な球の半径を表す記号として使う習慣によります。

以上を手順としてまとめます。

手順 3.3 **(近傍法による異常検知)**　異常が含まれないと信じられるデータセット $\mathcal{D}$ を用意する。標本間の距離の尺度を決める（通常，ユークリッド距離かマハラノビス距離）。

(1) **k 基 準**　なんらかの方法で適切な ϵ を決める。また，近傍数の閾値 k_{th} を与える。

1) 新たな観測値 $\boldsymbol{x}'$ に対して，半径 ϵ の範囲に入る標本を $\mathcal{D}$ から選ぶ。
2) その標本の数 k が閾値 k_{th} を下回ったら $\boldsymbol{x}'$ は異常。

(2) **ϵ 基 準**　なんらかの手法で適切な k を決める。また，半径の閾値 ϵ_{th} を与える。

1) 新たな観測値 $\boldsymbol{x}'$ に対して，k 近傍となる標本を $\mathcal{D}$ から選ぶ。
2) それらを取り囲む最小の半径 ϵ を求める。それが ϵ_{th} を上回ったら $\boldsymbol{x}'$ は異常。

標本数 N によっては近傍選択の算法に高速化の工夫がいることを除けば，近傍法による異常検知は非常に簡便かつ柔軟な方法といえます。考える領域で分布の一様性が高いと想定される場合や，分布が単峰的であると想定される場合（もしくは 3.2 節で考えたような，背景雑音との混合モデルが妥当な場合†）には十分実用的な手法となるでしょう。また，時系列データからの異常パターン

† この場合の近傍法の最適性について，ある理想的な状況下で Zhao ら[35) が詳しい議論を行っています。興味のある人は参考にするとよいでしょう。

検出の問題においては，k 近傍法が主たる手法として広く使われています。これについては 7.1 節で詳しく説明します。手順 3.3 は正常標本が与えられている前提でしたが，異常標本と正常標本の双方が与えられている場合の手順の例を 4 章の章末問題で紹介しています。

ただし，一般の状況，特に高次元のときには，データセットが分布する全領域に妥当な ϵ や k の値を決めるのは簡単ではなく，この点が実用上の困難となりえます。この点を改良する手法がこれまで数多く提案されており，次節で説明する局所外れ値度が代表的なものです。

3.3.2　局所外れ値度

前節に述べた k 近傍法の一つの弱点は，データの分布する領域に濃淡がある場合，最適な k を一つ決めるのが難しいことです。例を図 **3.4** に示します。この図では二つのクラスターがありますが，その密集度に大きな違いがあります。図を見ると，データ点 p のほうを異常と判定すべきなように思えますが，素朴な近傍距離の考え方からすると，点 p ではなくて点 q を異常と判定せざるを得ません。そちらのほうがより疎な領域にあるからです。

このような問題を解決するための最も簡単な方法は，着目点（図では p または q）を中心にした近傍に加えて，比較される相手方の近傍距離をも考えることです。話を簡単にするため，$k = 1$ の状況を考えます。図では，p と q それ

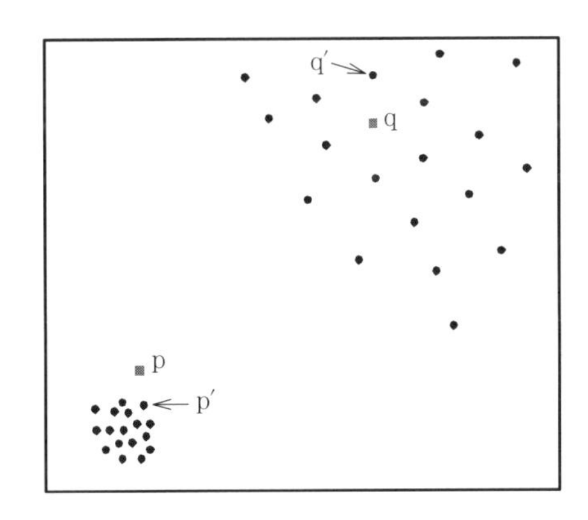

図 **3.4**　素朴な k 近傍法がうまくいかない例（点 q よりもむしろ点 p を異常値として検出したいが，p または q の近傍距離だけを見ているかぎりは，むしろ q を異常，p を正常と判定してしまう）

ぞれについて，最近傍点を矢印で示してあります。それらを p′ および q′ と表しましょう。ここでつぎの二つの量を考えます。

$$a(\mathrm{p}) = \frac{(\mathrm{p}\ \text{の最近傍点までの距離})}{(\mathrm{p}'\text{の最近傍点までの距離})}, \quad a(\mathrm{q}) = \frac{(\mathrm{q}\ \text{の最近傍点までの距離})}{(\mathrm{q}'\text{の最近傍点までの距離})}$$

図から明らかに，$a(\mathrm{q})$ はほぼ 1 ですが，$a(\mathrm{p})$ のほうは非常に大きい値になります。なぜなら，p′ は密集したクラスターの中にあるので，最近傍点までの距離が非常に小さいためです。これこそまさに（$k = 1$ の場合の）**局所外れ値度**（local outlier factor，**LOF**）の定義に他なりません。

局所外れ値度の原論文[4)] に従い，この定義を $k > 1$ に拡張してみます[†1]。まず，いくつか準備をします。観測点 $\boldsymbol{x}'$ の k 近傍を $\mathrm{N}_k(\boldsymbol{x}')$ と表しておきます。$\mathrm{N}_k(\boldsymbol{x}')$ の要素をすべて含み $\boldsymbol{x}'$ を中心とする最小の球の半径を $\epsilon_k(\boldsymbol{x}')$ と表します（図 3.3 参照)。このとき，近傍有効距離という量をつぎのように定義します。

定義 3.1 (近傍有効距離)　距離 d が定義された M 次元空間において，$\boldsymbol{u}$ から $\boldsymbol{u}'$ への近傍有効距離 $\ell_k(\boldsymbol{u} \to \boldsymbol{u}')$ はつぎのように定義される。

$$\ell_k(\boldsymbol{u} \to \boldsymbol{u}') \equiv \begin{cases} \epsilon_k(\boldsymbol{u}') & (\boldsymbol{u} \in \mathrm{N}_k(\boldsymbol{u}')\ \text{かつ}\ \boldsymbol{u}' \in \mathrm{N}_k(\boldsymbol{u})) \\ d(\boldsymbol{u}, \boldsymbol{u}') & (\text{それ以外のすべての場合}) \end{cases} \tag{3.28}$$

ここで $d(\boldsymbol{u}, \boldsymbol{u}')$ には通常のユークリッド距離を使うのが普通ですが，別の種類の距離でもかまいません。上に定義した近傍有効距離[†2]は，基本的には普通の距離と同じですが，たがいに非常に近く，たがいがたがいの k 近傍であるような場合だけその値を k 近傍球の半径で置き換えます（**図 3.5**)。後述のように，これは局所外れ値度の値を不安定化させないために導入された人為的工夫です。

[†1] 局所外れ値度の原論文[4)] では，$k > 1$ かつ，近傍距離に重複がある（たまたま同じ距離になる標本が複数ある）との複雑な前提で論じられていますが，実数値の観測値を考えるかぎり，近傍距離の重複を考える必要はありません。

[†2] 原論文[4)] では reachability distance。

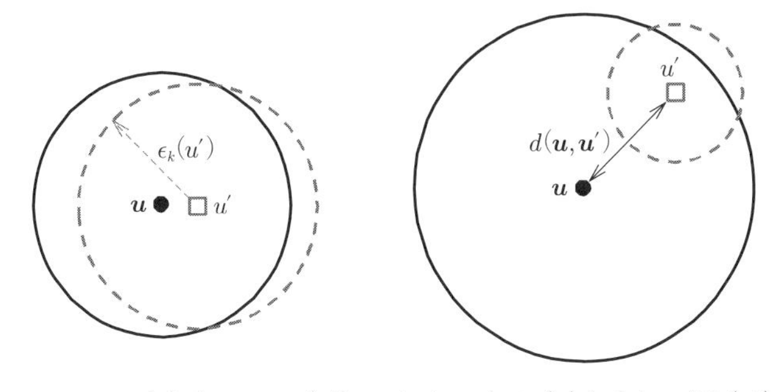

（a） $\boldsymbol{u}' \in \mathrm{N}_k(\boldsymbol{u})$ かつ $\boldsymbol{u} \in \mathrm{N}_k(\boldsymbol{u}')$ （b） $\boldsymbol{u}' \in \mathrm{N}_k(\boldsymbol{u})$ しかし $\boldsymbol{u} \notin \mathrm{N}_k(\boldsymbol{u}')$

図 3.5 局所外れ値度における近傍有効距離の定義

この近傍有効距離を使うと，局所外れ値の考え方に基づく異常度 $a_{\mathrm{LOF}}(\boldsymbol{x}')$ はつぎのように定義されます。

$$a_{\mathrm{LOF}}(\boldsymbol{x}') = \frac{1}{k} \sum_{\boldsymbol{x} \in \mathrm{N}_k(\boldsymbol{x}')} \frac{d_k(\boldsymbol{x}')}{d_k(\boldsymbol{x})} \tag{3.29}$$

ただし，一般に $d_k(\boldsymbol{u})$ は，近傍有効距離を $\boldsymbol{u}$ の周りの k 近傍にわたり平均したもので，つぎのように定義されます。

$$d_k(\boldsymbol{u}) = \frac{1}{k} \sum_{\boldsymbol{u}' \in \mathrm{N}_k(\boldsymbol{u})} \ell_k(\boldsymbol{u} \to \boldsymbol{u}') \tag{3.30}$$

$k = 1$ のときは，近傍にわたる和が外れるため，本節冒頭で述べたような簡単な指標になることがわかります。

局所外れ値度では，平均近傍有効距離の比により異常度を定義していますが，距離の比を考えるということは，場所に応じて長さの尺度を適応的に変化させていることと同じです。近傍有効距離のやや人為的な定義 (3.28) は，この尺度変換でゼロによる割り算が出てこないための工夫とみなせます。経験的に，局所外れ値度は通常の k 近傍法がうまくいかない場合にも多くの場合に妥当な結果を出すことが知られています。確率モデルとの関係がただちに明らかではないという課題はありますが，異常検知についての実用的な手法の一つとみなされています。

3.3.3 カーネル密度推定

上述のとおり，局所外れ値度では確率密度が明示的に定義されないため，外れ値の計算自体は可能でも，他の手法との比較が難しく，また手法の拡張が思いつきに頼らざるを得ないという課題があります。**カーネル密度推定法**（もしくは核関数密度推定法）は，k 近傍法における「近傍に入っているか否か」という判断基準を，0 か 1 かの二者択一ではなく，着目する点からの距離に応じた「あいまいな」判断に緩和することで使い勝手を向上させたものです。明示的に確率分布を求めることにより，モデルのよさについての系統的な分析が可能になります。

M 次元の観測値 N 個からなるデータ $\mathcal{D} = \{\boldsymbol{x}^{(1)}, \ldots, \boldsymbol{x}^{(N)}\}$ が与えられたとします。カーネル密度推定法では，ある観測値 $\boldsymbol{x}$ と，$\mathcal{D}$ に含まれる観測値 $\boldsymbol{x}^{(n)}$ との間の類似度 K を導入して，$\boldsymbol{x}$ における確率密度を

$$p(\boldsymbol{x} \mid \mathsf{H}, \mathcal{D}) = \frac{1}{N} \sum_{n=1}^{N} K_{\mathsf{H}}\left(\boldsymbol{x}, \boldsymbol{x}^{(n)}\right) \tag{3.31}$$

のようにモデル化します。ここでは K が，類似度の到達距離を表すパラメター H をもつとしています。式 (3.31) における K_{H} は，$\boldsymbol{x}^{(n)}$ をいわば「核」としたときに，その周りの点 $\boldsymbol{x}$ にどれだけ影響を及ぼすかを表しており，一般に**核関数**または**カーネル関数**と呼ばれます。核関数として最もよく使われるのは正規分布

$$K_{\mathsf{H}}(\boldsymbol{x}, \boldsymbol{x}^{(n)}) = \mathcal{N}(\boldsymbol{x} \mid \boldsymbol{x}^{(n)}, \mathsf{H}) \tag{3.32}$$

です。特に，各変数を分散が 1 になるように個別に尺度変換した上で，$\mathsf{H} = h^2 \mathsf{I}_M$ のように単一の定数 h のみをパラメターとしてもつとしたモデル

$$K_h(\boldsymbol{x}, \boldsymbol{x}^{(n)}) = \left(\frac{1}{2\pi h^2}\right)^{M/2} \exp\left(-\frac{1}{2h^2}\|\boldsymbol{x} - \boldsymbol{x}^{(n)}\|^2\right) \tag{3.33}$$

はその簡明さからよく使われています†。この核関数は $\boldsymbol{x}$ と $\boldsymbol{x}^{(n)}$ との間の距離

---

† 本書では，$\|\cdot\|$ をベクトル 2 ノルム（またはユークリッド距離）の意味で使います。すなわち，$\|\cdot\|^2$ はベクトルの各成分の二乗和を意味します。一般のノルムの定義は定義 5.1 でまとめてあります。

にのみ依存します。これは $\boldsymbol{x}^{(n)}$ を中心とした球座標の動径成分にのみ依存するということと同じなので，工学の分野では**動径基底関数展開**あるいは RBF 展開（radial basis function expansion）とも呼ばれます。また，h または H のことを**バンド幅**と呼びます。

さて，カーネル密度推定およびそれを用いた異常検知における最初のステップは，パラメーター H をデータから最適に決めることです。カーネル密度推定の場合，積分二乗誤差（integrated squared error）

$$
E(\mathsf{H} \mid \mathcal{D}) \equiv \int \mathrm{d}\boldsymbol{x} \left\{ p_{\mathsf{H}}(\boldsymbol{x}) - p_{\text{真}}(\boldsymbol{x}) \right\}^2 \tag{3.34}
$$

を最小化するようにパラメーターを決めるのが基本的な方法です†。ここで，$p(\boldsymbol{x} \mid \mathsf{H}, \mathcal{D})$ を簡潔に $p_{\mathsf{H}}(\boldsymbol{x})$ と表しました。$\mathcal{D}$ の表記を省略しましたが，実際には式 (3.31) に明示されているとおり過去データに依存していることに注意します。$p_{\text{真}}$ は真の確率密度です。これは実際には未知ですのでなんらかの形で近似することになります。通常，積分二乗誤差は

$$
\begin{aligned}
E(\mathsf{H} \mid \mathcal{D}) &= \int \mathrm{d}\boldsymbol{x}\, p_{\mathsf{H}}(\boldsymbol{x})^2 - 2\int \mathrm{d}\boldsymbol{x}\, p_{\text{真}}(\boldsymbol{x}) p_{\mathsf{H}}(\boldsymbol{x}) + \int \mathrm{d}\boldsymbol{x}\, p_{\text{真}}(\boldsymbol{x})^2 \\
&\approx \int \mathrm{d}\boldsymbol{x}\, p_{\mathsf{H}}(\boldsymbol{x})^2 - \frac{2}{N}\sum_{n=1}^{N} p_{\mathsf{H}}^{(-n)}(\boldsymbol{x}^{(n)}) + (\text{定数})
\end{aligned} \tag{3.35}
$$

のように表されます。(定数) は $\int \mathrm{d}\boldsymbol{x}\, p_{\text{真}}^2$ の項を表しており，これは未知パラメーターに依存しないので以後無視します。第 2 項は，基本的に，最初の式の第 2 項において，$p_{\text{真}}$ を経験分布 (3.25) で置き換えることで得られたものです。ただ，データ点 $\boldsymbol{x}^{(n)}$ での確率密度の評価に式 (3.31) を使うのは，$\boldsymbol{x}^{(n)}$ そのものの位置での評価をモデルに含むという意味でアンフェアともいえるため，$\boldsymbol{x}^{(n)}$ をモデルから抜いたカーネル密度推定の表式

† 対数尤度はカーネル密度推定との相性がよくないことが経験的に知られているため，対数尤度の代わりに積分二乗誤差が使われます。例えば Loader[23) 参照。

$$p_{\mathsf{H}}^{(-n)}(\boldsymbol{x}) = \frac{1}{N-1}\sum_{l=1;\, l\neq n}^{N} K_{\mathsf{H}}\left(\boldsymbol{x}, \boldsymbol{x}^{(l)}\right) \tag{3.36}$$

を使います†。式 (3.35) を評価値として，つぎのような手法で最適なバンド幅を選ぶのが標準的な手順です。下記にまとめます。

手順 3.4 (カーネル密度推定におけるバンド幅選択)

1) H の候補値をあらかじめ $\mathsf{H}^1, \mathsf{H}^2, \ldots$ と用意する。

2) H の候補それぞれについて積分二乗誤差 (3.35) の値を計算し，記録する。

3) 最小の積分二乗誤差を与える H^i を最適解として採用する。

なお，核関数として正規分布 (3.32) を用いた場合は，$E(\mathsf{H} \mid \mathcal{D})$ の表式 (3.35) の積分を，付録の定理 A.9 により明示的に計算することが可能です。導出は容易ですので結果のみを示すと，つぎのようになります。

$$E(\mathsf{H} \mid \mathcal{D}) = \frac{1}{N^2}\sum_{n=1}^{N}\sum_{l=1}^{N}\left\{\mathcal{N}(\boldsymbol{x}^{(n)} \mid \boldsymbol{x}^{(l)}, 2\mathsf{H}) - \frac{2N}{N-1}\mathcal{N}(\boldsymbol{x}^{(n)} \mid \boldsymbol{x}^{(l)}, \mathsf{H})\right\} + \frac{2}{N-1}(2\pi)^{-M/2}|\mathsf{H}|^{-1/2} \tag{3.37}$$

手順 3.4 によるバンド幅選択は実用上最も信頼できる方法ですが，多くのバンド幅の候補に対し網羅的に評価を行う必要があるため手間がかかります。より手軽に推定値を得るためには，積分二乗誤差の解析的な近似式が利用できます。一般の M 次元の場合は本書の範囲を超えるので，$M=1$ として，スカラーのバンド幅 h を推定する問題を考えます。M 次元の場合でも，各次元についての周辺分布を個別に考えることで近似的には対応できます。まず，核関数 K_h が，h に依存しない非負値の関数 K により

$$K_h(x, x') = \frac{1}{h}K\left(\frac{x-x'}{h}\right) \tag{3.38}$$

のように表されると仮定します。核関数として正規分布を用いた場合，関数

---

† 後述の一つ抜き交差確認法に対応しています。4.4.2 項 参照。

K は，標準正規分布 $\mathcal{N}(0,1)$ に対応します。この標準化された核関数 K は，$\int \mathrm{d}u\ uK(u) = 0$ を満たすと仮定し，また，$\int \mathrm{d}u\ u^2 K(u) = \sigma_K^2$ とおいておきます。

いま，$N \to \infty$ かつ $h \to 0$（ただし $Nh \to \infty$）という状況を考えると，観測値のばらつきにわたって積分二乗誤差を平均したものが

$$\int \mathrm{d}\boldsymbol{x}^{(1)} \cdots \mathrm{d}\boldsymbol{x}^{(N)}\ p_{\text{真}}(\boldsymbol{x}^{(1)}) \cdots p_{\text{真}}(\boldsymbol{x}^{(N)})\ E(h \mid \mathcal{D})$$

$$\approx \frac{1}{Nh} R(K) + \frac{h^4 \sigma_K^4}{4} R(p''_{\text{真}}) \tag{3.39}$$

という近似式をもつことを示せます。ただし

$$R(K) \equiv \int \mathrm{d}u\ K(u)^2, \qquad R(p''_{\text{真}}) \equiv \int \mathrm{d}x \left\{ \frac{\mathrm{d}^2 p_{\text{真}}(x)}{\mathrm{d}x^2} \right\}^2$$

です。この近似式の導出は難しくありませんが，多少長くなるので付録 A.5 に書いておきます。

興味深いことに，式 (3.39) は未知量 h についての多項式となっているので，微分して 0 と等置することにより，最適なバンド幅 h^* が解析的に

$$h^* = \left\{ \frac{R(K)}{\sigma_K^4 R(p''_{\text{真}})} \right\}^{1/5} N^{-1/5} \tag{3.40}$$

と求まります。ただし，右辺には未知の分布である $p_{\text{真}}$ が含まれているのでこのままでは数値として値を求めることができません。しかもこれは 2 階微分が含まれているため，式 (3.35) で使ったような経験分布による置換が使えません。この場合，考えられる手段としては，$p_{\text{真}}$ に，いま推定したいカーネル密度推定のモデルそのもの

$$p_h(\boldsymbol{x}) = \frac{1}{N} \sum_{n=1}^{N} K_h(x, x^{(n)}) \tag{3.41}$$

を挿入してしまうことです。この手法を**差込み法**（plug–in method）と呼びます。これには未知のバンド幅が含まれていますので，仮置きの h を使ってまずは式 (3.40) の右辺を計算し，結果として出てくる値を使って右辺を再度計算，

などの工夫が必要です。差込み法にはさまざまな手法がこれまで提案されており，例えばSheather ら[28]が代表的なものです。詳細は原論文に譲ります。バンド幅の選択のいろいろな手法についての比較検討がLoader[23]でなされていますので参考にするとよいでしょう。

3.3.4 Rでの実行例

カーネル密度推定法を用いた異常検知の手法を具体的なデータを使って紹介します。Rではカーネル密度推定のためにいくつかのパッケージが利用できます。statsパッケージのdensity()関数を使うと1次元データの密度推定を非常に手軽に行えます。パッケージKernSmoothは，2次元までのカーネル密度推定を高速に実行でき，実用性のある補助関数群が豊富です。パッケージksは，本書執筆時点では2次元から6次元までの密度推定に対応できます。

ここでは，再びDavisデータを使い，KernSmoothにより2次元の密度推定を行ってみます（実行例3.5）。このパッケージでは核関数としてはつぎのような正規分布を用います（この場合は$M=2$）。

$$K_{\mathsf{H}}(\boldsymbol{x}, \boldsymbol{x}^{(n)}) = \frac{(h_1 \cdots h_M)^{-1/2}}{(2\pi)^{M/2}} \exp\left\{ -\frac{1}{2} \sum_{i=1}^{M} \left(\frac{x_i - x_i^{(n)}}{h_i} \right)^2 \right\} \tag{3.42}$$

KernSmoothでは，各次元について別々に差込み法によりバンド幅を推定する関数dpik()が用意されています。まずこれを使い，h_1とh_2を計算します。それを使い確率密度をプロットしたのが**図3.6**の左図です。図のとおり，体重が55 kg程度，身長が165 cm程度のところに山をもつ楕円形の分布が見えます。

実行例 3.5

```
library(car); library(KernSmooth) # パッケージ読込み
x <- Davis[,c("weight","height")] # データの読込み
h <- c(dpik(x$weight), dpik(x$height)) # カーネル幅の自動推定
est <- bkde2D(x,bandwidth=h,gridsize=c(10^3,10^3)) # 格子点上で p を計算
d <- list(x=est$x1,y=est$x2,z=est$fhat) # 以下図の表示
image(d,col=terrain.colors(7),xlim=c(35,110),ylim=c(145,200))
contour(d,add=T)
```

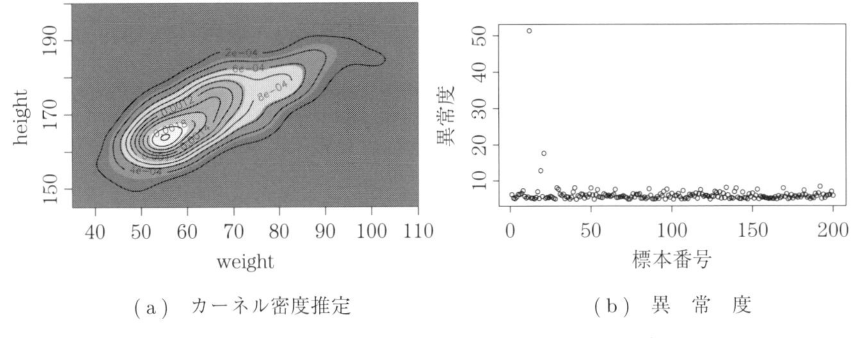

(a) カーネル密度推定　(b) 異　常　度

図 3.6　左: Davis データのカーネル密度推定と異常度

これは図 2.5 の左上の領域に対応しており，妥当な結果だと思われます。

バンド幅 H が決められたら，いつものとおり，観測値 $\boldsymbol{x}'$ の異常度を

$$a(\boldsymbol{x}') = -\ln p(\boldsymbol{x}' \mid \mathsf{H}, \mathcal{D}) \tag{3.43}$$

により計算することができます。データクレンジングの問題設定として，データ $\mathcal{D}$ の中での異常度を計算する場合は，式 (3.35) における注意を参考に

$$a(\boldsymbol{x}^{(n)}) = -\ln\left\{\frac{1}{N-1}\sum_{m\neq n} K_{\mathsf{H}}(\boldsymbol{x}^{(n)}, \boldsymbol{x}^{(m)})\right\} \tag{3.44}$$

のように，自分自身をモデルから抜いた推定式で異常度を評価します。つぎの実行例 3.6 は，標本数を n，カーネル行列を K として格納した前提の計算例です。

実行例 3.6

```
aa <- colSums(K)-diag(K) # 自分自身をモデルから抜く
lowerLim <- 10^(-20); aa[(aa<lowerLim)] <- lowerLim # 確率値の下限
a <- (-1)*log(aa/(n-1)) # 全標本の異常度を一気に計算
plot(a,xlab="sample ID",ylab="anomaly score") # プロット
```

結果を図 3.6 の右図に示しました。なお，12 番目の標本については確率値が 0 となったので，a の発散を避けるため，値を 10^{-20} に置き換えています。図から，12，21，19 番目の標本の異常度が突出して高いことがわかります。これらは，(weight,height)$=(166, 57), (119, 180), (76, 197)$ でした。

3.4　分布がひと山にならない場合：クラスタリングに基づく方法

クラスタリングとは，標本集合が与えられたときに，類似する標本同士を「束ねて」塊を形成することです。グルーピングといってもよいと思います。例えば，自動車の各時刻におけるセンサーデータの分布をモデル化し，異常検知を行う場合を考えてみます。**図 3.7** に示すように，交差点で信号待ちで静止している状態と，高速道路で巡航している状態とではデータの分布は明らかに違うはずですが，車が壊れていないかぎりどちらも正常な状態と判定されるべきです。自動車に限らず多くの機械系は性質の異なる複数の稼働モードをもちます。現場の技術者の視点からすれば，そのような系から長期間集めたデータの分布をモデル化するための自然な流れは，モードごとにデータのばらつきを理解して，その上で異常かどうかを判定する，という流れです。本節ではそのために，機械学習におけるクラスタリングの代表的な手法を説明します。

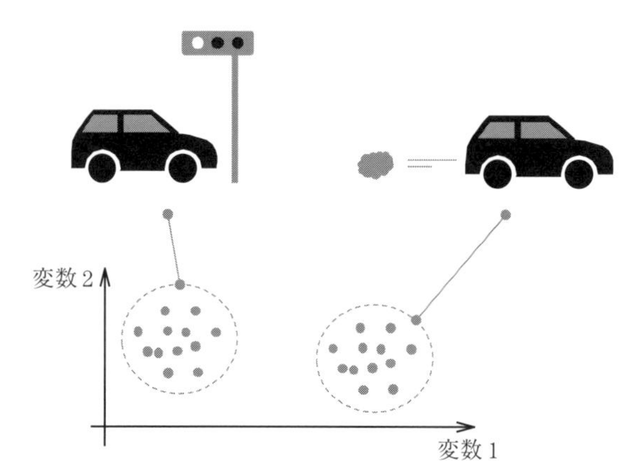

図 3.7　異なる稼働モードをもつ系の例

3.4.1　k 平 均 法

k 平均法は最も有名かつ手軽なクラスタリングの手法です。いつものように M 次元の観測値 N 個からなるデータ $\mathcal{D} = \{\boldsymbol{x}^{(1)}, \ldots, \boldsymbol{x}^{(N)}\}$ が与えられているとします。k 平均法によるクラスタリングの目標は，$\mathcal{D}$ の中の N 個の標本のそれぞれを，k 個のクラスターのどれかに割り当てることです。k 平均法ではそれを，クラスターへの割当てと，クラスター中心ベクトルの更新を反復することで行います。手順としてはつぎのとおりです。

手順 3.5 （**k 平均法によるクラスタリング**） なんらかの手段でクラスター中心をだいたい予想し，それらを $\boldsymbol{\mu}_1, \ldots, \boldsymbol{\mu}_k$ とおく。

1) $n = 1, \ldots, N$ について，$\boldsymbol{x}^{(n)}$ に一番近いクラスター中心を見つけ，そのクラスターに $\boldsymbol{x}^{(n)}$ を所属させる。
2) $c = 1, \ldots, k$ について，クラスター中心ベクトル $\boldsymbol{\mu}_c$ を，所属メンバーの平均としてつぎのように計算する。

$$\boldsymbol{\mu}_c = \frac{1}{N_c} \sum_{c\,\text{の所属メンバー}} \boldsymbol{x}^{(n)} \tag{3.45}$$

ただし，N_c はクラスター c に所属する標本の数である。

3) 1) に戻る。

基本的にはこれだけなのですが，上記の手順を少し理論的に書き表してみましょう。いま，標本 $\boldsymbol{x}^{(n)}$ が属するクラスターのことを変数 $z^{(n)}$ で表します。例えば，$\boldsymbol{x}^{(4)}$ が第 2 クラスターに属するのなら，$z^{(4)} = 2$ です。これを使うと，式 (3.45) がすっきりと

$$\boldsymbol{\mu}_c = \frac{1}{N_c} \sum_{n=1}^{N} \delta(z^{(n)}, c)\, \boldsymbol{x}^{(n)} \tag{3.46}$$

と表せます。

この $z^{(n)}$ を用いて，つぎの量を考えます。

$$L = \sum_{c=1}^{k} \left\{ \sum_{n=1}^{N} \delta(z^{(n)}, c)\, \|\boldsymbol{x}^{(n)} - \boldsymbol{\mu}_c\|^2 \right\} \tag{3.47}$$

$\|\cdot\|^2$ はユークリッド距離の 2 乗を表します。$\{\cdot\}$ の中身は，クラスター c について，そのクラスターのメンバーがどれだけクラスター中心から離れているかの度合いを合計したものです。いってみれば位置エネルギーの合計のようなも

のであり，この値が小さいほうがよいクラスタリングの状態であるといえます。

仮にすべての標本のクラスター帰属が確定しているとしたら，各クラスター中心 $\boldsymbol{\mu}_c$ は，式 (3.47) を最小化するように選ばれるべきです。そこで，いつもの通り $\boldsymbol{\mu}_c$ で偏微分して 0 とおいてみると

$$\mathbf{0} = \frac{\partial L}{\partial \boldsymbol{\mu}_c} = 2\sum_{n=1}^{N} \delta(z^{(n)}, c)\,(\boldsymbol{\mu}_c - \boldsymbol{x}^{(n)})$$

となります。$N_c = \sum_{n=1}^{N} \delta(z^{(n)}, c)$ を使うと，これが式 (3.46) に他ならないことがわかります。

一方，仮に $\boldsymbol{\mu}_c$ が固定されているという条件で，量 L を最小化するには，各標本 $\boldsymbol{x}^{(n)}$ を，$\|\boldsymbol{x}^{(n)} - \boldsymbol{\mu}_c\|^2$ が最小になるような c，つまり，最も近いクラスター中心に帰属させればよいことは明らかです。すなわち k 平均法とは，目的関数 L についての最小化問題を解いていることと等価です。

上記の目的関数 L は，3.2.3 項で出てきた混合正規分布モデルの対数尤度関数 (3.18) を思い起こさせます。そこでは異常・正常という二つのクラスターが存在することを前提に，両者への振分けと，それぞれのクラスターの平均と分散の学習を同時に行いました。これを k 個のクラスターがある状況に一般化したのが，次節で述べる混合正規分布モデルです。

3.4.2　混合正規分布モデル

k 平均法の一つの問題は，クラスタリングの結果をどの程度信じてよいのかよくわからないという点です。例えば $\boldsymbol{x}^{(n)}$ が第 l クラスターに属するという結果が出たとしても，それがほぼ確実なのか，それとも，実は別のクラスターに帰属させても大差ないのかについて情報がありません。この点により豊かな情報を与えるために，k 平均法を統計的機械学習の観点から再定式化してみます。

クラスターの数を K とし，k 番目のクラスターが，平均 $\boldsymbol{\mu}_k$，共分散行列 $\boldsymbol{\Sigma}_k$ の正規分布 $\mathcal{N}(\boldsymbol{x} \mid \boldsymbol{\mu}_k, \boldsymbol{\Sigma}_k)$ で表せるとします。これは「クラスター番号 k が決まれば確定する $\boldsymbol{x}$ の分布」ですから，条件付き確率の記号を使うと $p(\boldsymbol{x} \mid z = k)$

ということです。ここで z はクラスターの帰属先を示す確率変数で，値としては 1 から K までの番号のどれかです。これを，z に応じて決まる確率値そのものをパラメターとして $p(z) = \pi_z$ と表しておきます。言い換えれば，データからランダムに一つ標本を取り出したときに，それが k 番目のクラスターに所属する確率が π_k です。当然，$\pi_1 + \cdots + \pi_K = 1$ です。改めてまとめると，出発点として想定する確率モデルはつぎのとおりです。

$$p(\boldsymbol{x} \mid z) = \mathcal{N}(\boldsymbol{x} \mid \boldsymbol{\mu}_z, \Sigma_z) \quad \text{および} \quad p(z) = \pi_z \tag{3.48}$$

条件付き確率の定義（付録の定義 A.1 参照）から，z を周辺化により消去して，$\boldsymbol{x}$ のみの分布をつくるとつぎのようになります。

$$p(\boldsymbol{x} \mid \Theta) = \sum_{k=1}^{K} \pi_k \, \mathcal{N}(\boldsymbol{x} \mid \boldsymbol{\mu}_k, \Sigma_k) \tag{3.49}$$

ただし，K 個のクラスターのもつパラメターをまとめて Θ（シータ）

$$\Theta = \{\pi_1, \ldots, \pi_K,\ \boldsymbol{\mu}_1, \ldots,\ \boldsymbol{\mu}_K,\ \Sigma_1, \ldots, \Sigma_K\}$$

と表しました。これは式 (3.15) で考えた混合正規分布を，M 次元・K クラスターに拡張したモデルに他なりません。

いま，M 次元の標本 N 個からなるデータ $\mathcal{D} = \{\boldsymbol{x}^{(1)}, \boldsymbol{x}^{(2)}, \ldots, \boldsymbol{x}^{(N)}\}$ が与えられたとして，K 個のクラスターに標本を分ける方法を考えます。これは各標本について，もっとも当てはまりのよいクラスターを選ぶ問題ですが，確率的に表現するとしたら，「ある標本 $\boldsymbol{x}^{(n)}$ が与えられたときに，最大の確率を与える z を選ぶ」という問題です。すなわち，クラスタリングの問題とは，Θ をデータから求めた後に，$p(z \mid \boldsymbol{x}, \Theta)$ を求め，その最大値を求める問題です。この z についての確率分布は，ベイズの定理（付録の定理 A.1 参照）から

$$p(z \mid \boldsymbol{x}, \Theta) = \frac{p(\boldsymbol{x} \mid z)\, p(z)}{\displaystyle\sum_{z'=1}^{K} p(\boldsymbol{x} \mid z')\, p(z')} = \frac{\mathcal{N}(\boldsymbol{x} \mid \boldsymbol{\mu}_z, \Sigma_z)\, \pi_z}{\displaystyle\sum_{z'=1}^{K} \mathcal{N}(\boldsymbol{x} \mid \boldsymbol{\mu}_{z'}, \Sigma_{z'})\, \pi_{z'}} \tag{3.50}$$

のように容易に求められます。この式の分母は z に依存しないので，混合正規

分布によるクラスタリングの手順はつぎのようにまとめられます。

手順 3.6　(混合正規分布モデルによるクラスタリング)

1) データ $\mathcal{D}$ から混合正規分布のパラメター Θ を求める。
2) 各標本 $\boldsymbol{x}^{(n)}$ （$n = 1, 2, \ldots, N$）に対して，以下を行う。
    a) $z = 1, \ldots, K$ について，$\pi_z \mathcal{N}(\boldsymbol{x}^{(n)} \mid \boldsymbol{\mu}_z, \Sigma_z)$ を計算する。
    b) その中で最大値を与える z を $\boldsymbol{x}^{(n)}$ の所属クラスターとする。

この手順をよく見ると，与える標本が $\mathcal{D}$ に含まれている必要は必ずしもないことがわかります。つまり，任意の観測値 $\boldsymbol{x}'$ が来たとしたら，上と同様に，K 個の中から最も当てはまりのよいクラスターを選ぶことができます。これは機械学習では**分類**問題と呼ばれます。このように，確率モデルを考えることにより，得られる情報の幅が一気に広がります。これが統計的機械学習の威力です。

クラスタリング問題が，混合正規分布のパラメター Θ をデータから推定する問題に帰着できることがわかりました。単一の正規分布のとき（2.4.1 項）と同様，これは最尤推定で行うのが基本戦術です。ただし，単一正規分布の対数尤度は式 (2.31) のような形だったのに対して，混合正規分布のそれは K 個の項があるために若干複雑な形となり，次式のようになります。

$$L(\Theta|\mathcal{D}) = \ln \prod_{n=1}^{N} p(\boldsymbol{x}^{(n)}|\Theta) = \sum_{n=1}^{N} \ln \sum_{k=1}^{K} \pi_k \, \mathcal{N}(\boldsymbol{x}^{(n)} \mid \boldsymbol{\mu}_k, \Sigma_k) \quad (3.51)$$

理屈の上では，この対数尤度を最大化するパラメターの値を求めればよいのですが，対数 (ln) の中に総和 ($\sum$) が入っているために，各パラメターによる微分をゼロとおいても簡単な式にはならず，解析的に最適解を求めることはできません。すでに 3.2.3 項で考えたとおり，この困難は,「標本が K 個のクラスターのどれから出てきたかわからない」という点に由来します。そこで，出身クラスターを表す確率変数 z の値が，各標本 $\boldsymbol{x}^{(n)}$ に対して，既知であるかのようにみなして，つぎの量を最大化するパラメターを求める問題に読み替えます。

$$L(\Theta \mid \mathcal{D}, \boldsymbol{Z}) = \sum_{n=1}^{N} \sum_{k=1}^{K} \delta(z^{(n)}, k) \ln \left\{ \pi_k \mathcal{N}(\boldsymbol{x}^{(n)} \mid \boldsymbol{\mu}_k, \Sigma_k) \right\} \tag{3.52}$$

ただし，$z^{(n)}$ は，標本 $\boldsymbol{x}^{(n)}$ の出身クラスターを表す確率変数です。また，左辺の $\boldsymbol{Z}$ は，$\{z^{(1)}, \ldots, z^{(N)}\}$ をまとめて表したものです。$L(\Theta|\mathcal{D}, \boldsymbol{Z})$ と $L(\Theta|\mathcal{D})$ は同じものでありませんが，この読替えがある意味で最善の近似になっていることを 3.5 節で説明します。

$L(\Theta|\mathcal{D}, \boldsymbol{Z})$ を最大化してパラメター Θ を求めるためには，$z^{(n)}$ に関係する部分が既知でなければなりません。しかしこれは観測されない仮想的な値ですので，期待値–最大化法を使います。すなわち，上式の $\delta(z^{(n)}, k)$ の部分を「ある種の期待値」として推定しておき，その値（$q_k^{(n)}$ とおきます）を既知の数値として，$L(\Theta|\mathcal{D}, \boldsymbol{Z})$ を最大化することでパラメター Θ を求める，という手順を踏みます。「ある種の期待値」の正確な意味は 3.5 節で与えますが，直感的には，$q_k^{(n)}$ は，「標本 $\boldsymbol{x}^{(n)}$ が第 k クラスター出身である度合い」という意味をもちますから，式 (3.50) と同じ

$$q_k^{(n)} \propto \pi_k \mathcal{N}(\boldsymbol{x}^{(n)} \mid \boldsymbol{\mu}_k, \Sigma_k) \tag{3.53}$$

でよいはずです。つまり，現時点で手元にある $\{\pi_k, \boldsymbol{\mu}_k, \Sigma_k\}$（$k = 1, 2, \ldots, K$）を用いて $q_k^{(n)}$ を計算し，計算された $q_k^{(n)}$ を用いて $\{\pi_k, \boldsymbol{\mu}_k, \Sigma_k\}$ を再計算，という手順を繰り返します。

これを使うと，混合正規分布モデルのパラメターを多次元の観測値のデータから推定する手順が，1 次元のときの手順 3.2 の自然な拡張として，つぎのように求められます。

手順 3.7 (混合正規分布の期待値–最大化法)

1) <u>初　期　化</u>：　混合正規分布モデルのパラメター

$$\hat{\Theta} = \{\hat{\pi}_1, \ldots, \hat{\pi}_K,\ \hat{\boldsymbol{\mu}}_1, \ldots, \hat{\boldsymbol{\mu}}_K,\ \hat{\Sigma}_1, \ldots, \hat{\Sigma}_K\}$$

に適当な初期値を設定する。

2) <u>反　　　復</u>：　収束するまで以下を繰り返す。

a)　期待値ステップ：　現在のパラメター推定値 $\hat{\Theta}$ を用いて，各標本の，各要素（クラスター）への帰属度 $q_k^{(n)}$ を次式で求める。

$$q_k^{(n)} = \frac{\hat{\pi}_k \, \mathcal{N}(\boldsymbol{x}^{(n)}|\hat{\boldsymbol{\mu}}_k, \hat{\Sigma}_k)}{\displaystyle\sum_{l=1}^{K} \hat{\pi}_l \, \mathcal{N}(\boldsymbol{x}^{(n)}|\hat{\boldsymbol{\mu}}_l, \hat{\Sigma}_l)} \tag{3.54}$$

b)　最大化ステップ：　現在の帰属度 $q_k^{(n)}$ を基にして，パラメター $\{\pi_k, \boldsymbol{\mu}_k\}$（$k = 1, 2, \ldots, K$）の推定値を次式で求める。

$$\hat{\pi}_k = \frac{1}{N} \sum_{n=1}^{N} q_k^{(n)}, \qquad \hat{\boldsymbol{\mu}}_k = \frac{\displaystyle\sum_{n=1}^{N} q_k^{(n)} \boldsymbol{x}^{(n)}}{\displaystyle\sum_{n=1}^{N} q_k^{(n)}} \tag{3.55}$$

さらに，パラメター $\{\Sigma_k\}$（$k = 1, 2, \ldots, K$）の推定値を次式で求める。

$$\hat{\Sigma}_k = \frac{1}{\displaystyle\sum_{n=1}^{N} q_k^{(n)}} \sum_{n=1}^{N} q_k^{(n)} (\boldsymbol{x}^{(n)} - \hat{\boldsymbol{\mu}}_k)(\boldsymbol{x}^{(n)} - \hat{\boldsymbol{\mu}}_k)^\top \tag{3.56}$$

これらを新しいパラメター推定値 $\hat{\Theta}$ とする。

以上では直感的にこの算法を導出しましたが，理論的により正確な導出を 3.5 節で与えます。

3.4.3　異常度の定義と R による実行例

手順 3.7 により混合正規分布モデルのすべてのパラメターを求めることができました。つぎのステップは異常度の定義ですが，これは求められたパラメターを基に，式 (3.49) から

$$a(\boldsymbol{x}') = -\ln \left\{ \sum_{k=1}^{K} \hat{\pi}_k \, \mathcal{N}(\boldsymbol{x}' \mid \hat{\boldsymbol{\mu}}_k, \hat{\Sigma}_k) \right\} \tag{3.57}$$

のように定義することができます。

混合正規分布モデルではなく k 平均法を使って異常検知をするとしたら，最初に $\boldsymbol{x}'$ が属する「山」を一つ選び，それを表す単一の正規分布についてマハラノビス距離に基づき異常検知を行う，というような手順になります。クラスター同士の重なりが少なく，クラスター数が事前にわかっていればおそらくそれでもかまわないと思いますが，一般には，クラスター同士が重なっていない保証はなく，クラスター数も事前にはわかりません。混合正規分布モデルを使えば，クラスター同士の重なりを表現することができ，さらに，ベイズ情報量規準などによって，最適なクラスター数の目安をつけられるという実用上の大きな利点があります。

本項では，R の `mclust` というパッケージを用いて混合正規分布モデルの学習の実行例を示します。このパッケージでは，4.4.5 項で説明するベイズ情報量規準（BIC）を使って最適なクラスター数を自動選択します。混合正規分布モデルの場合，$\{\pi_k\}$ に K 個，$\{\boldsymbol{\mu}_k\}$ に KM 個，$\{\Sigma_k\}$ に $KM(M+1)/2$ 個のパラメターを使うので

$$\mathrm{BIC}_{\text{混合正規分布}} = -2L(\hat{\boldsymbol{\Theta}}|\mathcal{D}) + \frac{K}{2}(M+1)(M+2)\ln N \tag{3.58}$$

を，異なるクラスター数 K について比較することになります。第 1 項の定義は式 (3.51) で与えられます。明示的に K への依存性を書いていませんが，この項も当然クラスター数 K に依存して変わります。

実行例 3.7 がクラスタリングの実行例です。データとしてはこれまで使ってきた `Davis` データを使います。ただし，第 12 番目の標本は誤記だと思われますので最初に取り除いておきます（2.4.4 項 参照）。

実行例 3.7

```
library(mclust); library(car)
X <- Davis[-12,c("weight","height")] # データ行列。第 12 番目の標本は除去
result <- Mclust(X) # クラスタリングの実行。これだけ。
print(summary(result,parameters=TRUE)) # 計算結果を画面に出す
plot(result) # 結果が順に出てくる
```

クラスタリングの結果を**図 3.8** に示します。図ではクラスターの中心とその広がり方の目安も描かれています。図からわかるとおり，クラスター数としては 2 が選ばれています。女子と男子に対応していると解釈できます。

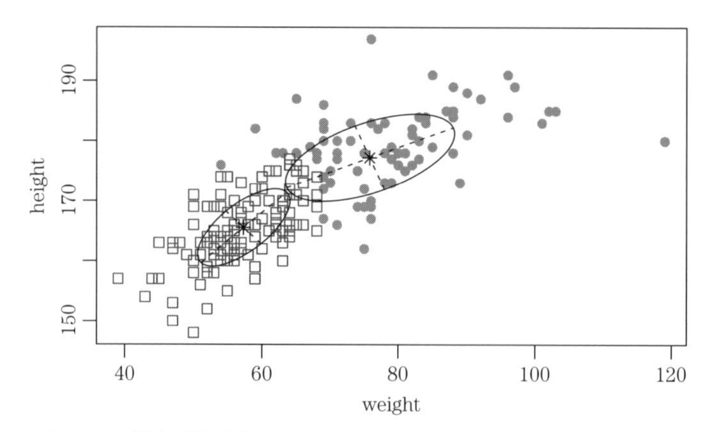

図 3.8　混合正規分布モデルによる Davis データのクラスタリング（Mclust による実行結果）

つぎに，このクラスタリングの結果に基づいて異常検知をしてみます（実行例 3.8）。12 番目の標本も入れたデータに対して，式 (3.57) により異常度を計算してみます。cdens() 関数により，各標本の，各正規分布の確率密度の値が計算できますので，π_l をそれに掛けた上で合計し，対数変換すれば異常度になります。

実行例 3.8

```
pi <- result$parameters$pro # 混合比を取り出す
X <- Davis[,c("weight","height")] # 12 番目を含めた全データ行列
XX <- cdens(modelName=result$modelName,X,parameters=result$parameters)
a <- -log(as.matrix(XX) %*% as.matrix(pi)) #異常度を一気に計算
plot(a,ylab="anomaly score")
```

異常度の計算結果を**図 3.9** に示します。12 番目の標本が圧倒的に高い異常度を呈していることがわかります。

最後に，混合正規分布を異常検知に使う際の課題を指摘しておきます。各クラスターの平均 (3.55) および共分散行列 (3.56) の式からわかるとおり，もしあ

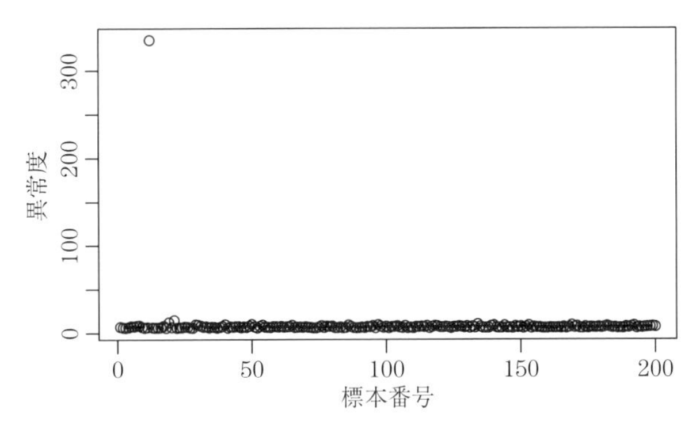

図 **3.9** 混合正規分布モデルによる異常度の計算結果

るクラスタに属する標本の数が一つしかないと，共分散行列がゼロ行列になり，その後の反復が不可能になります。したがって，混合正規分布を使って正常モデルを学習する際には，仲間から外れた異常標本が一つも含まれないように事前に慎重にデータクレンジングを行う必要があります。

R の `Mclust` では外れ値における不安定性を避けるため内部的にかなりの工夫がされているようですが，その副作用として，十分なデータクレンジングを行わずにモデルを学習すると，外れ値に大きなクラスターを割り当てたりといったことが起こるので注意が必要です。実際，`Davis` データの場合，なにも考えずにクラスタリングを実行すると，クラスター数が 3 で最適という結果になります。第 3 クラスターには一つの標本しか割り当てられていませんが，共分散行列が「それらしい」値になってしまっていることが確認できます。

3.5 期待値–最大化法の詳細*

前節において，期待値–最大化法により混合正規分布のパラメターを推定する手法を導入しました。本節は，期待値–最大化法を，隠れ変数を含む確率モデルを最尤推定するための一般的な処方箋として改めて説明し，混合正規分布における期待値–最大化法をより系統的に導入します。期待値–最大化法は，統計的機械学習においてたいへん重要な位置を占める汎用的な手法ですが，理論的詳細に興味がない読者は本節を飛ばしてもかまいません。

3.5.1 イエンセンの不等式

混合正規分布のパラメターをデータから求める際，式 (3.51) で表されるもともとの対数尤度 $L(\Theta|\mathcal{D})$ が複雑な形をしていたため，仮想的な変数 Z を導入して，式 (3.52) の $L(\Theta|\mathcal{D}, \mathsf{Z})$ という代用品を考えました。ここではまず，本物と代用品がどういう関係にあるのかきちんと調べてみます。

まず，混合正規分布モデルの対数尤度 $L(\Theta|\mathcal{D})$ を再掲します。

$$L(\Theta|\mathcal{D}) = \sum_{n=1}^{N} \ln \left\{ \sum_{k=1}^{K} \pi_k \, \mathcal{N}(\boldsymbol{x}^{(n)}|\boldsymbol{\mu}_k, \Sigma_k) \right\}$$

先に述べたとおり，ここでの問題は,「対数の中に和がある」という点でした。この問題を解決するために，つぎの非常に都合のよい不等式が存在します。

定理 3.1 （イエンセンの不等式）　$f(X)$ を変数 X に対して定義された任意の凹関数（上に凸な関数）とする†。$c_1 + \cdots + c_K = 1$ を満たす非負の係数 $\{c_i\}$ に対して，次式が成り立つ。

$$f(c_1 X_1 + \cdots + c_K X_K) \geqq c_1 f(X_1) + \cdots + c_K f(X_K) \qquad (3.59)$$

特に，$f(X) = \ln(X)$ の場合，次式が成り立つ。

$$\ln \left(\sum_{l=1}^{K} c_l X_l \right) \geqq \sum_{l=1}^{K} c_l \ln(X_l)$$

等号が成り立つのは $X_1 = \cdots = X_K$ のときに限られる。連続変数の場合，任意の確率分布 $q(\boldsymbol{x})$ と可積分な関数 $g(\boldsymbol{x})$ に対して，次式が成り立つ。

$$\ln \int \mathrm{d}\boldsymbol{x} \; q(\boldsymbol{x}) g(\boldsymbol{x}) \geqq \int \mathrm{d}\boldsymbol{x} \; q(\boldsymbol{x}) \ln g(\boldsymbol{x}) \qquad (3.60)$$

この証明は簡単です。$K = 2$ の場合についてこれを証明してみましょう。

† 厳密には，いわゆる狭義凹関数。

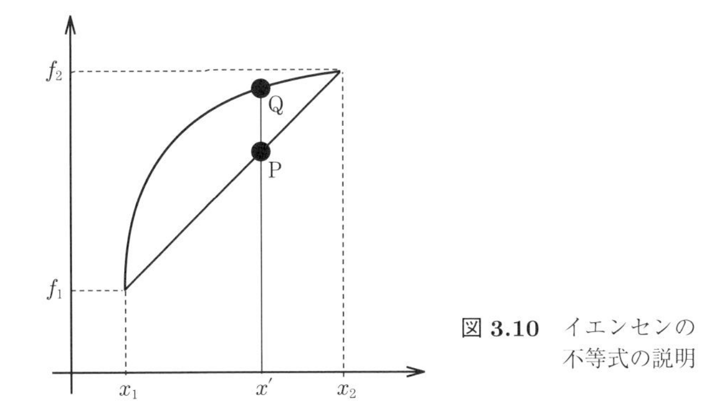

図 3.10 イエンセンの不等式の説明

横軸に X をとり，関数 f を描きます（**図 3.10**）。このとき，係数の非負性と $c_1 + c_2 = 1$ から，$X' \equiv c_1 X_1 + c_2 X_2$ は必ず X_1 と X_2 の間に来ます。この位置において，点 Q と点 P の y 座標はそれぞれ $y_{\mathrm{Q}} = f(c_1 X_1 + c_2 X_2)$ および $y_{\mathrm{P}} = c_1 f_1 + c_2 f_2$ となりますが，上に凸な関数だと必ず $y_{\mathrm{Q}} \geqq y_{\mathrm{P}}$ で，等号成立は $X_1 = X_2$ に限られます。$K \geqq 3$ についてもこの結果を繰り返し使うことで証明できます。連続変数の場合も，離散の場合の類推から成立は直感的には明らかだと思います。

さて，$L(\Theta|\mathcal{D})$ にイエンセンの不等式を適用することを考えます。式の形から π_l を係数 c_l とみなしたくなりますが，これはうまくいきません。なぜなら，これは尤度を単に

$$\sum_{n=1}^{N} \sum_{k=1}^{K} \pi_k \ \ln \mathcal{N}(\boldsymbol{x}^{(n)} \mid \boldsymbol{\mu}_k, \Sigma_k)$$

と近似することになり，例えば，$\boldsymbol{\mu}_k$ で微分して 0 と等置してみればわかるとおり，K 個のクラスターがまったく同じ解を与えるからです。クラスターごとに個性をもたせたければ，近似の精度を上げざるを得ません。

そのため，つぎのように，各 n について $q_1^{(n)} + \cdots + q_K^{(n)} = 1$ となるような係数をやや強引につくり出してみます。そしてその上で，その係数を最善に選ぶことを考えます。

$$L(\Theta|\mathcal{D}) = \sum_{n=1}^{N} \ln \sum_{k=1}^{K} q_k^{(n)} \frac{\pi_k \, \mathcal{N}(\boldsymbol{x}^{(n)} \mid \boldsymbol{\mu}_k, \Sigma_k)}{q_k^{(n)}}$$
$$\geqq \sum_{n=1}^{N} \sum_{k=1}^{K} q_k^{(n)} \ln \frac{\pi_k \, \mathcal{N}(\boldsymbol{x}^{(n)} \mid \boldsymbol{\mu}_k, \Sigma_k)}{q_k^{(n)}} \tag{3.61}$$

1行目は，単に $q_k^{(n)}/q_k^{(n)} = 1$ を掛けているだけにすぎません。つぎの行がイエンセンの不等式の結果です。

式 (3.61) は元の対数尤度の下限を与えていますから，これを最大にする $\{q_k^{(n)}\}$ が最善の選択です。各 n について $\sum_{k=1}^{K} q_k^{(n)} = 1$ という制約を，ラグランジュ乗数 λ_n で取り込み（付録 A.6 節 参照），式 (3.61) を最大にすることを考えると

$$0 = \frac{\partial}{\partial q_k^{(n)}} \left(\text{式 (3.61)} - \sum_{n=1}^{N} \lambda_n \sum_{k=1}^{K} q_k^{(n)} \right) = \ln \frac{\pi_k \, \mathcal{N}_k^{(n)}}{q_k^{(n)}} - 1 - \lambda_n$$

となります。ただし，$\mathcal{N}_k^{(n)}$ は $\mathcal{N}(\boldsymbol{x}^{(n)}|\boldsymbol{\mu}_k, \Sigma_k)$ の略記です。この式と，k についての和が1になるという条件から容易に，先に直感的に導いた式 (3.54) と同じ

$$q_k^{(n)} = \frac{\pi_k \mathcal{N}(\boldsymbol{x}^{(n)} \mid \boldsymbol{\mu}_k, \Sigma_k)}{\displaystyle\sum_{l=1}^{K} \pi_l \mathcal{N}(\boldsymbol{x}^{(n)} \mid \boldsymbol{\mu}_l, \Sigma_l)} \tag{3.62}$$

が求められます。これを使うと，式 (3.61) において，ln の中身が，分母分子で打ち消し合った結果，k に依存していないことがわかります。これは定理 3.1 のイエンセンの不等式における等号成立の条件に他なりません。したがってこの選択が間違いなく最善の選択です。ただし，$\boldsymbol{\mu}_k$ などのパラメターは未知ですから，この時点では仮置きの値を使っていると解さなければなりません。これを強調して，式 (3.61) の結果を

$$L(\Theta|\mathcal{D}) \geq g(\Theta|\Theta') \equiv \sum_{n=1}^{N} \sum_{k=1}^{K} q_k^{(n)} \ln \frac{\pi_k \, \mathcal{N}(\boldsymbol{x}^{(n)} \mid \boldsymbol{\mu}_k, \Sigma_k)}{q_k^{(n)}} \tag{3.63}$$

と書いておきます。Θ' は，仮置きのパラメターを使って式 (3.62) を計算した

ということを表しています。

ここで，いま求めた $q_k^{(n)}$ が，式 (3.50) における $p(z \mid \boldsymbol{x}, \Theta)$ とまったく同じ形をしているということに気づきます。これは重要な点です。このことから，$q_k^{(n)}$ が，標本 $\boldsymbol{x}^{(n)}$ がクラスター k に帰属する確率を表していることがわかります。

さて，ここで元の問題意識に立ち返り，$L(\Theta|\mathcal{D})$ と $L(\Theta|\mathcal{D}, \mathsf{Z})$ の関係を考えましょう。式 (3.52) を見ると，先に「ある種の期待値」と呼んでいた部分が式 (3.62) の $q_k^{(n)}$ に対応していることがわかります。すなわち，$L(\Theta|\mathcal{D})$ と $L(\Theta|\mathcal{D}, \mathsf{Z})$ の関係は，イエンセンの不等式による近似，しかも最善の近似になっているということです。

3.5.2　最大化ステップ

帰属度式 (3.62) がなにかの数値として既知である前提で，イエンセンの不等式で近似された尤度 (3.63) を最大化するパラメターを求めましょう。これは簡単です。万全を期すため，多変量正規分布の定義式 (2.30) を使い，尤度の下限 (3.63) を書き下します。

$$
\begin{aligned}
g(\Theta|\Theta') = -\sum_{n=1}^{N}\sum_{k=1}^{K} q_k^{(n)} \left\{ \frac{1}{2}(\boldsymbol{x}^{(n)} - \boldsymbol{\mu}_k)^\top \boldsymbol{\Sigma}_k^{-1}(\boldsymbol{x}^{(n)} - \boldsymbol{\mu}_k) + \frac{M}{2}\ln 2\pi \right. \\
\left. + \frac{1}{2}\ln|\boldsymbol{\Sigma}_k| - \ln \pi_k + \ln q_k^{(n)} \right\} \qquad (3.64)
\end{aligned}
$$

あとは，パラメター $\{\pi_k, \boldsymbol{\mu}_k, \boldsymbol{\Sigma}_k\}$ でつぎつぎに偏微分して 0 と等置するだけです。

まず $\boldsymbol{\mu}_k$ で偏微分すると

$$
\boldsymbol{0} = \frac{\partial g(\Theta|\Theta')}{\partial \boldsymbol{\mu}_k} = \boldsymbol{\Sigma}_k^{-1}\left\{ \sum_{n=1}^{N} q_k^{(n)}(\boldsymbol{x}^{(n)} - \boldsymbol{\mu}_k) \right\} \qquad (3.65)
$$

となりますから，これより，$g(\Theta|\Theta')$ を最大化する解が

$$\boldsymbol{\mu}_k = \frac{\sum_{n=1}^{N} q_k^{(n)} \boldsymbol{x}^{(n)}}{\sum_{n=1}^{N} q_k^{(n)}} \tag{3.66}$$

のように得られます。これは，k 番目の正規分布への帰属度 $q_l^{(i)}$ に応じた重み付きの平均と解釈できます。

つぎに，共分散行列 $\boldsymbol{\Sigma}_l$ については，定理 A.5 に示す行列の微分公式を活用することで，つぎの結果が得られます。

$$\boldsymbol{\Sigma}_k = \frac{1}{\sum_{n=1}^{N} q_k^{(n)}} \sum_{n=1}^{N} q_k^{(n)} (\boldsymbol{x}^{(n)} - \boldsymbol{\mu}_k)(\boldsymbol{x}^{(n)} - \boldsymbol{\mu}_k)^\top \tag{3.67}$$

計算は単一クラスターの M 次元正規分布の最尤推定とほぼ同じですので，2.4.1 項を参照してください。

最後に，混合率パラメター π_k については，k にわたる和が 1 になるという条件を満たす必要があるので，ラグランジュの未定乗数法を用いて最大化の条件を求めます。微分を実行することで

$$0 = \frac{\partial}{\partial \pi_k} \left\{ g(\Theta|\Theta') - \lambda \sum_{l=1}^{K} \pi_l \right\} = \sum_{n=1}^{N} \frac{q_k^{(n)}}{\pi_k} - \lambda \tag{3.68}$$

が得られますから，ただちに次式が得られます。

$$\pi_k = \frac{1}{N} \sum_{n=1}^{N} q_k^{(n)} \tag{3.69}$$

以上をまとめると，最終的に，混合正規分布モデルのパラメターをデータから推定する算法が手順 3.7 のようになることがわかります。

3.6　支持ベクトルデータ記述法に基づく異常判定

3.3 節で説明した近傍距離に基づく手法は，着目点の周りの局所的なデータの散らばりに着目して異常を定義するものでした。ここではある意味発想を単

一正規分布で考えたような世界に戻して，データ $\mathcal{D}=\{\boldsymbol{x}^{(1)},\ldots,\boldsymbol{x}^{(N)}\}$ が与えられたときに，データのほぼ全体を囲む球を考えてみます。データの主要部分を囲むその球に入りきらなかったものを異常とする，という考え方です。これは **1 クラスサポートベクトルマシン**（1 クラス支持ベクトル分類器）とも呼ばれる手法です。後述の「カーネルトリック」という技を介して，きわめて柔軟なモデリングが可能になります。ここでは，理論的な詳細には入らず，本質的な考え方を述べるにとどめます。

3.6.1　データを囲む最小の球

データ $\mathcal{D}$ のすべてを囲む球を考える場合，球の半径 R を大きくすれば簡単に $\mathcal{D}$ 全体を囲めてしまうので，データを含むという条件の下で，できるかぎり小さい球を求めてみます。これはつぎのような最適化問題として表せます。

$$\text{条件}\quad \|\boldsymbol{x}^{(n)}-\boldsymbol{b}\|^2 \leqq R^2 \quad \text{の下で}\quad \min_{R,\boldsymbol{b}} R^2$$

ただし，$n=1,\ldots,N$ で，一般に $\|\boldsymbol{a}\|^2 \equiv \boldsymbol{a}^\top\boldsymbol{a}$ です。R はいうまでもなく球の半径を表します。

ただこれだと厳格に過ぎるので，$\boldsymbol{x}^{(n)}$ に対して，半径の 2 乗に $u^{(n)}$ 分だけの「遊び」をちょっと許した上でつぎの問題を解くことにします。

$$\min_{R,\boldsymbol{b},\boldsymbol{u}}\left\{R^2+C\sum_{n=1}^{N}u^{(n)}\right\}\ \text{subject to}\ \|\boldsymbol{x}^{(n)}-\boldsymbol{b}\|^2 \leqq R^2+u^{(n)} \tag{3.70}$$

C は何か正の定数を適当に与えるものとします。半径の「遊び」という意味合いからして，$u^{(n)} \geqq 0$ でなければなりません。subject to というのは，○○の条件の下で，という数学用語です。

なんらかの手段で問題 (3.70) を解いて，解 $(R^*,\boldsymbol{b}^*,\boldsymbol{u}^*)$ が求まったとしましょう。これは確率分布が明示的に定義されていないモデルなので，本書でこれまで議論してきたモデルとはやや毛色が異なりますが，直感的には異常度を，「球からはみ出した長さ」として $a(\boldsymbol{x}')=\|\boldsymbol{x}'-\boldsymbol{b}^*\|^2-R^{*2}$ のように定義できます。後の都合上，2 乗を展開して

$$a(\boldsymbol{x}') = \kappa(\boldsymbol{x}', \boldsymbol{x}') - 2\,\kappa(\boldsymbol{b}^*, \boldsymbol{x}') + \kappa(\boldsymbol{b}^*, \boldsymbol{b}^*) - {R^*}^2 \tag{3.71}$$

と表しておきます。ただし，$\kappa(\cdot,\cdot)$ は引数同士の内積を表します。通常は，$\kappa(\boldsymbol{b}, \boldsymbol{x}') = \boldsymbol{b}^\top \boldsymbol{x}'$ などですが，後でこれを拡張した定義を与えます。

式 (3.71) の異常度を計算するためには，最適化問題 (3.70) を解く必要があります。現実的にはこれを解くためのプログラムを手書きすることはほとんどなく，既存のライブラリを使うことになると思います。そのため理論面の解説は他書[1]に譲りますが，この最適化問題を解くと，異常と正常を分ける球が，ごく少数の訓練標本で表されるという興味深い結果になります。あたかもそれらの標本が球面を「支えて」いるかのごとしで，それが「支持ベクトルデータ記述法（support vector data description）」[32]という名前の由来です。

3.6.2 R での実行例

ここでは R の `kernlab` パッケージに実装されている 1 クラス支持ベクトル分類器を使って異常検知の問題を解いてみます。その前に，**カーネルトリック**という重要な考え方について説明します。異常度 (3.71) においては，生の $\boldsymbol{x}$ はどこにも現れず，すべての項が内積 κ により表されています。カーネルトリックとは，この内積の定義を，もともとの $\kappa(\boldsymbol{x}', \boldsymbol{x}^{(n)}) = \boldsymbol{x}'^\top \boldsymbol{x}^{(n)}$ から，適切な条件を満たす関数，例えば

$$\kappa(\boldsymbol{x}', \boldsymbol{x}^{(n)}) = \exp\left(-\sigma \|\boldsymbol{x}' - \boldsymbol{x}^{(n)}\|^2\right) \tag{3.72}$$

に置換することを意味します。これは本質的に，式 (3.33) と同じものですから RBF カーネル（またはガウシアンカーネル）と呼ばれます。この置換は,「内積が上記で与えられるような特殊な空間に座標を非線形変換した」と解釈できます。すなわち，カーネルトリックを利用すれば，非線形な関係を，非線形変換を明示的に与えなくても扱えるのです。これが現代の機械学習の代表的理論であるカーネル法の基本的な着想です。

さて，正規分布から生成したデータで，1 クラス支持ベクトル分類器で外れ値

を検出してみます。データとしては2次元の正規分布を二つ混合させたものを使います。実行例3.9のプログラムで，合計120個の2次元空間上の標本が生成されます。最初の60個は原点に中心をもつ正規分布，後半の60個は$(3,3)$に中心をもつ正規分布から出てきたもので，120個を生成した後に`scale`コマンドで標準化変換を行っています。`kernlab`パッケージをインストールした後，つぎのようにRBFカーネルを使って1クラス支持ベクトル分類器を学習します。`nu`は$1/(CN)$に対応するパラメターで，ここでは0.1という値を与えています。これは大雑把にいえば，外れ値として検出する標本の割合に対応しています。

実行例 3.9

```
library(kernlab)
x <- rbind(matrix(rnorm(120),ncol=2),matrix(rnorm(120,mean=3),ncol=2))
x <- scale(x)                    # 標準化変換
rbf <- rbfdot(sigma=0.5)         # RBF カーネルのパラメターを指定
ocsvm <- ksvm(x,type="one-svc",kernel=rbf,nu=0.1)
```

学習結果は実行例3.10のようなプログラムで図示することができます。支持ベクトルに対応する標本（つまり球の中からはみ出したもの）を黒丸，それ以外を白丸で図示するようにしています。**図 3.11**が結果です。図では黒丸と白丸に加えて，異常度(3.71)の等高線も示しています。実行例では省略していますが，これは$a(\boldsymbol{x}')$をこの図のグリッドの各点で計算して，それを`image`および`contour`コマンドで等高線表示したものです。

実行例 3.10

```
colorcode<- rep(0, nrow(x)) # プロットされる点の色を格納するベクトル
colorcode[ocsvm@alphaindex] <-1 # 支持ベクトルとなる標本の色を「1」にセット
plot(x, pch=21, bg=colorcode)
```

図からわかるとおり，二つの正規分布の間と，その外周に支持ベクトル（外れ値）が得られていることがわかります。ここで注目すべきは，もともと単一の球を考えていたにもかかわらず，RBFカーネルによる非線形変換のおかげで，図のような非線形な異常・正常の識別境界が得られていることです。これは驚くべき結果といえます。

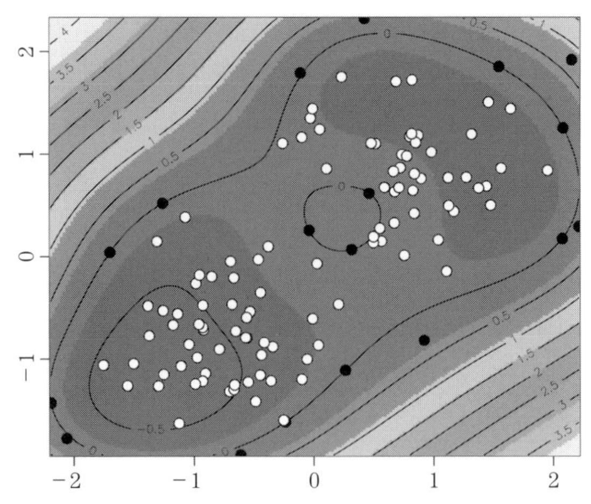

図 **3.11**　実行例 3.9 に対応する 1 クラス支持ベクトル分類器の学習結果

ただし，実用上の観点からは，このような柔軟な表現能力は諸刃の剣ともいえます。特に高次元データではどのような識別境界が出るかが直感的に予想しがたいため，どのようなカーネルを選んだらよいかを決めるのは一般には簡単ではありません。また，訓練データに対して異常標本とするものの割合（**nu**）

コーヒーブレイク

期待値–最大化法は，おそらく統計的機械学習を学んだ人を最初に苦しめる難関です。筆者が最初に学んだときは現在のようによい教科書[3)]もなく，論文に書いてある断片的な内容をつなぎ合わせて理解せざるを得ませんでした。これには多大な労力を要しました。

一つの問題は,「期待値–最大化法」という名前と，実際の手順の間に若干の乖離があることかもしれません。期待値–最大化法はもともと，3.2.3 項で説明したとおり，文字どおりに期待値計算と最大化計算を反復する解法として導入されました。しかし現代的な理解では,（隠れ変数を周辺化した）対数周辺尤度が与えられたときに，イエンセンの不等式を使って対数と総和（または積分）の順序を交換し，尤度最大化をより簡単に行うための一般的な計算技術となっています。無理に期待値ステップと最大化ステップに当てはめる必要は必ずしもありません。「イエンセン変換」くらいの名前がふさわしいのかもしれません。

をどう決めればよいかも必ずしも明確ではありません。

実際上は，正常状態について，少ない標本を使ってコンパクトな表現を得られるという利点を生かして，支持ベクトルに対応する標本を記録し，その具体的な内容を調べながら異常判定モデルを吟味するとよいでしょう。逆にいえば，事例の詳細についての知識がない場合は，より解釈可能性が高いモデルを使うほうが安全です。

章　末　問　題

【１】 ガンマ関数の定義 (2.10) に部分積分を適用して直接 $\Gamma(2) = 1$ を証明してください。また，ガンマ関数の定義を用いて，ガンマ分布の規格化条件の成立を証明してください。

【２】 確率変数 x が $\mathcal{G}(k, s)$ に従うとしたら，x はどういうカイ二乗分布に従うことになるでしょうか。$x \sim \chi^2(k', s')$ と書いたとき，k', s' を求めてください。

【３】 経験分布 (3.25) が規格化条件を満たすことを示してください。

【４】 混合正規分布の期待値–最大化法において，共分散行列をすべての k について $\mathsf{\Sigma}_k = \sigma^2 \mathsf{I}_M$ と固定します。このとき，混合正規分布の期待値–最大化法が，$\sigma^2 \to 0$ において k 平均クラスタリングと等価であることをつぎの順番で示してください。

(1) 帰属度の計算式 (3.54) が，$q_k^{(n)} = \delta(k, k^{(n)})$ に帰着されることを示してください。ただし

$$k^{(n)} = \arg\max_k \mathcal{N}(\boldsymbol{x}^{(n)} \mid \hat{\boldsymbol{\mu}}_k, \sigma^2 \mathsf{I}_M) \tag{3.73}$$

です（arg は「変数（argument）を取り出せ」という意味です。この場合であれば「最大値を実現する k を取り出せ」という意味になります）。I_M は M 次元単位行列です。

(2) 上記が成り立つとき，期待値–最大化法が，式 (3.47) の最小化と等価であることを示してください。

【５】 上記の問題において，共分散行列を対角行列とせずにある $\mathsf{\Sigma}$ に固定したと考えます。ここでも式 (3.73) を使って $q_k^{(n)} = \delta(k, k^{(n)})$ としたとすれば，k 平均クラスタリングの手法はどのように拡張されるでしょうか。

【６】 N 個の独立な M 次元標本 $\{\boldsymbol{x}^{(1)}, \ldots, \boldsymbol{x}^{(N)}\}$ が与えられているときに，要素数

を $K = N$ と選んだ混合正規分布モデルを考え，$\pi_k = 1/N$ および $\boldsymbol{\Sigma}_k = \sigma^2 \mathsf{I}_M$ と固定します。すなわち

$$p(\boldsymbol{x} \mid \boldsymbol{\mu}_1, \ldots, \boldsymbol{\mu}_N) = \frac{1}{N} \sum_{k=1}^{N} \mathcal{N}(\boldsymbol{x} \mid \boldsymbol{\mu}_k, \sigma^2 \mathsf{I}_M) \tag{3.74}$$

というモデルを考えます。$\sigma^2 \to 0$ における最尤解はどのようなものになるでしょうか。

【7】 カーネル密度推定における平均積分二乗誤差 (3.39) をバンド幅 h にて微分して 0 と等値することにより式 (3.40) を導出してみてください。

【8】 式 (3.58) の第 2 項は混合正規分布のパラメター数の合計を表しています。この式の形を導いてください。

4

性能評価の方法

この章では，異常検知手法の性能評価の方法と，モデルのよさを評価する方法についての一般論を説明します。

4.1　基本的な考え方

前章までに異常検知の基本的な手順を具体的なモデルを使って説明してきました。まず，正常な標本（観測値）のみを含むと信じられるデータ $\mathcal{D}$ を使ってそのパターンを分布推定という形で学習し，異常度の式を立てます。そして，それに適切な閾値を付して異常判定のロジックを構築します。その際，例えばホテリング理論では，F 分布のパーセント点による閾値を設定しますが，これはあくまで正規分布モデルに基づく理論上の話であり，現実にその異常判定ロジックが妥当かどうかは，一般には，訓練データ $\mathcal{D}$ とは別に，異常標本を含む確認データ $\mathcal{D}'$ を用意し，$\mathcal{D}'$ の各標本について異常検知モデルを「走らせて」みて性能評価を行う必要があります。

異常検知の性能に直接関係するのが閾値です。閾値を a_{th} とした場合（th は threshold を意味します），観測値 $\boldsymbol{x}'$ に対する異常度 $a(\boldsymbol{x}')$ が a_{th} より大きければ異常，小さければ異常ではないと判定します。このことから，同じ異常検知法であっても，その異常検知性能は閾値により変わることがわかります。これは当然のことなのですが，現実にはこの点について忘れられることも多いので注意が必要です。

異常検知の性能を語る際に忘れてはならないもう一つの点は，実問題のほと

んどすべての場合において

$$(\text{正常標本の数}) \gg (\text{異常標本の数})$$

が成り立つということです。異常検知の性能評価では，標本を正のクラスと負のクラスに分ける二値分類問題の枠組みが流用されることも多いのですが，これは危険を伴います。なぜなら，二値分類問題の場合は，正・負のクラスに属する標本の割合がおおむね釣り合っていることを想定しているのに対し，異常検知の場合は，異常と正常は対称的ではないからです。

例えば，異常事象が起こる確率が 0.1 パーセント程度であったとします。この場合，正常標本を収集するのは容易なので，それを基に異常検知モデル（例えば式 (2.35) のマハラノビス距離）をつくることができます。このとき，閾値を無限に大きくすれば，決して異常と判定しない楽観的な検出器になります。明らかにこれは，異常なデータを全部見逃してしまうという点で役に立たない検出器ですが，99.9 パーセントが正常標本である以上，平均的には 1 000 回中 999 回は正しい答えを返すという意味で，正確性が高いということもできます。

逆に，閾値を 0 にすれば，つねに異常と答えるような悲観的な検出器になります。これは圧倒的多数の正常標本に対して間違った答えを出すので，その意味では，やはり役に立たない検知器です。しかし，ごくわずかな異常標本を絶対見逃さないという点では信頼性が高いということもできます。

すなわち，異常検出の性能評価のためには，相反する二つの見方があり，正常側に立つのか異常側に立つのかをはっきりさせて性能を論ずることが必要です。

4.2　正常標本精度と異常標本精度

上に述べた二つの見方を数値化するための指標を定義します。

4.2.1　正常標本に対する指標

正常標本に対する最も自然な指標はつぎの**正常標本精度**です。

$$(\text{正常標本精度}) \equiv \frac{(\text{実際に正常である標本の中で,正しく正常と判定できた数})}{(\text{実際に正常である標本の総数})}$$

例えば $N = 100$ で，正常標本が 90 個あったとしたら，分母は 90 で，分子にはその 90 個の中で判定に成功した数が入ります。正常標本精度は単に**正答率**（detection ratio）とも呼ばれます。この指標は異常標本とは無関係に定義されることに注意しましょう。

正常標本精度または正答率は，判定器のよさに着目した量ですが，悪さに着目して**誤報率**（false alarm rate）という量を使うこともあります。定義は以下のとおりです。

$$(\text{誤報率}) \equiv 1 - (\text{正答率}) \tag{4.1}$$

これは，本来正常であるものを異常だといってしまった割合です。偽陽性率（false positive rate）と呼ばれることもありますが，日本語の場合,「陽性」という言葉の語感は異常とは逆の印象を与えて混乱の元になるのでお勧めしません。

正常標本精度と閾値の関係を考えてみましょう。異常度は文字どおり異常の度合いを表すものです。話を単純にするため，0 以上の値をとるとします。閾値が小さいときは，ちょっとした弾みで異常と判定される可能性が高いため，正常標本を異常だといってしまう危険が高まります。極端な話，閾値がゼロであれば，すべての標本を異常だと言い張るわけですから，正常標本精度はゼロになります。一方，閾値が大きいときはめったなことでは異常とは判定しなくなりますから，正常標本を異常と誤判定する可能性もまたほぼなくなります。したがって，図 4.1 の左図に示すように，閾値の大きさを横軸にして正常標本精度を描くと，閾値の小さい側で 0，大きい側で 1 の値をとる単調に増加する曲線となります。

4.2.2 異常標本に対する指標

上に定義した量はいずれも正常標本に注目した指標ですが，つぎに述べる**異常標本精度**は，異常標本に焦点を当てた評価指標です。

$$(\text{異常標本精度}) \equiv \frac{(\text{実際に異常である標本の中で,正しく異常と判定できた数})}{(\text{実際に異常である標本の総数})}$$

これは異常標本をどれだけ網羅できたかの割合なので，**異常網羅率**（coverage）または**リコール**（recall）と呼ばれることもあります。また，異常を言い当てたことを「ヒットした」と表現して，**ヒット率**（hit ratio）と呼ばれることもあります。真陽性率（true positive ratio）などと呼ばれることもありますが，覚えにくい言葉ですのでやはりお勧めしません。

つぎに異常標本精度と閾値の関係を考えてみましょう。この場合も話を単純にするため，異常度は 0 以上の値をとるとします。閾値が小さい場合，ほとんどすべての標本を異常と言い張るため，本当に異常の標本はある意味正しく判定されます。すなわち，閾値が最小値 0 のときは，異常標本精度は 1 です。一方，閾値が非常に高いと，異常判定の規準は厳格になります。極端な話，閾値が無限に大きければ，どんな標本も絶対に異常とは判定しないため，異常標本精度は 0 になります。一般には，図 4.1 に示すように，異常標本精度は，閾値に対して単調に減少することが期待されます。

4.3　異常検出能力の総合的な指標

異常検出器の性能評価には，閾値，正常標本精度（正答率），異常標本精度（異常網羅率，ヒット率），という三つの要素があることを説明しました。

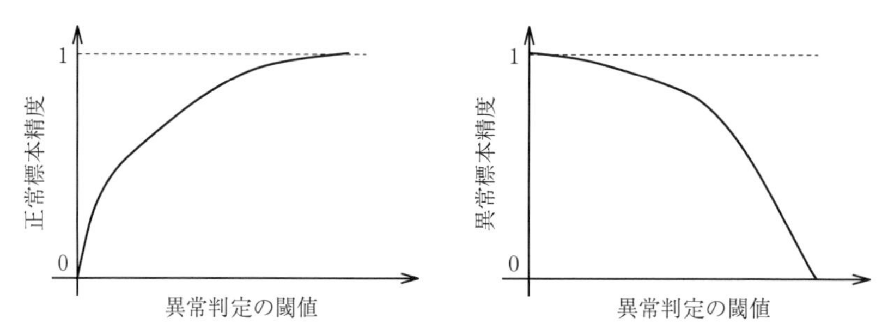

図 4.1　正常標本精度（正答率）と，異常標本精度（異常網羅率またはヒット率）の閾値による変化

異常検出器の性能を表現するためには，**図 4.1** の図を提示するのが最善の方法ですが，例えば異なる手法の性能比較をする際などに，単一の数値で異常検知器の性能を表したい場合もあると思います。そのような用途に使える二つの指標を説明します。

4.3.1　分岐点精度と F 値

最初の指標は，**分岐点精度**と呼ばれるものです。これは，**性能分岐点**（break-even point），すなわち，正常標本精度が異常標本精度に一致する点での精度のことです。実用上，正常標本精度と異常標本精度を**図 4.2** のように重ねて図示し，分岐点精度に加えて，閾値を変化させたときの性能の変化を図示しておくのが便利です。

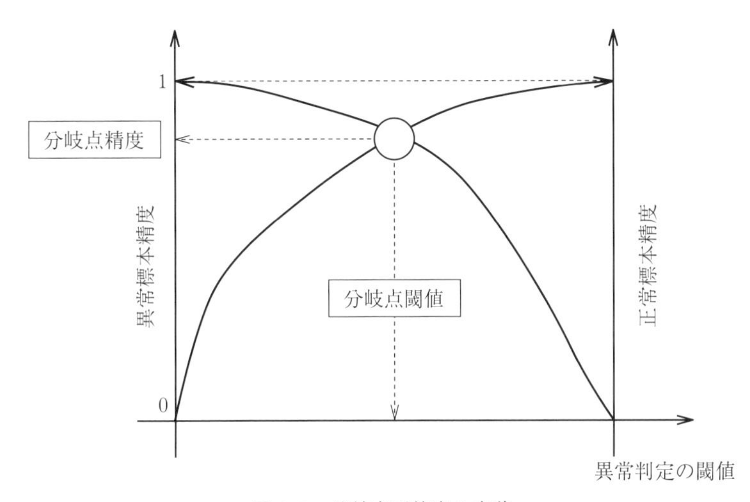

図 4.2　分岐点正答率の定義

実用上は，正常標本精度が異常標本精度に一致する点を厳密に求めるよりは，正常標本精度 r_1 と異常標本精度 r_2 の調和平均

$$f \equiv \frac{2r_1r_2}{r_1+r_2} \tag{4.2}$$

を閾値ないしなにかのパラメターの異なる値ごとに計算し，その最大値を与え

る点を性能分岐点とするのが便利です。量 f を **F 値**と呼びます。F 値の最大値はおおむね分岐点精度と一致しますが，条件によっては一致しないこともあります。異常標本と正常標本のどちらを重視するかは問題によって異なるので，F 値が上位のものをいくつか選び，実際上の要請に沿って最適な閾値を選択すればよいでしょう。

性能分岐点について，R による簡単な計算例を実行例 4.1 に示します。テストデータに対して，異常度 score が 1 行目のように計算されており，別途調査の結果，異常かどうかを表すフラグ anomaly が 2 行目のように判明しているとします（T は true で真の異常，F は false で異常ではないことを意味します）。それらをまとめて一つの表 data0 にし，rownames 関数を使って標本に x1 から x10 まで名前をつけておきます（$x^{(n)}$ の意味です）。**図 4.3** の左図は，これをそのまま barplot で表示したものです。

実行例 4.1

```
score <- c(0.19,0.86,0.17,0.12,0.04,0.78,0.16,0.51,0.57,0.27) # 異常度
anomaly <- c(F,T,F,F,F,T,F,T,F,F) # 異常かどうかのフラグ
data0 <- cbind(score,anomaly) # 異常度とフラグをまとて一つのデータに
rownames(data0) <- c("x1","x2","x3","x4","x5","x6","x7","x8","x9","x10")
barplot(data0[,"score"], ylim=c(0,1),col=data0[,"anomaly"]) # 図示
```

つぎに，実行例 4.2 により異常度の高い順にデータを並べ替えます。図 4.3 の右図が並び替え後のグラフです。

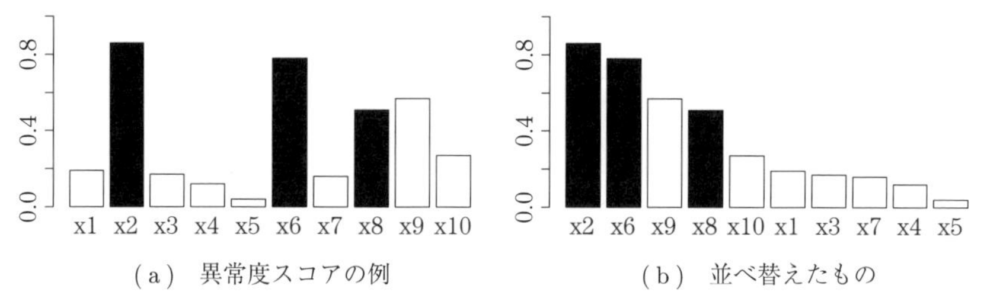

（a）異常度スコアの例　　（b）並べ替えたもの

図 4.3 異常度スコアの例とそれを並べ替えたもの（縦軸が異常度，黒いバーが真の異常を示す）

実行例 4.2

```
data1 <- data0[order(score,decreasing=TRUE),]
score_sorted <- data1[, "score"]
anomaly_sorted <- data1[, "anomaly"]
```

並び変えた後は，異常度が高い順に，先頭から一つを異常と判定した場合，二つを異常とした場合，三つを異常とした場合，などのそれぞれに，異常検知に成功した個数 n_detectedAnom（これは anomaly_sorted のフラグ T の合計として計算できます）と，正しく正常判定できている個数 n_detectedNorm を求めます。任意の閾値に対して異常網羅率などを計算するのではなく，並び替

実行例 4.3

```
n_total <- length(anomaly) # 全標本数
n_anom <- sum(anomaly); n_norm <- n_total - n_anom #正常および異常標本数
coverage <- rep(0, n_total) # 異常網羅率の入れ物
detection <- rep(1, n_total) # 正答率の入れ物
for(i in c(1:n_total)){
     n_detectedAnom <- sum(anomaly_sorted[1:i])
     n_detectedNorm <- (n_total-i)- sum(anomaly_sorted[-(1:i)])
     coverage[i] <- n_detectedAnom/n_anom
     detection[i] <- n_detectedNorm/n_norm
}
```

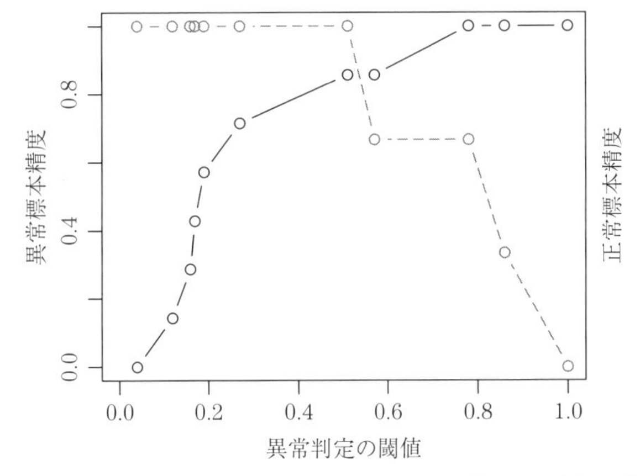

図 4.4 実行例 4.3 により，異常標本精度（破線）と正常標本精度（実線）を計算した結果（図の右端，閾値 1 のところに，閾値 ∞ に対する結果を付け加えてある）

えて一つ一つ見てゆく，というところがポイントです。

実行例4.3により，異常標本精度または異常網羅率 `coverage` と，正常標本精度または正答率 `detection` が，ソートされた異常度 `score_sorted` の関数として得られます。結果を**図4.4**に示します。この図によれば，分岐点閾値は0.5と0.6の間，分岐点正答率はおおよそ0.8であることがわかります。

4.3.2　ROC曲線の下部面積

図4.4でも示したとおり，異常網羅率と正答率の双方を閾値の関数として表示する方法は，現場技術者に，閾値の調整についての知見を直感的に与えるという意味でも有用性が高いものです。一方，異常検知ないし二値分類の文献では，**ROC曲線**（receiver operating characteristic curve，**受信者操作特性曲線**）に基づく指標が主流となっていますので，これを説明します。

ROC曲線とはもともとレーダー工学に由来した用語で，受信者操作特性という用語に統計学的な意味はありません。これにはいくつかの定義が可能ですが，通常，誤報率を横軸，異常網羅率を縦軸とした曲線を示します。ROC曲線と横軸がはさむ領域の面積を，**AUC**（area under curve，**曲線下部面積**）と呼び，異常検知器のよさの指標となります。

4.3.1項の実行例4.1のデータについて，Rコマンド `plot(1-detection, coverage, type="b")` によりROC曲線を描いてみた図を**図4.5**に示します。この図からわかるとおり，異常事例が少ない場合，ROC曲線の縦軸の値のバラエティが小さくなり，見難い図になってしまいます。ROC曲線は，多くの異常事例が存在することが期待される場合に，訓練した二値判別器がランダム選択よりもどの程度よいかを表すには優れた方法です。しかし，異常事例が数個程度しか手に入らないような場合は，若干使いにくいというのが正直なところです。

ROC曲線のもう一つの課題は，「では閾値をどう設定すればよいのか」という素朴な疑問に直接的な知見を与えないということです。実は理論的には，ROC曲線の下部面積や傾きを閾値やその他主要な統計量に関連づけることができ，

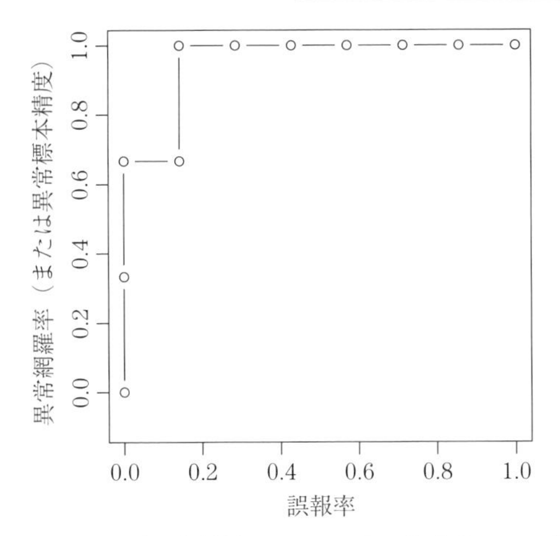

図 **4.5** 4.3.1 項の実行例 4.1 のデータに対する ROC 曲線

理論解析の容易さの観点からは研究論文において ROC 曲線による評価が標準的に使われているのはうなづけるところです。ROC 曲線により性能評価をした文献が豊富にあり高度な理論解析に向くという利点と，閾値設定の容易さという利点を比べて，問題ごとにより便利と思われるほうを選べばよいと思います。

4.4 モデルのよさの検証

前節までは，データ $\mathcal{D}$ を表すモデルが所与として，その異常検知性能を表す指標について議論をしました。本節では，そもそも $\mathcal{D}$ を表現するモデルとしてなにがよいのか（例えば正規分布で本当によいのか，よいとしたら混合数はいくつにすべきか，など）という疑問に答える手法をいくつか紹介します。

4.4.1 モデル選択問題

3 章までに，データ $\mathcal{D}$ からモデルを推定する手順をいくつか見てきました。そこでの主たる戦略は，まず未知パラメター Θ を含むモデルを仮定し，対数尤度 $L(\Theta|\mathcal{D})$ を最大化するようにそのパラメターを決める，というものでした。この観点からすれば，対数尤度 $L(\Theta|\mathcal{D})$ が最大になるようなモデルが最善，と

いえそうに思えますが，必ずしもそうではありません。例えば，3.4.2 項で論じた混合正規分布であれば，混合数 K を変えることで無数のモデルをつくれます。K が標本数 N に等しいモデルすらつくることが可能です。式 (3.25) の経験分布はまさにその実例で，データ $\mathcal{D}$ に対してこの尤度は無限大です。一般に，モデルの複雑さを高めるほど，有限個の標本からなるデータへの当てはまりのよさ（尤度）を高めることが可能です。

しかし，その代償として，データ $\mathcal{D}$ に含まれていない観測値にはきわめて低い尤度を与えます。これはモデリングとしてはきわめて危険といわざるを得ません。なぜなら，データ $\mathcal{D}$ 内の観測値にはなにかノイズが乗っていたかもしれず，だとすると，パラメター（自由度）の多い複雑なモデルを特定のデータに当てはめることは，そのデータに「たまたま」含まれていたノイズをも厳密に再現してしまう危険性を伴うからです。これは**過剰適合**と呼ばれる現象です。そして，過剰適合してしまったモデルは新しいデータに対する対応能力を失います。

逆にいえば，真によいモデルとは，データによく当てはまる（尤度が高い）と同時に，多少のデータのばらつきにも融通が利くモデルということになります。いかにして両者のバランスのよいモデルを見つけるかという問題は，**モデル選択**問題と呼ばれ，機械学習の重要かつ深遠なテーマとなっています。以下，モデル選択のための代表的な手法を三つ解説します。

4.4.2 交差確認法

交差確認法はその名のとおり，データを訓練用と確認用の二つに分けて，前者でモデルを構築し，後者でモデルの性能を測るやり方です。データの分け方によるばらつきを抑えるために，データを例えば 5 等分して，4/5 でモデル構築，残りの 1/5 でモデル確認，という手続きを 5 回繰り返します。これを **5 重交差確認法**と呼びます。そうして 5 回分の評価指標（例えば，分岐点正答率）についてその平均とばらつきを求めておきます。いうまでもなく，平均的に性能がよく，ばらつきが小さいのがよいモデルです（図 **4.6**）。

k 重の交差確認の考え方を推し進めて，N 個の標本からなるデータを N 等

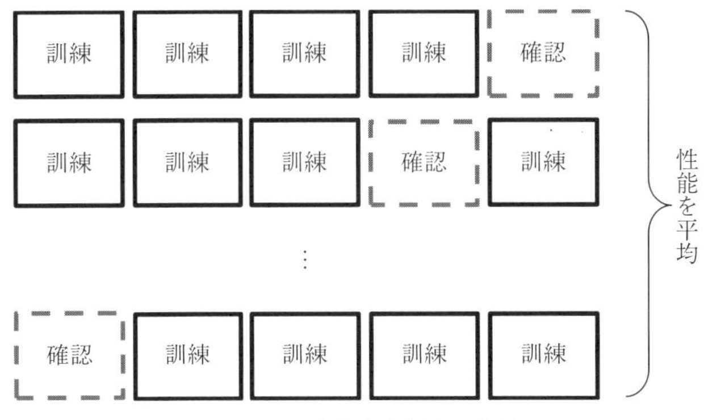

図 4.6 5 重交差確認法の説明

分してしまう，という考え方もあります。これを**一つ抜き交差確認法**と呼びます。この場合，一つの標本以外の $N-1$ 個を使ってモデルを構築し，残りの一つで性能の評価を行います。異常検知，特に外れ値検出のような問題では自然な考え方だと思います。2.2.4 項では，データクレンジングという問題を説明しました。これは「$\mathcal{D}$ を基に学習したモデルを使って，$\mathcal{D}$ 自身のデータから異常値を取り除く」という手順のことです。一つ抜き交差確認法を用いて統計学的に正しくデータクレンジングを行うとしたら，つぎのような手順になります。

手順 4.1 (**一つ抜き交差確認法によるデータクレンジング**) 異常な標本を含むかもしれないデータ $\mathcal{D}=\{\boldsymbol{x}^{(1)},\boldsymbol{x}^{(2)},\ldots,\boldsymbol{x}^{(N)}\}$ を用意する。$n=1,2,\ldots,N$ に対して以下を実行する。

1) $\mathcal{D}$ の中から標本 $\boldsymbol{x}^{(n)}$ を選ぶ。
2) $\boldsymbol{x}^{(n)}$ 以外のデータを使って分布推定を行う。
3) 分布推定の結果に基づいて異常度の計算式 $a(\cdot)$ をつくる。
4) $\boldsymbol{x}^{(n)}$ について異常度 $a(\boldsymbol{x}^{(n)})$ を計算し，異常判定を行う。

異常標本が含まれないとほぼ信じられる訓練データに対して計算された異常度を基に閾値を定める場合（3.1.3 項 参照）も，厳密には一つ抜き交差確認法で計算された異常度を使うべきですが，標本数 N が次元数 M よりも十分に大きければ，さほど神経質になる必要はないでしょう。

カーネル密度推定法だと一つ抜き交差確認法は特に簡単になります。すでに手順3.4において，一つ抜き交差確認によるモデル選択の手順を紹介しました。この場合，式(3.34)（の$p_{\text{真}}$を経験分布で置き換えたもの）が性能評価指標で，式(3.36)の$p_{\mathsf{H}}^{(-n)}(\boldsymbol{x})$が，$\boldsymbol{x}^{(n)}$を抜いたデータから「学習」されたモデルです。線形回帰も一つ抜き交差確認法が手軽に行えるモデルです。詳細は6.3節で議論します。

交差確認法は，十分な統計学的裏づけもあり，信頼できるモデル選択の方法です。しかしながら，データを分割する必要があるのでデータ数が少ないときにはモデルの訓練が不安定化する可能性がある，また，何度も検証を繰り返す必要があるので，計算に手間が掛かる，などの課題もあります。そのため，場合によっては，次節で説明するような情報量規準に基づく指標が手軽なモデル選択規準として有用です。

4.4.3　赤池情報量規準とベイズ情報量規準

赤池情報量規準（Akaike information criterion，**AIC**）は，特に時系列モデルの次数の選択において，手軽な目安としてよく使われます。例えば自己回帰モデル（後述。7.3節 参照）において次数の異なるモデルが，1次，2次，などと用意されているとします。次数Kのモデルを形式的に$\mathcal{M}_K$と書くことにします。ここでやりたいことは，訓練データ$\mathcal{D}$のみが与えられたときに，将来，$\mathcal{D}$とは独立な新しいデータがやってきたときに，最も当てはまりがよいであろうモデル$\mathcal{M}^*$を選択することです。実用上は交差確認がほとんどつねに推奨されるのですが，時系列データの場合はデータに順序があるため単純な交差確認は使えません。そのような場合にモデルを選ぶ規準があると非常に有用です。

Nをデータ$\mathcal{D}$に含まれる標本の数，M_KをK番目のモデル$\mathcal{M}_K$のパラメター数とすれば，$\mathcal{M}_K$のAICは

$$\mathrm{AIC}(\mathcal{M}_K) = -2 \times (\text{最尤推定をしたときの対数尤度の値}) + 2M_K \qquad (4.3)$$

のように定義されます。AICは<u>最尤推定された複数のモデルを選択する規準</u>で

あり，これが最小になるモデルが最善の最尤モデルとして選ばれます。式 (4.3) から明らかなように，AIC を最小にするということは，(対数尤度) − M_K を最大にすることと同じです。もし第 2 項がなければ，最尤推定において最終的に得られた尤度が一番大きいものを選ぶということになりますが，一般にモデルが複雑でパラメターが多ければ多いほど尤度は高くできますので，パラメターの数自体が異なる複数のモデルを選択するという用途には使えません。AIC は，パラメターの数をいわばペナルティとして尤度を割り引くことで，将来のデータに対して一番対応能力がありそうなモデルが選択できることを主張しています。

ベイズ情報量規準（Bayesian information criterion, **BIC**）は，特に混合正規分布におけるクラスター数 K の選択において，手軽な目安としてよく使われる指標です。N をデータ $\mathcal{D}$ における標本の数，M_K をモデル $\mathcal{M}_K$ のパラメター数とすれば

$$\mathrm{BIC}(\mathcal{M}_K) = -2 \times (\text{最尤推定をしたときの対数尤度の値}) + M_K \ln N \tag{4.4}$$

で与えられます。これを最小にするのが最善の最尤モデルということになります。$\ln N$ のために，モデルの複雑さに対して AIC に比べてより重いペナルティを課していることになります。具体例として，混合正規分布に対する BIC の表式が式 (3.58) にあります。

4.4.4　赤池情報量規準と平均対数尤度*

本節では AIC の考え方のあらすじを説明します。AIC の細かい中身に興味がない読者は本節を読み飛ばして先に進むとよいでしょう。また，完全な証明は，小西・北川[21] などを参照してください。

データ $\mathcal{D}$ を表現するために，$f(\boldsymbol{x} \mid \boldsymbol{\theta})$ という確率分布を考えたとします。$\boldsymbol{\theta}$ はこのモデルのパラメターをまとめたベクトルです。便宜上，いくつかのパラメターを固定することで，モデルの複雑さを制御できると考えます。例えば式 (3.49) の混合正規分布を考えると，$\pi_1 = 1$ として残りのすべての π_i をゼロと

固定しておけば単一の正規分布モデルとなり，最初の二つの正規分布のみを残し他をゼロにすれば2混合となり，などと，任意の複雑さをもつモデルを定義できます。

パラメター数 M_K をもつモデル $\mathcal{M}_K$ が，$\boldsymbol{\theta}_K$ というパラメターをもつとします。この $\boldsymbol{\theta}_K$ は，元のモデル $f(\boldsymbol{x} \mid \boldsymbol{\theta})$ に入っていた $\boldsymbol{\theta}$ のいくつかの次元を固定してモデルから消去し，残りの次元になにか適当な数値を選んだものです。この選択により，確率モデルは $f(\boldsymbol{x} \mid \boldsymbol{\theta}_K)$ となりますが，これはモデルにすぎませんので，データを生み出す系の真の確率分布（これを $p_{真}(\boldsymbol{x})$ と書きましょう）とは一般には違っています。しかし，うまくパラメター数 M_K とパラメターの値 $\boldsymbol{\theta}_K$ を選べば，真の分布を完全に再現できると仮定します。その最適なパラメターを $\boldsymbol{\theta}_K^*$ とおきます。すなわち任意の $\boldsymbol{x}$ において

$$p_{真}(\boldsymbol{x}) = f(\boldsymbol{x} \mid \boldsymbol{\theta}_K^*) \tag{4.5}$$

が成り立つとします。

AIC では，最尤推定されたモデルの真のよさを評価するために**平均対数尤度**と呼ばれる量を考えます。

$$I_K(\mathcal{D}) \equiv \langle \ln f_K(\cdot \mid \hat{\boldsymbol{\theta}}_K) \rangle \equiv \int \mathrm{d}\boldsymbol{x}\ p_{真}(\boldsymbol{x}) \ln f_K(\boldsymbol{x} \mid \hat{\boldsymbol{\theta}}_K) \tag{4.6}$$

ただし，$\hat{\boldsymbol{\theta}}_K$ は最尤推定されたパラメターで，これは訓練データ $\mathcal{D}$ に依存するため，本来は，$\hat{\boldsymbol{\theta}}_K(\mathcal{D})$ と書かれるべきものです。$\langle \cdot \rangle$ は真の分布 $p_{真}$ による期待値を表します。$\boldsymbol{x}$ は積分変数となり最終的には消えるので，$\langle \cdot \rangle$ の中の $\ln f$ の引数の $\boldsymbol{x}$ を「$\cdot$」のように表しています。

ただ，$p_{真}$ は知りようがないので，これを既知の量と結び付けて評価することを考えます。$p_{真}$ を式 (3.25) の経験分布 $p_{\mathrm{emp}}(\boldsymbol{x})$ で置き換えたもの

$$\begin{aligned} \langle \ln f_K(\cdot|\hat{\boldsymbol{\theta}}_K) \rangle_{\mathrm{emp}} &\equiv \int \mathrm{d}\boldsymbol{x}\ p_{\mathrm{emp}}(\boldsymbol{x})\ \ln f_K(\boldsymbol{x}|\hat{\boldsymbol{\theta}}_K) \\ &= \frac{1}{N} \sum_{n=1}^{N} \ln f_K(\boldsymbol{x}^{(n)}|\hat{\boldsymbol{\theta}}_K) \end{aligned} \tag{4.7}$$

をまずは考え，これと式 (4.6) の食い違い（統計学では**バイアス**と呼びます）を評価することにします。$\langle\cdot\rangle_{\mathrm{emp}}$ は経験分布による期待値を表す記号です。これを以前出てきた対数尤度の式，例えば，式 (3.51) の最初の等号の式と比べると，これが対数尤度の $1/N$ 倍に他ならないことがわかります。

したがって，AIC を導出する上で考えるべき問題は，最尤モデルの選択の指標 $I_K(\mathcal{D})$ を

$$I_K(\mathcal{D}) = \langle \ln f_K(\cdot \mid \hat{\boldsymbol{\theta}}_K)\rangle_{\mathrm{emp}} - b(\mathcal{D}) \tag{4.8}$$

$$b(\mathcal{D}) \equiv \langle \ln f_K(\cdot \mid \hat{\boldsymbol{\theta}}_K)\rangle_{\mathrm{emp}} - \langle \ln f_K(\cdot \mid \hat{\boldsymbol{\theta}}_K)\rangle \tag{4.9}$$

と書いたとき，バイアス $b(\mathcal{D})$ が，データ $\mathcal{D}$ に依存していろいろな値をとるにせよ平均的に M_K/N に一致することを示すことです。式で書くと

$$\int \mathrm{d}\boldsymbol{x}^{(1)} \cdots \mathrm{d}\boldsymbol{x}^{(N)}\, p_{真}(\boldsymbol{x}^{(1)}) \cdots p_{真}(\boldsymbol{x}^{(N)})\, b(\mathcal{D}) \approx \frac{M_K}{N}$$

を示すことです。この証明には，中心極限定理や大数の法則，最尤推定量の漸近正規性など，統計学の基礎をなす非常に重要な結果を使います。ぜひとも紹介したいところですが，抽象度の高い議論になりますので，実用書としての性質上，本書では詳細を省略します。興味のある読者は，小西・北川[21]に完備された解説がありますので参照してください。

4.4.5 ベイズ情報量規準と周辺尤度*

AIC は平均対数尤度という量を近似的に評価することで導かれました。BIC はまた別の，周辺尤度という量を評価することで導かれます。そのあらすじを説明しましょう。理論的詳細に興味のない読者は以下を飛ばして先に進んでもかまいません。また，完全な説明はビショップ[3]を参照してください。

ある番号 K でラベルづけされたモデルを $\mathcal{M}_K$ という記号で表しておきます（K は例えば混合正規分布の要素数です）。そのモデルに含まれるパラメターのベクトルを $\boldsymbol{\theta}_K$，その次元を M_K と表します。$\mathcal{M}_K$ の尤度は，独立な標本集合を考えるかぎりにおいて，例えば式 (3.51) のように，各標本の寄与の積となっ

ています。これをまとめて $p(\mathcal{D}|\boldsymbol{\theta}_K, \mathcal{M}_K)$ と書くことにします。すなわち

$$p(\mathcal{D} \mid \boldsymbol{\theta}_K, \mathcal{M}_K) = \prod_{n=1}^{N} p(\boldsymbol{x}^{(n)} \mid \boldsymbol{\theta}_K, \mathcal{M}_K) \tag{4.10}$$

です。| の右側に $\mathcal{M}_K$ を入れているのは，どのモデルに関する尤度なのかを明示的に表記するためです。

先に述べたとおり，通常の意味での尤度は，一つモデルを決めたときに，そのモデルに含まれるパラメターの最適な値 $\hat{\boldsymbol{\theta}}_K$ を決める上ではたいへん役に立ちますが，この最尤推定量 $\hat{\boldsymbol{\theta}}_K$ を尤度に代入した $p(\mathcal{D}|\hat{\boldsymbol{\theta}}_K, \mathcal{M}_K)$ をモデルのよさの指標に使うことはできません。パラメターの数を増やしさえすれば $\mathcal{D}$ を完璧に再現するモデルをつくることは可能だからです。

これのなにが問題だったかといえば，先に述べたとおり，あまりに $\mathcal{D}$ そのものの再現に集中したがために，融通を失ってしまったという点です。このことを考えると，最尤推定量 $\hat{\boldsymbol{\theta}}_K$ という一点でのモデルの比較ではなく，モデルのパラメター $\boldsymbol{\theta}_K$ について，ある程度広い範囲でモデルのよさを比較することが必要だということが想像できます。

この観点からすると，モデルのよさについての適切な評価指標を

$$p(\mathcal{D} \mid \mathcal{M}_K) = \int \mathrm{d}\boldsymbol{\theta}_K \, p(\mathcal{D} \mid \boldsymbol{\theta}_K, \mathcal{M}_K) \, p(\boldsymbol{\theta}_K \mid \mathcal{M}_K) \tag{4.11}$$

コーヒーブレイク

2.6 節でマハラノビス=タグチ法（MT 法）について解説しました。これはホテリング理論と違った意味で理解が難しい手法で，実際のところ，統計学者の間でもその理論的妥当性をめぐって活発に議論が行われた時期があります。2003 年に Technometrics という米国の一流学術誌に掲載された “A Review and Analysis of the Mahalanobis-Taguchi System” という論文[33] とそれにまつわる議論はその集大成というべきものです。また，MT 法の拡張に顕著な貢献をされた宮川雅巳東工大教授は，「MTS には理論的に未解決な要素がいくつかあり，それらがほとんど議論されないまま教条的に使われてきた」[24] とコメントしています。実用上，もし MT 法に限界を感じている場合，これらの文献に目を通してみてもよいかもしれません。

のように書くことができます。これは，$\boldsymbol{\theta}_K$ について想定される自然なばらつきを表す確率分布 $p(\boldsymbol{\theta}_K|\mathcal{M}_K)$ を用いて，尤度 $p(\mathcal{D}|\boldsymbol{\theta}_K, \mathcal{M}_K)$ の期待値を計算したものです。確率論の言葉では，$\boldsymbol{\theta}_K$ を周辺化（付録 A.2.1 項 参照）して消去したものともいえますので，**周辺尤度**または周辺化尤度とも呼びます。また，$p(\boldsymbol{\theta}_K|\mathcal{M}_K)$ は，観測とは無関係に想定せざるを得ないものですので，特に**事前分布**と呼ばれます。

上式の積分は，具体的なモデルを考えないかぎり厳密には実行が不可能ですが，モデルについての一般的な仮定から近似的に積分を実行してしまうことが可能です。AIC の導出同様，やや抽象度の高い議論になりますので，実用書としての性格上，詳細の説明は別の機会に回します。完全な説明がビショップ[3)] にありますので興味のある読者は参照してください。また，線形回帰という具体的なモデルにおいて，周辺尤度の最大化の実例を 6.6 節にて紹介します。

章　末　問　題

【1】 F 値 (4.2) の代わりに，単純平均 $(r_1 + r_2)/2$ を総合的な指標として使うのが望ましくない理由は何でしょうか。

【2】 4.3.1 項の例題で，実際に F 値を計算してみてください。

【3】 正常と異常のラベルが付けられた N 個の標本を含む訓練データ $\mathcal{D}$ を使って k 近傍法による異常検知手法を構成することを考えます。一般に，新たな観測値 $\boldsymbol{x}'$ の異常を，ラベル付きデータを使って判定するためには，つぎの**対数尤度比**と呼ばれる量を異常度として使うのがある意味で最適であることが知られています（**ネイマン=ピアソンの補題**）。

$$a(\boldsymbol{x}') = \ln \frac{p(\boldsymbol{x}' \mid y = +1)}{p(\boldsymbol{x}' \mid y = -1)} \tag{4.12}$$

ただし，$p(\boldsymbol{x} \mid y = +1)$ は異常標本に対する $\boldsymbol{x}$ の確率密度関数で，$p(\boldsymbol{x} \mid y = -1)$ は正常標本に対する確率密度関数です。k 近傍法を使ってこれらを推定するためにはどのようにすればよいでしょうか。

【4】 k 近傍法で異常検知をする際，近傍数 k は，一つ抜き交差検証法において，F 値を最大にするように決定するのが妥当な方法の一つです。その手順を書いてみてください。

【5】 2.5.1 項の定理 2.7 を用いて，独立に $\mathcal{N}(\boldsymbol{\mu}, \Sigma)$ に従う N 個の標本からつくられる標本平均 $\hat{\boldsymbol{\mu}} = \frac{1}{N}\sum_{n=1}^{N} \boldsymbol{x}^{(n)}$ の従う確率分布を求めてください。また，その結果を用いて

$$\sqrt{N}(\hat{\boldsymbol{\mu}} - \boldsymbol{\mu}) \sim \mathcal{N}(\mathbf{0}, \Sigma) \tag{4.13}$$

を証明してください。同様の結果が（ゆるい条件の下）任意の分布に従う標本集合について成り立ち，**中心極限定理**と呼ばれています。

【6】 スカラー変数 θ の関数 $\ell(\theta)$ が $\hat{\theta}$ にて最大値をもち，その近傍で 2 回微分可能だとします。いま，定数 C を $C \equiv - \left.\frac{\mathrm{d}^2\ell}{\mathrm{d}\theta^2}\right|_{\theta=\hat{\theta}}$ により定義すると，これは仮定より正値となります。このとき，ガウス積分に対する定理 A.6 を使い，$N \to \infty$ においてつぎの近似式が成り立つことを証明してください。

$$\int_{-\infty}^{\infty} \mathrm{d}\theta \, \mathrm{e}^{N\ell(\theta)} \approx \sqrt{\frac{2\pi}{NC}} \mathrm{e}^{N\ell(\hat{\theta})} \tag{4.14}$$

これは**ラプラス近似**と呼ばれる結果で，BIC の導出において使われます。

5

不要な次元を含むデータからの異常検知

この章では，変数の間に隠れた関係があると推定される場合の異常検知の手法を考えます。ある系を例えば100個のセンサーで監視していたとしても，センサーはそれぞれ独立とはかぎりません。例えば流量と流速のように，なにかの関係をもつ場合があります。このような場合，観測量からそのまま確率分布をつくろうとしてもうまくいきません。この章では主成分分析と呼ばれる手法を中心に，データをコンパクトに表現する方法を学び，それをどのように異常検知に使うかを考えます。

5.1　次元削減による異常検知の考え方

まず，変数間に関係があるということのイメージをざっくりとつかんでおきましょう。**図 5.1** に典型的な状況を示しました。この例では3個のセンサーにより系を監視する状況を考えています。観測値の分布は，あたかもアンドロメダ星雲のように灰色の平面の上に乗っています。これは，センサーの測定値は，状況によっていろいろばらつくにせよ，$x_3 = ax_1 + bx_2$ のような関係が近似的に成り立っているということを意味します。a と b はある定数です。このような関係がある場合，例えば2章で考えたホテリング理論を使って異常検知をしようとしてもうまくいきません。数式的にいえば，式 (2.30) における共分散行列 $\boldsymbol{\Sigma}$ の逆行列が計算できなくなるからです。

この場合の自然な異常検知の方法はつぎのとおりです。まず，正常データ（もしくは正常データが圧倒的多数と信じられるデータ）から灰色の平面を求めておきます。この場合は2次元の平面ですが，一般的には2次元以上になるので，

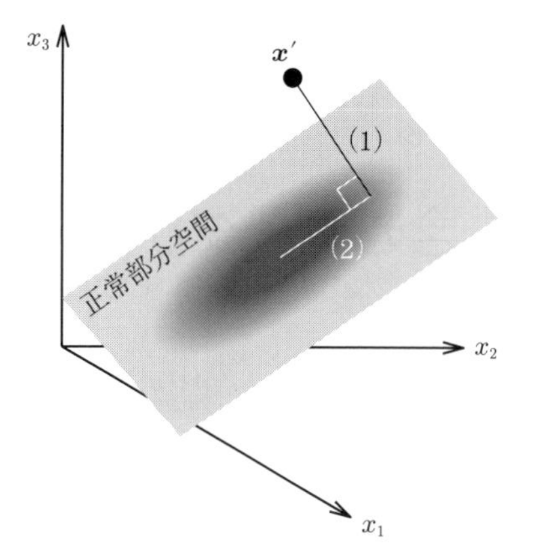

図 5.1　正常部分空間を用いた異常検知の考え方

これを**正常部分空間**と呼ぶことにします（異常検知以外の応用も想定した場合は**主部分空間**と呼ぶこともあります）。新しいデータ点 $\boldsymbol{x}'$ が来たとすると，まずは，(1) $\boldsymbol{x}'$ が正常部分空間とどれだけ離れているかという観点で異常度を求め，次いで，(2) 正常部分空間で通常考えられる分布からしてどれだけ異常なのかを考えます。この見方を図 5.1 に模式的に表しました。ここで最大の課題は，正常部分空間をどのように求めるかという問題です。次節において正常部分空間の具体的な計算方法を考え，そのつぎの節で異常度の定義について考えます。

5.2　主成分分析による正常部分空間の算出

主成分分析は $\mathcal{D}$ から正常部分空間を求めるための最も一般的な方法です。これには，分散最大化規準とノルム最大化規準という二つの考え方があります。これらについて以下それぞれ見てゆきます。

前章までと同様，M 次元ベクトル N 個が標本として $\mathcal{D} = \{\boldsymbol{x}^{(1)}, \ldots, \boldsymbol{x}^{(N)}\}$ のように与えられていると考え，$\mathcal{D}$ の中には正常標本しかないか，正常標本の割合が圧倒的多数だと信じられると仮定します。標本平均ベクトルと標本共分散行列をそれぞれ

$$\hat{\boldsymbol{\mu}} \equiv \frac{1}{N}\sum_{n=1}^{N}\boldsymbol{x}^{(n)}, \qquad \hat{\Sigma} \equiv \frac{1}{N}\sum_{n=1}^{N}(\boldsymbol{x}^{(n)} - \hat{\boldsymbol{\mu}})(\boldsymbol{x}^{(n)} - \hat{\boldsymbol{\mu}})^\top \tag{5.1}$$

と表しておきます。また，**散布行列**（scatter matrix）S という行列を

$$\mathsf{S} \equiv \sum_{n=1}^{N}(\boldsymbol{x}^{(n)} - \hat{\boldsymbol{\mu}})(\boldsymbol{x}^{(n)} - \hat{\boldsymbol{\mu}})^\top \tag{5.2}$$

のように定義しておきます。

これらの式は，データ行列 $\mathsf{X} \equiv [\boldsymbol{x}^{(1)}, \ldots, \boldsymbol{x}^{(N)}]$ を使って簡潔に表現できます。まず，式 (2.26) の中心化行列 H_N を用いると

$$\tilde{\mathsf{X}} \equiv \mathsf{X}\mathsf{H}_N = \left[\boldsymbol{x}^{(1)} - \hat{\boldsymbol{\mu}},\ \ldots,\ \boldsymbol{x}^{(N)} - \hat{\boldsymbol{\mu}}\right] \tag{5.3}$$

となることを思い出します。$\tilde{\mathsf{X}}$ はもちろん，標本平均がゼロになるように原点を調整したデータ行列に対応しています。これを使うと，標本共分散行列と散布行列は

$$\hat{\Sigma} = \frac{1}{N}\tilde{\mathsf{X}}\tilde{\mathsf{X}}^\top = \frac{1}{N}\mathsf{X}\mathsf{H}_N\mathsf{X}^\top, \qquad \mathsf{S} = \tilde{\mathsf{X}}\tilde{\mathsf{X}}^\top = \mathsf{X}\mathsf{H}_N\mathsf{X}^\top \tag{5.4}$$

と簡潔に書くことができます。ここで，H_N は対称で，$\mathsf{H}_N^2 = \mathsf{H}_N$ が成り立つことを使いました。

5.2.1　分散最大化規準による正常部分空間

正常部分空間の次元を m と表すことにし，正常部分空間が正規直交基底 $\boldsymbol{u}_1, \boldsymbol{u}_2, \ldots, \boldsymbol{u}_m$ で張られているとします。正常部分空間の基底をさしあたり一つ求めることにし，表記を簡潔にするためそれを $\boldsymbol{u}$ とおきます。

先の図 5.1 からも想像できるとおり，正常部分空間とは，標本の広がりを最もよく表現する空間とみなせます。標本の広がりを表す指標はいくつか考えられますが，一つの代表的な指標は分散です。この考えに従うと，基底ベクトル $\boldsymbol{u}$ に沿った分散を $\boldsymbol{u}$ の式で表し，それを最大化することで $\boldsymbol{u}$ を求めることができるはずです。

一般に，単位ベクトル $\boldsymbol{u}$ に沿った $\boldsymbol{x}^{(n)}$ の成分は，$\boldsymbol{u}^\top\boldsymbol{x}^{(n)}$ と書けます。したがって，その標本平均は

$$\frac{1}{N}\sum_{n=1}^{N}\boldsymbol{u}^\top\boldsymbol{x}^{(n)} = \frac{1}{N}\boldsymbol{u}^\top\sum_{n=1}^{N}\boldsymbol{x}^{(n)} = \boldsymbol{u}^\top\hat{\boldsymbol{\mu}}$$

のようになります。したがって，$\boldsymbol{u}$ に沿った標本分散が

$$\frac{1}{N}\sum_{n=1}^{N}\left[\boldsymbol{u}^\top(\boldsymbol{x}^{(n)} - \hat{\boldsymbol{\mu}})\right]^2 = \boldsymbol{u}^\top\hat{\Sigma}\boldsymbol{u} \tag{5.5}$$

となることがわかります。したがって，$\boldsymbol{u}$ は $\boldsymbol{u}^\top\hat{\Sigma}\boldsymbol{u}$ を最大化する方向ということになります。

共分散行列の代わりに散布行列 $\mathsf{S} = N\hat{\Sigma}$ を使って表すと，$\boldsymbol{u}$ を求める問題がつぎのように書けることがわかります。

$$\boldsymbol{u}^\top\mathsf{S}\boldsymbol{u} \quad\rightarrow\quad \text{最大化} \quad \text{subject to} \quad \boldsymbol{u}^\top\boldsymbol{u} = 1 \tag{5.6}$$

付録 A.6 節で説明した手順で，ラグランジュ乗数 λ を使ってこの制約条件を取り込むと，$\boldsymbol{u}$ の最適解の満たすべき条件式はつぎのようになります。

$$\boldsymbol{0} = \frac{\partial}{\partial\boldsymbol{u}}\left[\boldsymbol{u}^\top\mathsf{S}\boldsymbol{u} - \lambda\boldsymbol{u}^\top\boldsymbol{u}\right] \tag{5.7}$$

素朴に微分を実行すると

$$\mathsf{S}\boldsymbol{u} = \lambda\boldsymbol{u} \quad \text{すなわち} \quad \tilde{\mathsf{X}}\tilde{\mathsf{X}}^\top\boldsymbol{u} = \lambda\boldsymbol{u} \tag{5.8}$$

が得られます。さらに，関係 $\mathsf{S} = N\hat{\Sigma}$ と，$\boldsymbol{u}^\top\boldsymbol{u} = 1$ に注意すると，式 (5.5) と式 (5.8) から，$\boldsymbol{u}$ に沿った標本の分散が

$$\frac{1}{N}\boldsymbol{u}^\top\mathsf{S}\boldsymbol{u} = \frac{1}{N}\boldsymbol{u}^\top(\lambda\boldsymbol{u}) = \frac{\lambda}{N} \tag{5.9}$$

となることがわかります。

線形代数でよく知られているように，実対称行列の固有値は実数で，異なる固有値に属する固有ベクトルは直交します。式 (5.9) によれば，固有値と分散は比例しますから，分散を最大化するという規準を使った場合，正常部分空間の基底としての最善の選択は，S の固有ベクトルのうち，固有値の大きいものから m 個とればよいことがわかります。

正規直交基底 $\boldsymbol{u}_1, \ldots, \boldsymbol{u}_m$ において張られる空間においては，元の M 次元ベクトルが m 次元のベクトルとして表現されます。例えば，n 番目の標本は

$$\boldsymbol{z}^{(n)} \equiv \mathsf{U}_m^\top (\boldsymbol{x}^{(n)} - \hat{\boldsymbol{\mu}}) \tag{5.10}$$

になります。ただし，U_m は求めた正規直交基底を列に並べた $M \times m$ の行列で，$\mathsf{U}_m \equiv [\boldsymbol{u}_1, \ldots, \boldsymbol{u}_m]$ で定義されます。m は元の次元 M よりも小さくとられますので，これは，元の次元を減らした新しい表現を得たのと同等です。これが**次元削減**という用語の由来です。ここで実用上の問題は，m をどう選ぶかという点です。これについては 5.3.3 項で簡単に述べます。

5.2.2 ノルム最大化規準による正常部分空間

正常部分空間は，標本が最も広がって分布しているとみなせる空間のことですが，分散の他にも分布の広がりを表す方法はあります。図 5.1 を見つつ，$\boldsymbol{x}^{(n)} - \hat{\boldsymbol{\mu}}$ の一次結合

$$(\boldsymbol{x}^{(1)} - \hat{\boldsymbol{\mu}})v_1 + \cdots + (\boldsymbol{x}^{(N)} - \hat{\boldsymbol{\mu}})v_N \quad \text{すなわち} \quad \tilde{\mathsf{X}}\boldsymbol{v}$$

を考えてみます。ただし，$\boldsymbol{v} = [v_1, v_2, \ldots, v_N]^\top$ とします。これはもちろん，係数 $\{v_i\}$ 次第でさまざまな方向に向きます。いま，$\boldsymbol{v}$ の長さを一定に保ちつつ，係数をいろいろ調整して，このベクトルの長さ $\|\tilde{\mathsf{X}}\boldsymbol{v}\|$ が最大になるような方向が見つかったとしましょう。それは**図 5.2** に描いた白い矢印たちの中で最も「人気のある方向」であり，正常部分空間の基底の方向と一致するはずです。このことを式で表すとつぎのようになります。

$$\|\tilde{\mathsf{X}}\boldsymbol{v}\|^2 \quad \to \quad \text{最大化} \quad \text{subject to} \quad \boldsymbol{v}^\top \boldsymbol{v} = 1 \tag{5.11}$$

式 (5.7) 同様，今度はラグランジュ乗数を ν とおいて最大化の条件を求めると

$$\boldsymbol{0} = \frac{\partial}{\partial \boldsymbol{v}} \left[\boldsymbol{v}^\top \tilde{\mathsf{X}}^\top \tilde{\mathsf{X}} \boldsymbol{v} - \nu \boldsymbol{v}^\top \boldsymbol{v} \right]$$

から

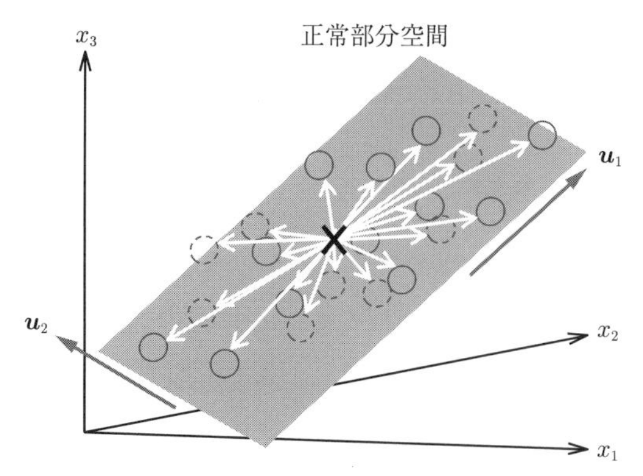

図 5.2　正常部分空間における標本の分布の広がりの様子（中心の × が標本平均，白い矢印が $\boldsymbol{x}^{(n)} - \hat{\boldsymbol{\mu}}$ を表している）

$$\tilde{\mathsf{X}}^\top \tilde{\mathsf{X}} \boldsymbol{v} = \nu \boldsymbol{v} \quad \text{または} \quad \mathsf{H}_N \mathsf{X}^\top \mathsf{X} \mathsf{H}_N \boldsymbol{v} = \nu \boldsymbol{v} \tag{5.12}$$

が求まります。これは，上に定義した N 個の係数が，$N \times N$ 行列 $\tilde{\mathsf{X}}^\top \tilde{\mathsf{X}}$ の固有ベクトルとして求められることを意味しています。上式に現れる行列 $\mathsf{X}^\top \mathsf{X}$ は，(i, j) 成分が $\boldsymbol{x}^{(i)\top} \boldsymbol{x}^{(j)}$ という内積で与えられる特殊な行列です。これを**グラム行列**と呼びます。

この場合も，実対称行列の固有ベクトルが正規直交系を張ること，また，最大化すべき式 $\|\tilde{\mathsf{X}} \boldsymbol{v}\|^2 = \boldsymbol{v}^\top \tilde{\mathsf{X}}^\top \tilde{\mathsf{X}} \boldsymbol{v}$ が固有値そのものになることを考えると，グラム行列の固有値の大きい順から m 本の固有ベクトルを選べばよいことがわかります。そうして求められた $\boldsymbol{v}_1, \ldots, \boldsymbol{v}_m$ から $\tilde{\mathsf{X}} \boldsymbol{v}_1, \ldots, \tilde{\mathsf{X}} \boldsymbol{v}_m$ をつくれば，それが正常部分空間の基底です。正規直交基底 $\boldsymbol{u}_1, \ldots, \boldsymbol{u}_m$ を求めるためには

$$\boldsymbol{u}_i = \frac{1}{\sqrt{\nu_i}} \tilde{\mathsf{X}} \boldsymbol{v}_i \tag{5.13}$$

とすればいいことがただちにわかります。なぜなら

$$\boldsymbol{u}_i^\top \boldsymbol{u}_j = \frac{1}{\sqrt{\nu_i \nu_j}} \boldsymbol{v}_i^\top \tilde{\mathsf{X}}^\top \tilde{\mathsf{X}} \boldsymbol{v}_j = \frac{1}{\sqrt{\nu_i \nu_j}} \nu_j \boldsymbol{v}_i^\top \boldsymbol{v}_j = \frac{1}{\sqrt{\nu_i \nu_j}} \nu_j \delta_{i,j} = \delta_{i,j}$$

となるからです。

5.2.3 二つの規準の等価性と特異値分解

二つの固有値問題 (5.8) と (5.12) を並べてみると面白いことに気づきます。双方の第 i 番目の固有ベクトルに注目したとすると

$$\tilde{\mathsf{X}}\tilde{\mathsf{X}}^\top \boldsymbol{u}_i = \lambda_i \boldsymbol{u}_i, \qquad \tilde{\mathsf{X}}^\top \tilde{\mathsf{X}} \boldsymbol{v}_i = \nu_i \boldsymbol{v}_i \tag{5.14}$$

ですが，最初の式に左から $\tilde{\mathsf{X}}^\top$ を掛け，2 番目の式に左から $\tilde{\mathsf{X}}$ を掛けると

$$\tilde{\mathsf{X}}^\top \tilde{\mathsf{X}}(\tilde{\mathsf{X}}^\top \boldsymbol{u}_i) = \lambda_i(\tilde{\mathsf{X}}^\top \boldsymbol{u}_i), \qquad \tilde{\mathsf{X}}\tilde{\mathsf{X}}^\top(\tilde{\mathsf{X}}\boldsymbol{v}_i) = \nu_i(\tilde{\mathsf{X}}\boldsymbol{v}_i) \tag{5.15}$$

が得られます。これと式 (5.14) を見比べると，括弧の中のベクトルが固有ベクトルに対応していることがわかります。m が $\tilde{\mathsf{X}}$ の階数を下回っていないかぎり，一つの固有値に対応する固有ベクトルの方向は一意に決められるので，ただちに，$\lambda_i = \nu_i$ がわかります。同時に，$\tilde{\mathsf{X}}\boldsymbol{v}_i \propto \boldsymbol{u}_i$，$\tilde{\mathsf{X}}^\top \boldsymbol{u}_i \propto \boldsymbol{v}_i$ でなければなりませんが，式 (5.14) に $\lambda_i = \nu_i$ を使うと

$$\|\tilde{\mathsf{X}}^\top \boldsymbol{u}_i\|^2 = \boldsymbol{u}_i^\top \tilde{\mathsf{X}}\tilde{\mathsf{X}}^\top \boldsymbol{u}_i = \lambda_i, \qquad \|\tilde{\mathsf{X}}\boldsymbol{v}_i\|^2 = \boldsymbol{v}_i^\top \tilde{\mathsf{X}}^\top \tilde{\mathsf{X}} \boldsymbol{v}_i = \lambda_i$$

なので，結局

$$\tilde{\mathsf{X}}\tilde{\mathsf{X}}^\top \boldsymbol{u}_i = \lambda_i \boldsymbol{u}_i, \qquad \tilde{\mathsf{X}}^\top \tilde{\mathsf{X}} \boldsymbol{v}_i = \lambda_i \boldsymbol{v}_i \tag{5.16}$$

$$\tilde{\mathsf{X}}^\top \boldsymbol{u}_i = \sqrt{\lambda_i}\boldsymbol{v}_i, \qquad \tilde{\mathsf{X}}\boldsymbol{v}_i = \sqrt{\lambda_i}\boldsymbol{u}_i \tag{5.17}$$

という関係式が得られます。要するに，二つの固有値問題の固有値は一致し，固有ベクトル同士も式 (5.17) によって相互変換できることがわかります。

これらの関係から，任意の行列の分解に使える非常に有用な関係式が得られます。$M < N$（標本数のほうが変数の数よりも大きい）と仮定しましょう。式 (5.17) の第 1 式に着目します。$\tilde{\mathsf{X}}$ の階数を r とすると，一般に，$\tilde{\mathsf{X}}^\top \tilde{\mathsf{X}}$ も $\tilde{\mathsf{X}}\tilde{\mathsf{X}}^\top$ も同様に階数 r をもつので†，式 (5.16) からは r 本の正規直交基底が得られます。$\boldsymbol{u}_1, \ldots, \boldsymbol{u}_r$ は M 次元ベクトルです。M 次元空間は M 個の基底で張られますので，これらの r 個の基底に，適当な $M - r$ 本の正規直交ベクトルを加え

† 例えばストラング[29] の 3 章参照。

ることで M 個の正規直交基底をつくることがつねに可能です。それらのベクトルを並べて

$$\mathsf{U}_M \equiv [\boldsymbol{u}_1, \ldots, \boldsymbol{u}_r, \boldsymbol{u}_{r+1}, \ldots, \boldsymbol{u}_M] \tag{5.18}$$

という $M \times M$ 行列をつくります。これは直交行列となります。同様に，適当な正規直交ベクトルを $M-r$ 本加えて，M 本の N 次元正規直交基底 $\boldsymbol{v}_1, \ldots, \boldsymbol{v}_M$ をつくることがつねに可能で，それからつくられる $N \times M$ 次元の行列を $\mathsf{V}_M \equiv [\boldsymbol{v}_1, \ldots, \boldsymbol{v}_M]$ と書いておきます。

これらを使うと，式 (5.17) の第 1 式を $i = 1, 2, \ldots, M$ について列ベクトルとして並べて行列で表記したものを

$$\tilde{\mathsf{X}}^\top \mathsf{U}_M = \mathsf{V}_M \Lambda_M^{1/2} \tag{5.19}$$

と書くことができることがわかります。Λ_M は，$M \times M$ 次元の対角行列で

$$\Lambda_M \equiv \mathrm{diag}(\lambda_1, \ldots, \lambda_r, 0, \ldots, 0)$$

で定義されます。

U_M は，$M \times M$ の直交行列であり，$\mathsf{U}_M^\top \mathsf{U}_M = \mathsf{U}_M \mathsf{U}_M^\top = \mathsf{I}_M$ を満たすので，式 (5.19) の両辺に右から $\mathsf{U}_M^\top$ を掛け，全体を転置すると

$$\tilde{\mathsf{X}} = \mathsf{U}_M \Lambda_M^{1/2} \mathsf{V}_M^\top \tag{5.20}$$

という式が得られます。これは $\tilde{\mathsf{X}}$ という $M \times N$ の長方形行列を，直交行列と対角行列を使って分解したことに対応しています。これは正方行列にのみ定義される固有値分解の一般化に対応しており，特に**特異値分解**という名前で呼ばれます。

なお，式 (5.20) から，Λ_M のゼロ対角要素に対応する部分を省略して，**図 5.3** のように

$$\tilde{\mathsf{X}} = \mathsf{U}_r \Lambda_r^{1/2} \mathsf{V}_r^\top \tag{5.21}$$

と，よりコンパクトに表記することができます。ただし，$\mathsf{U}_r \equiv [\boldsymbol{u}_1, \ldots, \boldsymbol{u}_r]$，

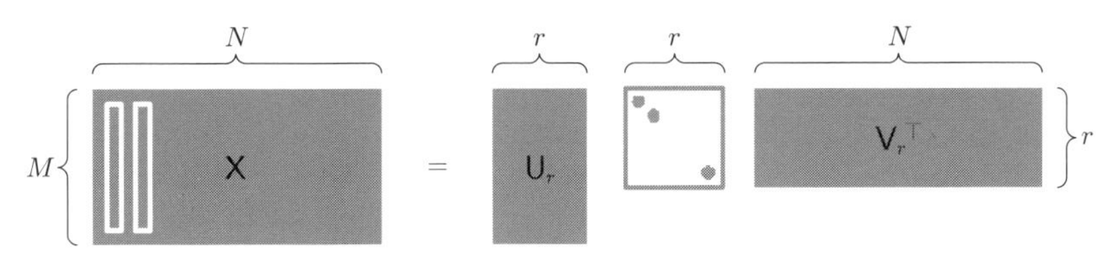

図 5.3 特異値分解の説明

$\mathsf{V}_r \equiv [\boldsymbol{v}_1, \ldots, \boldsymbol{v}_r]$，$\Lambda_r \equiv \mathrm{diag}(\lambda_1, \ldots, \lambda_r)$ です。

$N < M$ の場合は，$\tilde{\mathsf{X}}$ の転置行列を考えることで上と同様の議論が成り立ちます。

以上，一般的に成り立つ結果を定理の形で以下にまとめておきます。

定理 5.1 (特異値分解) 階数 r をもつ任意の $M \times N$ 行列 A はつぎのように分解される。これを A の特異値分解と呼ぶ。

$$\mathsf{A} = \mathsf{U}_r \Gamma_r^{1/2} \mathsf{V}_r^\top = \sum_{l=1}^{r} \sqrt{\gamma_r} \boldsymbol{u}_l \boldsymbol{v}_l^\top \tag{5.22}$$

ただし Γ_r は $\gamma_1, \ldots, \gamma_r$ を対角要素にもつ対角行列である。$\mathsf{U}_r \equiv [\boldsymbol{u}_1, \ldots, \boldsymbol{u}_r]$ および $\mathsf{V}_r \equiv [\boldsymbol{v}_1, \ldots, \boldsymbol{v}_r]$ の列ベクトルは，つぎの固有値方程式を満たす規格化された固有ベクトルである。

$$\mathsf{A}\mathsf{A}^\top \boldsymbol{u}_l = \gamma_l \boldsymbol{u}_l, \qquad \mathsf{A}^\top \mathsf{A} \boldsymbol{v}_l = \gamma_l \boldsymbol{v}_l \tag{5.23}$$

$\{\boldsymbol{u}_l\}$ を A の**左特異ベクトル**，$\{\boldsymbol{v}_l\}$ を A の**右特異ベクトル**と呼び，左右の特異ベクトルはつぎの関係式で結ばれる。

$$\mathsf{A}^\top \boldsymbol{u}_l = \sqrt{\gamma_l} \boldsymbol{v}_l, \qquad \mathsf{A} \boldsymbol{v}_l = \sqrt{\gamma_l} \boldsymbol{u}_l \tag{5.24}$$

以上より，データ行列 X から正常部分空間を求めるためには三つの異なる（しかし等価な結果を与える）計算方法があることがわかります。これらの方法を使い正常部分空間に標本を線形射影することで次元削減を行う手法を**主成分分析**，正常部分空間の基底（またはその方向の成分）のことを**主成分**と呼びます。

以下に簡単にまとめておきましょう。

(1) $M \times M$ の標本共分散行列 $\hat{\Sigma}$ の上位 m 個の規格化された固有ベクトル $\boldsymbol{u}_1, \ldots, \boldsymbol{u}_m$ を求めると，それらが正常部分空間の正規直交基底となる。

(2) $N \times N$ の中心化グラム行列の上位 m 個の規格化された固有ベクトル $\boldsymbol{v}_1, \ldots, \boldsymbol{v}_m$ を求め，$\boldsymbol{u}_l = (1/\sqrt{\lambda_l})\tilde{\mathsf{X}}\boldsymbol{v}_l$ とおく。$\{\boldsymbol{u}_l\}$ が正常部分空間の正規直交基底となる。

(3) $M \times N$ 行列 $\tilde{\mathsf{X}}$ の特異値分解を行う。規格化された左特異ベクトル $\boldsymbol{u}_1, \ldots, \boldsymbol{u}_m$ を求めると，それらが正常部分空間の正規直交基底となる。

取り出す主成分の数 m が行列の階数と一致しないときは，式 (5.22) は等式ではなくて近似式とみなされます。詳細は省略しますが，特異値分解は，二乗誤差の意味で最善の低階数近似であることを証明できます（章末問題【**7**】参照）。

上記三つの計算法の使い分けは，M と N の大小関係，およびなにがデータとして与えられるかにより行います。例えば，グラム行列を用いた定式化においては，いったんグラム行列をつくってさえしまえば，データのもともとの次元数 M にはまったくさわらずに主成分を求めることができます。この性質を利用したのが 5.5 節で簡単に述べるカーネル主成分分析です。

5.3　主成分分析による異常検知

前節で正常部分空間を求めるための手法を説明しました。本節では，その幾何学的なイメージを基に直感的に異常度を定義します。次いで，実用上重要な部分空間の次元数 m の選択法に簡単にふれ，前節に述べた主成分分析のための二つの規準に関連して二つの例題を紹介します。

5.3.1　異常度の定義

いま，主成分分析により，M 次元空間の正規直交基底 m 個が $\boldsymbol{u}_1, \ldots, \boldsymbol{u}_m$ のように求められたとします。図 5.1 を思い出して，任意の入力 $\boldsymbol{x}'$ を直交する二つの成分に分けます。

$$\boldsymbol{x}' - \hat{\boldsymbol{\mu}} = \boldsymbol{x}'_{(1)} + \boldsymbol{x}'_{(2)} \tag{5.25}$$

ここで $\boldsymbol{x}'_{(1)}$ は正常部分空間からはみ出る成分，$\boldsymbol{x}'_{(2)}$ は正常部分空間の成分です。$\hat{\boldsymbol{\mu}}$ は標本平均です。主成分を用いると後者はつぎのように表せます。

$$\boldsymbol{x}'_{(2)} = \sum_{l=1}^{m} \boldsymbol{u}_i\, \boldsymbol{u}_i^\top (\boldsymbol{x}' - \hat{\boldsymbol{\mu}}) = \mathsf{U}_m \mathsf{U}_m^\top (\boldsymbol{x}' - \hat{\boldsymbol{\mu}}) \tag{5.26}$$

ただし，$\mathsf{U}_m \equiv [\boldsymbol{u}_1, \ldots, \boldsymbol{u}_m]$ とおきました。したがって

$$\boldsymbol{x}'_{(1)} = (\boldsymbol{x}' - \hat{\boldsymbol{\mu}}) - \boldsymbol{x}'_{(2)} = \left[\mathsf{I}_M - \mathsf{U}_m \mathsf{U}_m^\top\right] (\boldsymbol{x}' - \hat{\boldsymbol{\mu}}) \tag{5.27}$$

となります。I_M は M 次元の単位行列です。

直感的に考えると，正常部分空間からのはみ出しの大きさ（の 2 乗）$\|\boldsymbol{x}'_{(1)}\|^2$ が大きいほど異常の度合いは高いと考えられるので，主成分分析による異常度をつぎのように定義できることがわかります（$\mathsf{U}_m \mathsf{U}_m^\top \mathsf{U}_m \mathsf{U}_m^\top = \mathsf{U}_m \mathsf{U}_m^\top$ に注意）。

$$a_1(\boldsymbol{x}') = \|\boldsymbol{x}'_{(1)}\|^2 = (\boldsymbol{x}' - \hat{\boldsymbol{\mu}})^\top \left[\mathsf{I}_M - \mathsf{U}_m \mathsf{U}_m^\top\right] (\boldsymbol{x}' - \hat{\boldsymbol{\mu}}) \tag{5.28}$$

この量は，主成分のみを使って $\boldsymbol{x}' - \hat{\boldsymbol{\mu}}$ を表現したときに，どれだけの長さが失われるかを表したものと解釈できます。この意味で，**再構成誤差**による異常度，と呼ぶことができます。

基本的にこれでよいのですが，$M \gg N$ の場合，すなわち標本数 N より次元 M が高い場合，M 次元ベクトルである $\boldsymbol{u}_i$ を明示的に考えるのは記憶容量や計算効率の観点で得策ではありません。この場合は，式 (5.21) において $r = m$ とした式に，右から $\mathsf{V}_m \Lambda_m^{-1/2}$ を掛けて得られる

$$\mathsf{U}_m = \tilde{\mathsf{X}} \mathsf{V}_m \Lambda_m^{-1/2} \tag{5.29}$$

を使うことで，N 次元または m 次元の量だけを使い

$$a_1(\boldsymbol{x}') = \|\boldsymbol{x}' - \hat{\boldsymbol{\mu}}\|^2 - \|\Lambda_m^{-1/2} \mathsf{V}_m^\top \tilde{\mathsf{X}}^\top (\boldsymbol{x}' - \hat{\boldsymbol{\mu}})\|^2 \tag{5.30}$$

のように計算できます。これは，元の M 次元の（中心化した）入力 $\boldsymbol{x}' - \hat{\boldsymbol{\mu}}$ の

長さの 2 乗と，正常部分空間における m 次元の対応物

$$\boldsymbol{z}' = \mathsf{\Lambda}_m^{-1/2}\mathsf{V}_m^\top\tilde{\mathsf{X}}^\top(\boldsymbol{x}' - \hat{\boldsymbol{\mu}}) \tag{5.31}$$

の長さの 2 乗の差になっています。

5.3.2 ホテリングの T^2 との関係

異常度 (5.28) と，2.4.2 項で定義したホテリングの T^2 による異常度 (2.35) との関係を考えてみましょう。式 (5.28) と見比べると，共分散行列の逆行列 $\hat{\mathsf{\Sigma}}^{-1}$ に $\mathsf{I}_M - \mathsf{U}_m\mathsf{U}_m^\top$ が対応していることがわかります。いま，$\hat{\mathsf{\Sigma}}$ の階数 r が「ほぼ」主成分の数 m に等しいとしましょう。この場合，S の M 個の可能な固有値のうち，λ_1 から λ_m までがある大きい値となり，それ以降，λ_{m+1} から λ_M まではほぼ 0 となります。後者を小さい正数ということで，ϵ という一つの定数で代表させることにしましょう。すると，固有値分解により

$$\hat{\mathsf{\Sigma}}^{-1} = N\mathsf{U}_M\mathsf{\Lambda}_M^{-1}\mathsf{U}_M^\top = \sum_{i=1}^{m}\frac{N}{\lambda_i}\boldsymbol{u}_i\boldsymbol{u}_i^\top + \frac{N}{\epsilon}\sum_{j=m+1}^{M}\boldsymbol{u}_j\boldsymbol{u}_j^\top \tag{5.32}$$

と表せます。ここで第 2 項において

$$\mathsf{I}_M = \mathsf{U}_M\mathsf{U}_M^\top = \sum_{j=1}^{M}\boldsymbol{u}_j\boldsymbol{u}_j^\top = \mathsf{U}_m\mathsf{U}_m^\top + \sum_{j=m+1}^{M}\boldsymbol{u}_j\boldsymbol{u}_j^\top \tag{5.33}$$

に注意すると，ホテリング理論に基づく異常度 $a_{T^2}(\boldsymbol{x}')$ が

$$\begin{aligned} a_{T^2}(\boldsymbol{x}') &= (\boldsymbol{x}' - \hat{\boldsymbol{\mu}})^\top\hat{\mathsf{\Sigma}}_m^{-1}(\boldsymbol{x}' - \hat{\boldsymbol{\mu}}) \\ &\quad + \frac{N}{\epsilon}(\boldsymbol{x}' - \hat{\boldsymbol{\mu}})^\top[\mathsf{I}_M - \mathsf{U}_m\mathsf{U}_m^\top](\boldsymbol{x}' - \hat{\boldsymbol{\mu}}) \end{aligned} \tag{5.34}$$

と書けることがわかります。ただし，$\hat{\mathsf{\Sigma}}_m^{-1} \equiv N\mathsf{U}_m\mathsf{\Lambda}_m^{-1}\mathsf{U}_m^\top$ と定義しました。上記 a_{T^2} の式において，第 2 項は，先に掲げた再構成誤差による異常度 (5.28) の N/ϵ 倍に他ならないことがわかります。ϵ は仮定よりほぼゼロに近い値となりますので，その逆数は巨大な値になりえます。したがって，ホテリング理論による異常度は，再構成誤差による異常度 (5.28) でよく近似できることがわかります。改めて書くとつぎのとおりです。

$$a_{T^2}(\boldsymbol{x}') \approx \frac{N}{\epsilon} a_1(\boldsymbol{x}') \tag{5.35}$$

本章ではここまで確率分布について特に言及はしてきませんでしたが，上記関係式によれば，主成分分析による異常検知は，多変量正規分布による分布推定，異常度の定義，という通常のステップを踏んでいるのと実質的に同じです。もしそうであるならば，明示的に確率分布を考えることによりさらなる手法の発展が期待できるのではないか，と考えるのは自然な発想です。この点は 5.4 節で詳しく述べましょう。

5.3.3 次元 m の選択

主成分分析の次元 m について，理論上最も適切な選択は，中心化データ行列 $\tilde{\mathsf{X}}$ の階数 r と一致させることです。この場合は，正常部分空間にすべてのデータ点が分布しているわけですから，$\tilde{\mathsf{X}}$ の情報をいささかも失うことなくコンパクトな表現が得られます。しかし実用上は，データにはノイズがつきものであり，ノイズの寄与により，見かけ上の階数が次元数 M と近い値となるのが普通です。そのため，いかに「実質上の階数」を見つけるかが問題になります。

この用途で一般に使われるのが累積寄与率という量です。例えば $M = 10$ として，主成分分析の結果，10 個の固有値 $\lambda_1, \ldots, \lambda_{10}$ が計算されたとします。このとき，第 3 番目までの主成分の累積寄与率は

$$(\text{累積寄与率})_{m=3} = \frac{\lambda_1 + \lambda_2 + \lambda_3}{\lambda_1 + \cdots + \lambda_{10}} \tag{5.36}$$

と計算できます。式 (5.9) 式によれば固有値は，主成分の方向の標本分散を表しています。したがって累積寄与率は，分散がどれだけすくい上げられているかの指標になります。実用上，90%とか 80%という値が目安としてよく使われるようです。

累積寄与率の一つの問題は，元の次元数 M が非常に大きい場合に，重要な主成分の寄与が小さめに見積もられる可能性があることです。これは小さい固有値でも何個も足し込んでゆくと結果的に大きな値になりえる，という事実に

基づきます。この点を考慮して（あるいは考慮せずとも素朴に），「エルボー則」などと呼ばれる規準も実用上よく使われます。これは固有値を大きい順に棒グラフで表してみて，特に大きそうな固有値を採用する，というそれだけの話です。特に，非負値からなるデータでは，第1固有値が圧倒的に大きく，その他めぼしいものは第2，第3固有値くらいで，あとの固有値は非常に小さいということがよくあります。その場合は，累積寄与度にかかわらず，圧倒的に大きいと思われる固有値を数個とればよいでしょう。エルボーというのは，棒グラフが急に小さくなるところを「ひじ」に見立ててのことです。この実例は次節にて紹介しましょう。

5.3.4 Rでの実行例

本節では主成分分析を用いた異常検知を実際のデータを使って行ってみます。まず手順をまとめます。

手順 5.1 (主成分分析による異常検知)

1) ステップ1（正常部分空間の計算）：　主成分の数 m を決めておく。また，標本平均 $\hat{\boldsymbol{\mu}}$ を求め，記憶する。
   a) 次元 M が標本数 N よりも小さいとき：　散布行列 S についての固有値方程式 (5.8) を解いて，固有値が大きい順に，$(\lambda_1, \boldsymbol{u}_1), \ldots, (\lambda_m, \boldsymbol{u}_m)$ のように m 個求めておく。
   b) 標本数 N のほうが次元 M よりも小さいとき：　グラム行列についての固有値方程式 (5.12) を解いて，固有値が大きい順に，$(\lambda_1, \boldsymbol{v}_1), \ldots, (\lambda_m, \boldsymbol{v}_m)$ のように m 個求めておく。
2) ステップ2（異常度の計算）：　入力 $\boldsymbol{x}'$ に対して，上記の2通りの場合に対応して異常度 $a(\boldsymbol{x}')$ を計算する。
   a) 次元 M が標本数 N よりも小さいとき：　式 (5.28) を用いて異常度を計算する。

b) 標本数 N のほうが次元 M よりも小さいとき： 式 (5.30) を用いて異常度を計算する。

ここでは R の MASS パッケージにある Cars93 というデータを使って再構成誤差による外れ値検出を行ってみます。このデータは $N = 93$ 種類の自動車について，価格や燃費などの諸元をまとめたデータです。ここでは下記の実行例 5.1 にある $M = 15$ 個の変数を選び，データクレンジングの問題設定において外れ値となる自動車を検出してみます。例えば MPG.city と MPG.highway の間（MPG とは 1 ガロン当りの走行可能マイル数のことです），あるいは Wheelbase と Weight の間には強い線形相関があるため，次元削減が有用だと考えられるデータです。$N > M$ となりますので，散布行列 S について固有値分解を行い，固有値をプロットしてみます。

実行例 5.1

```
library(MASS)
cc<-c( "Min.Price", "Price", "Max.Price", "MPG.city", "MPG.highway",
  "EngineSize","Horsepower","RPM","Rev.per.mile","Fuel.tank.capacity",
   "Length","Wheelbase","Width","Turn.circle","Weight" )
mask <- is.element(colnames(Cars93),cc) # 上記 15 変数のみを選ぶマスク
Xc <- t(scale(Cars93[,mask])) # 中心化したデータ行列の作成
colnames(Xc) <-  t(Cars93[,"Make"]) # 車種（make）を変数名にする
S <- Xc %*% t(Xc); evd <- eigen(S) # 散布行列の作成と固有値分解
plot(evd$values,type="b",xlab="index",ylab="eigenvalue") # 図示
```

固有値の計算結果を図 **5.4** に示します。「エルボー則」によれば，$m = 2$ でよさそうなことがわかります。

採用する主成分の数 m が決まったので，再構成誤差による異常度を計算してみます。通常は，正常部分空間を求めるデータと，異常度を計算するためのデータは独立した別のものですが，ここではデータクレンジングの問題設定を考えるのであえて訓練データに対して異常度を計算しています。

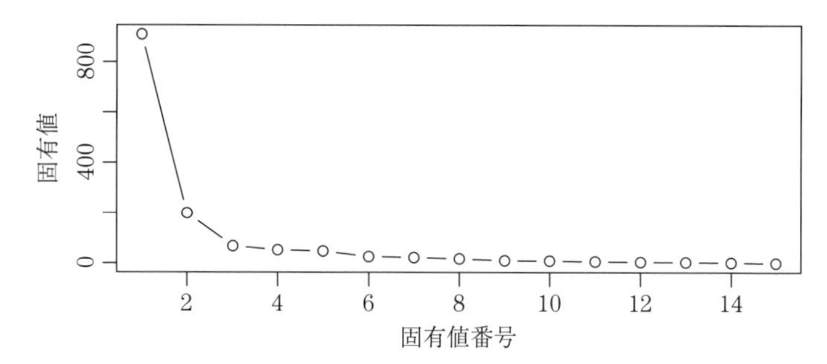

図 5.4　Cars93 データの 15 変数についての散布行列の固有値

実行例 5.2

```
m <- 2
x2 <- t(evd$vectors[,1:m]) %*% Xc # 正常部分空間内の成分を計算
a1 <- colSums(Xc*Xc) - colSums(x2*x2) # 異常度を全訓練標本に対し計算
idx <- order(a1,decreasing=T)[1:6]; print(a1[idx]) # 異常度上位六つを出力
```

実行例 5.2 により，異常度が高い上位六つの車種が選ばれます。結果を**表 5.1** にまとめました。それによれば，Chevrolet Corvette が最も異常度が高く，次いで Honda Civic および Geo Metro という順になります。データによれば，Corvette は高価・小型・高出力，という点で特徴的なスポーツ車です。Civic は同クラスの自動車に比べて比較的安価で，かつ顕著に燃費がよいという特徴があります。Metro は非常に安価で，小出力・高燃費，という特徴があります。

表 5.1　Cars93 データにおける異常度上位六つの結果

モデル名	異常度	モデル名	異常度
Chevrolet Corvette	13.595 830	Mercedes-Benz 300E	10.586 025
Honda Civic	11.829 742	Volkswagen Eurovan	9.971 148
Geo Metro	11.156 367	Dodge Stealth	8.727 322

なお，高次元データを扱う際には，主成分分析を用いてデータの分布を可視化することがよく行われます。これは正常部分空間の可視化に対応しています。この場合の計算結果を**図 5.5** に示します。丸の中の数字は標本のインデックス n を表しています（$n = 1, \ldots, N$）。Corvette，Civic，Metro はそれぞれ，19 番，42 番，39 番に対応しています。Metro は別として，正常部分空間におい

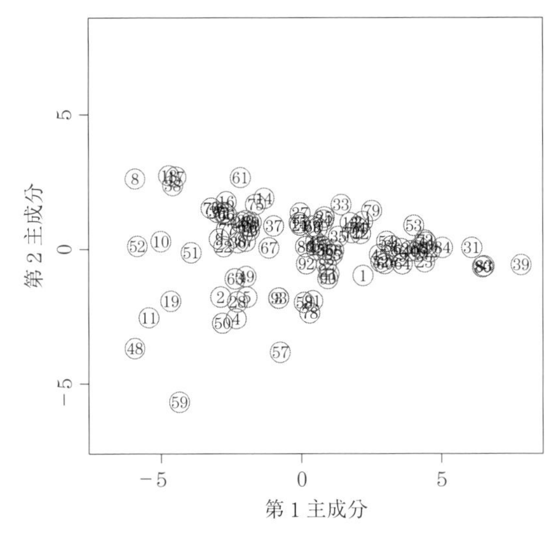

図 **5.5** Cars93 データの正常部分空間における分布

ては Corvette と Civic は特に外れ値ではないことがわかります。この点は，可視化結果の解釈の上で実用上重要です。すなわち，主部分空間内で異常に見えなかったとしても，実際には再構成誤差の観点で異常標本であるということは頻繁に生じます。これは図 5.1 を見ると明らかではありますが，しばしば見逃されるので注意が必要です。

最後に，このデータにおいて，グラム行列を用いて異常度を計算してみます（実行例 5.3）。このデータの場合は $N > M$ ではありますが，下記実行例のように，あえてグラム行列を経由して計算してもまったく同一の結果が得られることが確かめられます。

実行例 5.3

```
G <- t(Xc) %*% Xc; evd <- eigen(G) # グラム行列とその固有値分解
Lam_12 <- diag(evd$values[1:m]^{-1/2}) # 固有値の対角行列の -1/2 乗
xx2 <- Lam_12 %*% t(evd$vectors[,1:m]) %*% t(Xc) %*% Xc # 正常成分
aa1 <- colSums(Xc*Xc) - colSums(xx2*xx2) # 異常度
idx <- order(aa1,decreasing=T)[1:3]; print(aa1[idx]) # 上位三つの出力
```

5.4 確率的主成分分析による異常検知*

前節までに展開した主成分分析による異常検知モデルでは幾何学的なイメージを基に直感的に異常度を定義しました。ここでは主成分分析が確率モデルからも導けることを示し，それにより本書における異常検知法の基本手順，すなわち，正常モデルを表す確率分布をデータから推定し，推定したモデルに基づいて各データ点の負の対数尤度を異常度とする，という枠組みと整合的な異常検知の手法を提示します。理論的首尾一貫性の観点のみならず，期待値–最大化法の枠組みを使うことで，主成分分析についての第四の算法を導出できることを示します（その他の三つは 5.2.3 項の末尾のまとめ参照）。やや理論的に高度な内容を含みますので，初読の際は飛ばしてもかまいません。

5.4.1 主成分分析の確率的モデル

前節までに述べたとおり，主成分分析とは，M 個ある見かけ上の変数 $x_1, \ldots, x_M$ を（線形に）組み合わせて，真にアクティブな変数を m 個見出す手法です。後者を m 次元の確率変数 $\boldsymbol{z}$ で表しましょう。確率的主成分分析では，一つ $\boldsymbol{z}$ が与えられたときに，観測量 $\boldsymbol{x}$ が，つぎの確率分布により確率的に「生成」されると考えます。

$$p(\boldsymbol{x} \mid \boldsymbol{z}) = \mathcal{N}(\boldsymbol{x} \mid \mathsf{W}\boldsymbol{z} + \boldsymbol{\mu},\ \sigma^2 \mathsf{I}_M) \tag{5.37}$$

ここで W は $M \times m$ 行列で，その列空間（列ベクトルの張る空間）が，前節で述べた正常部分空間に対応しています。$\boldsymbol{\mu}$ は観測量 $\boldsymbol{x}$ の平均値，σ^2 は，観測量 $\boldsymbol{x}$ が「生成」される際のばらつきを表す分散のパラメターです。前節までと同様，I_M は M 次元の単位行列です。

確率的主成分分析の目標は，上記パラメター $\mathsf{W}, \boldsymbol{\mu}, \sigma^2$ を，観測データ $\mathcal{D} = \{\boldsymbol{x}^{(1)}, \ldots, \boldsymbol{x}^{(N)}\}$ から求めることです。$\mathcal{D}$ の中のそれぞれの標本 $\boldsymbol{x}^{(n)}$ は，$\boldsymbol{z}^{(n)}$ という量をいわば「裏で」もっており，パラメター $\mathsf{W}, \boldsymbol{\mu}, \sigma^2$ を通して観測可能

な量 $\boldsymbol{x}^{(n)}$ が生成されると考えます。$\boldsymbol{z}^{(n)}$ がどういう値をとるかを特定できる根拠は特にはないので，確率的主成分分析では，式 (5.37) に加えて

$$p(\boldsymbol{z}) = \mathcal{N}(\boldsymbol{z} \mid \mathbf{0},\ \mathsf{I}_m) \tag{5.38}$$

というような分布を付しておきます。これはデータとは無関係に設定される分布であり，**事前分布**と一般に呼ばれます。図 **5.6** に，これら二つの確率分布で定義されるモデルを要約しました。確率変数 $\boldsymbol{z}$ は統計的機械学習で一般に**潜在変数**と呼ばれます。

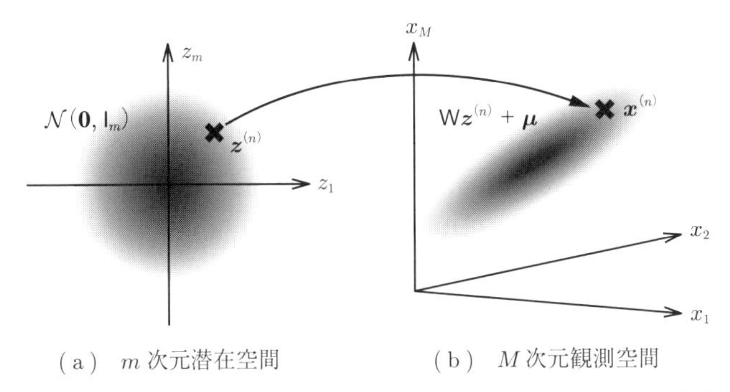

図 **5.6**　確率的主成分分析モデルで想定される観測データの生成過程

5.4.2　平均ベクトルの推定

モデル (5.37) および (5.38) を基に，未知パラメターを求めてゆきます。まず，最も理解しやすい平均パラメター $\boldsymbol{\mu}$ の最尤推定を考えます。確率的主成分分析モデルの最大の問題は，$\boldsymbol{z}$ という量が未知である点です。この点を回避するための最も素直な方法は，$p(\boldsymbol{x} \mid \boldsymbol{z})$ と $p(\boldsymbol{z})$ から潜在変数 $\boldsymbol{z}$ を消去することです。両者とも正規分布ですのでこれは容易で，付録の定理 A.9 の式 (A.55) により，観測量 $\boldsymbol{x}$ についてのつぎのような多次元正規分布が導かれます。

$$p(\boldsymbol{x}) = \mathcal{N}(\boldsymbol{x}|\boldsymbol{\mu}, \mathsf{C}) \quad ただし\ \ \mathsf{C} = \mathsf{W}\mathsf{W}^\top + \sigma^2\mathsf{I}_M \tag{5.39}$$

これは単なる $\boldsymbol{x}$ についての確率分布なので，データ $\mathcal{D}$ を用いて最尤推定に

よりパラメターを決められるはずです。対数尤度を計算するとつぎのようになります。

$$L(\boldsymbol{\mu}, \mathsf{W}, \sigma^2) \equiv \sum_{n=1}^{N} \ln \mathcal{N}(\boldsymbol{x}^{(n)} \mid \mathsf{C}) \tag{5.40}$$

$$= -\frac{MN}{2}\ln(2\pi) - \frac{N}{2}\ln|\mathsf{C}| - \frac{1}{2}\sum_{n=1}^{N}(\boldsymbol{x}^{(n)} - \boldsymbol{\mu})^\top \mathsf{C}^{-1}(\boldsymbol{x}^{(n)} - \boldsymbol{\mu})$$

これを $\boldsymbol{\mu}$ で偏微分して，ゼロベクトルと等置することで $\boldsymbol{\mu}$ の最尤推定値 $\hat{\boldsymbol{\mu}}$ がただちに

$$\hat{\boldsymbol{\mu}} = \bar{\boldsymbol{x}} \equiv \frac{1}{N}\sum_{n=1}^{N} \boldsymbol{x}^{(n)} \tag{5.41}$$

と得られます（C は正定値行列なので C^{-1} を単に係数として払うことができます）。以下 $\boldsymbol{\mu}$ は既知と扱い，$\boldsymbol{\mu}$ の代わりに $\bar{\boldsymbol{x}}$ と書きます。

では残るパラメター W と σ^2 はどうでしょうか。形式上微分をすることは可能ですが，未知パラメターが C^{-1} の中に入れ子になっているため，明示的にその解を求めるのは簡単ではありません。なぜこういうことになったかといえば，もともと $p(\boldsymbol{x} \mid \boldsymbol{z})$ と $p(\boldsymbol{z})$ という二つのモデルだったものを，強引に $\boldsymbol{z}$ を消去してしまったからです。すなわち，対数尤度 L はもともと

$$\sum_{n=1}^{N} \ln \int \mathrm{d}\boldsymbol{z}^{(n)}\, \mathcal{N}(\boldsymbol{x}^{(n)} | \mathsf{W}\boldsymbol{z}^{(n)} + \bar{\boldsymbol{x}}, \sigma^2 \mathsf{I}_M)\, \mathcal{N}(\boldsymbol{z}^{(n)} | \mathbf{0}, \mathsf{I}_m) \tag{5.42}$$

と書くべきもので，ここで出てくる正規分布は単純なものだったのですが，積分を実行した結果 (5.40) のように W と σ^2 についてやや複雑な形となったのでした。

この状況は，混合正規分布について 3.4.2 項で出会った状況と非常によく似ています。混合正規分布の場合，真正面から潜在変数の和をとるのではなく，「潜在変数の分布が確定していると仮定して他のパラメターを求める」，「パラメターが確定していると仮定して潜在変数の分布を求める」という 2 ステップを反復して解にたどり着くという戦法をとりました。この場合も同様の考え方をとることができるはずです。次節で詳しく説明します。

5.4.3 確率的主成分分析の期待値–最大化法

改めて問題を書き直します。われわれの目標は，観測変数 $\boldsymbol{x}^{(1)},\ldots,\boldsymbol{x}^{(N)}$，潜在変数 $\boldsymbol{z}^{(1)},\ldots,\boldsymbol{z}^{(N)}$，モデルパラメター $\Theta=\{\mathsf{W},\sigma^2\}$ により定義される周辺化尤度

$$L(\Theta\mid\mathcal{D})=\sum_{n=1}^{N}\ln\int \mathrm{d}\boldsymbol{z}^{(n)}\,p(\boldsymbol{x}^{(n)}\mid\boldsymbol{z}^{(n)},\Theta)\,p(\boldsymbol{z}^{(n)}) \tag{5.43}$$

を最大化するようなパラメター $\Theta=\Theta^*$ を求めることです。$L(\Theta\mid\mathcal{D})$ は標本ごとに分離されていますので，和の中身を $L(\Theta\mid\boldsymbol{x}^{(n)})$ と書くことにしましょう。

計算上の問題は対数の中に積分があることに由来していました。混合正規分布のときと同様，定理 3.1 のイエンセンの不等式（の和を積分に読み替えたもの）を使うことで，うまく対数と積分の順序を交換できます。まずは $\boldsymbol{z}^{(n)}$ の任意の確率分布 $q(\boldsymbol{z}^{(n)})$ を使うことで，$L(\Theta\mid\boldsymbol{x}^{(n)})$ の下界を与える式をつくることができます。

$$L(\Theta\mid\boldsymbol{x}^{(n)})\geqq\int\mathrm{d}\boldsymbol{z}^{(n)}\,q(\boldsymbol{z}^{(n)})\ \ln\frac{p(\boldsymbol{x}^{(n)},\boldsymbol{z}^{(n)}|\Theta)}{q(\boldsymbol{z}^{(n)})} \tag{5.44}$$

ここで $p(\boldsymbol{x}^{(n)}\mid\boldsymbol{z}^{(n)},\Theta)\,p(\boldsymbol{z}^{(n)})$ を簡潔に $p(\boldsymbol{x}^{(n)},\boldsymbol{z}^{(n)}|\Theta)$ と書きました。イエンセンの不等式によれば，対数関数が積分変数によらない関数になるときにこの近似の精度が最高になりますので，ある仮置きのパラメター値 $\Theta'=\{\mathsf{W}',\sigma^{2\prime}\}$ を使って

$$q(\boldsymbol{z}^{(n)})=p(\boldsymbol{x}^{(n)},\boldsymbol{z}^{(n)}|\Theta')\times(\boldsymbol{z}^{(n)}\text{によらない係数})$$

とおきます。係数を決めるには確率分布の規格化条件を考えます。ここで付録のベイズの定理 A.1 を思い出すと，$q(\boldsymbol{z}^{(n)})$ が $p(\boldsymbol{z}^{(n)}|\boldsymbol{x}^{(n)},\Theta')$ に他ならないことがただちにわかります。この分布は，付録の定理 A.9 からこれまたただちに

$$p(\boldsymbol{z}^{(n)}|\boldsymbol{x}^{(n)},\Theta)=\mathcal{N}\left(\boldsymbol{z}^{(n)}\,\middle|\,\mathsf{M}^{-1}\mathsf{W}^\top(\boldsymbol{x}^{(n)}-\bar{\boldsymbol{x}}),\ \sigma^2\mathsf{M}^{-1}\right) \tag{5.45}$$

$$\mathsf{M}\equiv\mathsf{W}^\top\mathsf{W}+\sigma^2\mathsf{I}_m \tag{5.46}$$

となります。

式 (5.44) で示した下界に $q(\boldsymbol{z}^{(n)}) = p(\boldsymbol{z}^{(n)}|\boldsymbol{x}^{(n)}, \Theta')$ を使い，かつモデル (5.37) および (5.38) を使うことにより，対数尤度についての近似式

$$
\begin{aligned}
L(\Theta \mid \mathcal{D}) \approx -\frac{1}{2\sigma^2}\sum_{n=1}^{N}\Big\{&\|\boldsymbol{x}^{(n)} - \bar{\boldsymbol{x}}\|^2 - 2(\boldsymbol{x}^{(n)} - \bar{\boldsymbol{x}})^\top \mathsf{W}\langle \boldsymbol{z}^{(n)}\rangle \\
&+ \mathrm{Tr}[\langle \boldsymbol{z}^{(n)}\boldsymbol{z}^{(n)\top}\rangle \mathsf{W}^\top\mathsf{W}] + \sigma^2\mathrm{Tr}[\langle \boldsymbol{z}^{(n)}\boldsymbol{z}^{(n)\top}\rangle]\Big\} \\
&-\frac{MN}{2}\ln(2\pi\sigma^2) + \text{定数}
\end{aligned}
\tag{5.47}
$$

が得られます。ここで，$\langle\cdot\rangle$ は $q(\boldsymbol{z}^{(n)}) = p(\boldsymbol{z}^{(n)}|\boldsymbol{x}^{(n)}, \Theta')$ による期待値を表します。仮置きの Θ' はここに寄与します。関連する項は，式 (5.45) よりただちに

$$
\langle \boldsymbol{z}^{(n)}\rangle = \mathsf{M}'^{-1}\mathsf{W}'^\top(\boldsymbol{x}^{(n)} - \bar{\boldsymbol{x}}) \tag{5.48}
$$

$$
\langle \boldsymbol{z}^{(n)}\boldsymbol{z}^{(n)\top}\rangle = \sigma^{2\prime}\mathsf{M}'^{-1} + \langle \boldsymbol{z}^{(n)}\rangle\langle \boldsymbol{z}^{(n)}\rangle^\top \tag{5.49}
$$

のように計算できます。ただし，$\mathsf{M}' = \mathsf{W}'^\top\mathsf{W}' + \sigma^{2\prime}\mathsf{I}_m$ です。

対数尤度の近似式 (5.47) は未知のパラメターについて簡単な形になっており，これを最大化するのは容易です。各パラメターで微分してゼロとおいてみると，各パラメターの更新式が以下のように求まります。

$$
\mathsf{W} = \left\{\sum_{n=1}^{N}(\boldsymbol{x}^{(n)} - \bar{\boldsymbol{x}})\langle \boldsymbol{z}^{(n)}\rangle^\top\right\}\left(\sum_{n=1}^{N}\langle \boldsymbol{z}^{(n)}\boldsymbol{z}^{(n)\top}\rangle\right)^{-1} \tag{5.50}
$$

$$
\begin{aligned}
\sigma^2 = \frac{1}{NM}\sum_{n=1}^{N}\Big\{&\|\boldsymbol{x}^{(n)} - \bar{\boldsymbol{x}}\|^2 - 2(\boldsymbol{x}^{(n)} - \bar{\boldsymbol{x}})^\top \mathsf{W}\langle \boldsymbol{z}^{(n)}\rangle \\
&+ \mathrm{Tr}[\langle \boldsymbol{z}^{(n)}\boldsymbol{z}^{(n)\top}\rangle \mathsf{W}^\top\mathsf{W}]\Big\}
\end{aligned}
\tag{5.51}
$$

なお，W での微分には，付録の定理 A.5 を使います。

以上をまとめると，与えられた観測データ $\mathcal{D} = \{\boldsymbol{x}^{(1)}, \boldsymbol{x}^{(2)}, \ldots, \boldsymbol{x}^{(N)}\}$ から確率的主成分分析のモデルパラメター $\Theta = \{\boldsymbol{\mu}, \mathsf{W}, \sigma^2\}$ を期待値–最大化法によって推定する手順は以下のように表されます。

手順 5.2 (期待値–最大化法による確率的主成分分析モデルの推定)

1) μ の 決 定：　$\boldsymbol{\mu}$ を式 (5.41) により $\boldsymbol{x}$ の標本平均として求める。

2) 初　期　化：　パラメター W,σ^2 の初期推定値を適当に与える。

3) 反　　　復：　$t=0,1,2,\ldots$ について，収束するまで以下を繰り返す。

a) 現在のパラメター推定値 Θ' を用いて，各データ点ごとに，式 (5.48) および式 (5.49) に従って，$\langle \boldsymbol{z}^{(n)} \rangle$ および $\langle \boldsymbol{z}^{(n)} \boldsymbol{z}^{(n)\top} \rangle$ を計算する。

b) 上記で求めた $\langle \boldsymbol{z}^{(n)} \rangle$ および $\langle \boldsymbol{z}^{(n)} \boldsymbol{z}^{(n)\top} \rangle$ を用いて，式 (5.50) によって W を更新する。また，式 (5.51) によって σ^2 を更新する。

5.4.4 $\boldsymbol{\sigma^2 \to 0}$ の極限と次元数 $\boldsymbol{m}$ の決定

以上の定式化は，固有値問題による主成分分析よりもやや複雑でしたが，少なくとも二つの実用上のご利益があります。

第一に，前節で導かれた計算法の計算効率が，状況によっては，通常の固有値分解のパッケージを使うより高いことがあることです。この点を明示的に示すために，$\sigma^2 \to 0$ の極限を考えてみます。この極限においては，確率的なばらつきが 0 になるので，通常の主成分分析の結果を厳密に再現するはずです。この極限では，式 (5.47) において，第 1 項（$1/(2\sigma^2)$ の係数）のみが寄与することになります。これを W について微分した結果は式 (5.50) と同一になりますが，式 (5.49) により

$$\langle \boldsymbol{z}^{(n)} \boldsymbol{z}^{(n)\top} \rangle = \langle \boldsymbol{z}^{(n)} \rangle \langle \boldsymbol{z}^{(n)} \rangle^\top$$

となるので，すべてを $\langle \boldsymbol{z}^{(n)} \rangle$ の式だけで表せます。式 (5.46) が $\mathsf{M} = \mathsf{W}^\top \mathsf{W}$ となることを使うと，式 (5.48) および式 (5.50) は

$$\mathsf{Z} = (\mathsf{W}^\top \mathsf{W})^{-1} \mathsf{W}^\top \tilde{\mathsf{X}} \tag{5.52}$$

$$\mathsf{W} = \tilde{\mathsf{X}} \mathsf{Z}^\top \left(\mathsf{Z}\mathsf{Z}^\top \right)^{-1} \tag{5.53}$$

とまとめられます。この二つの式を，収束するまで交互に繰り返します。ただし，式 (5.3) にて定義した中心化データ行列 $\tilde{\mathsf{X}}$ と，$\mathsf{Z} \equiv [\langle \boldsymbol{z}^{(1)} \rangle, \ldots, \langle \boldsymbol{z}^{(N)} \rangle]$ を用いました。上記が，5.4 節冒頭で述べた「主成分分析についての第四の算法」です。

この算法の著しい特色は，逆行列の計算を要する部分が，$m \times m$ という小さい行列になっているということです。数個程度の主成分に興味があるのであれば，この計算量はきわめて小さいため，高度に最適化された数値計算ライブラリを使わずとも，効率よく主成分を計算できます。実装上の制約から固有値分解の外部ライブラリを使えないときなどもあるでしょうから，覚えておいて損はないでしょう。

なお，式 (5.37) で述べたとおり，確率的主成分分析においては，W の列ベクトルの張る空間が通常の意味での主部分空間に対応しますが，$M \times m$ 行列 W それ自体を求めるという問題設定からして，W の個々の列ベクトルは一般には正規直交性を満たしません。正常部分空間を張る正規直交基底を明示的に求めたい場合は，W の例えば QR 分解（2.6.3 項 参照）により正規直交基底を後処理として求める必要があります。

確率的主成分分析の第二のご利益としては，次元削減後の次元数 m を決める一般的な基準が利用できることです。5.3.3 項で述べた m の選択基準は定性的な経験則であり，どの m がよいのかは明確に答えてくれるものではありませんでした。確率的主成分分析では対数尤度関数が明確に定義されるので，4.4 節で紹介したモデル選択方法を用いて m を決めることができます。例えば，式 (4.4) のベイズ情報量基準を使うとすると，確率的主成分分析の場合，W, $\boldsymbol{\mu}$, σ^2 に含まれるパラメターの数は，それぞれ，$Mm - m(m-1)/2$，m，1 なので

$$\mathrm{BIC}_{\mathrm{PPCA}} = -2L(\hat{\Theta}|\mathcal{D}) + \left\{ Mm - \frac{m(m-1)}{2} + m + 1 \right\} \ln N \tag{5.54}$$

となります。$\hat{\Theta}$ は期待値–最大化法により推定されたパラメターです。この BIC の値が最小になる m を用いるのが一つの合理的な方法になります。

5.4.5　確率的主成分分析による異常度の定義

確率的主成分分析モデルのパラメター Θ が推定できれば，新しいデータ $\boldsymbol{x}'$ の確率密度 $p(\boldsymbol{x}'|\hat{\Theta})$ は式 (5.39) により求まるので，異常度 $a(\boldsymbol{x}')$ は負の対数尤

度から定数項を除いて

$$a(\boldsymbol{x}') = (\boldsymbol{x}' - \hat{\boldsymbol{\mu}})^\top \hat{\mathsf{C}}^{-1}(\boldsymbol{x}' - \hat{\boldsymbol{\mu}}) \tag{5.55}$$

と定義するのが自然です。式 (5.34) からわかるとおり，通常の主成分分析の場合に考える再構成誤差に基づく異常度 $a_1(\boldsymbol{x}')$ は，主部分空間の中での異常度を近似的に無視したものと理解できます。確率的主成分分析では両者が自然に一つに統合されていることがわかります。

確率的主成分分析による異常検知手順をまとめると以下のようになります。

手順 5.3　(確率主成分分析による異常検知)

1) 正常と思われる N 個の M 次元データ $\mathcal{D} = (\boldsymbol{x}^{(1)}, \ldots, \boldsymbol{x}^{(N)})$ を用意する。
2) 手動または 5.4.4 項で述べた方法により，削減後の次元数 m を決める。
3) データに確率的主成分分析 (手順 5.2) を適用し，パラメターの最尤推定値 $\hat{\Theta} = \{\hat{\mathsf{W}}, \hat{\boldsymbol{\mu}}, \hat{\sigma}^2\}$ を得る。
4) 正常·異常を判定したいデータ $\boldsymbol{x}'$ ごとに，式 (5.55) によって異常度 $a(\boldsymbol{x}')$ を計算する。

5.5　カーネル主成分分析による異常検知*

本節で考えたい問題は，取り出したい部分空間が図 5.1 のような平面（超平面）とはかぎらず，**図 5.7** のような非線形性をもっているかもしれない場合です。この場合，標本ベクトルの一次結合で部分空間を表現することはできません。

この場合，伝統的な考え方は，なんらかの非線形変換 $\boldsymbol{x} \to \boldsymbol{\phi}(\boldsymbol{x})$ を考えることです。例えば，$M = 3$ のときに，各成分を 2 乗する変換 $\phi_1(x_i) \equiv x_i^2$ をしたとすれば，元の空間は非線形的に別の空間に写されます。しかしこのような方法は，当然ながら,「どのような関数を使って変換すべきか」という問題に突き当たるために，非線形性の詳細について事前知識がある場合以外は実用的ではないとされてきました。2000 年前後に急速に発展したカーネル法は，その困

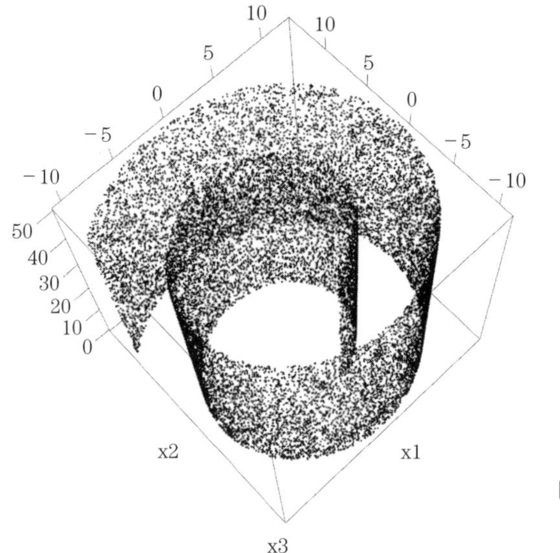

図 5.7　非線形の部分空間の例

難を発想の転換で解決したといえます。それを以下説明します。

5.5.1　正常部分空間の算出

先ほどと同様，M 次元の標本 N 個からなる訓練データ $\mathcal{D} = \{\boldsymbol{x}^{(1)}, \ldots, \boldsymbol{x}^{(N)}\}$ には，異常がまったく含まれていないか，含まれていても圧倒的少数と信じられるとします。この M 次元の標本それぞれを，M_ϕ 空間に移すような変換を $\boldsymbol{\phi}$ と表します。例えば，$M=1$ 次元の入力を $M_\phi = 3$ 次元に拡大するような

$$x \;\rightarrow\; \boldsymbol{\phi}(x) = (1, \sqrt{2}x, x^2)^\top$$

という変換が考えられます。このような次元の拡大によって，元の M 次元空間の複雑なパターンが「解きほぐされる」ことを期待するため，一般に M_ϕ としては M よりもかなり大きい数を想定し，標本数 N に対して $M_\phi \gg N$ が成り立つ状況を想定します。この場合，手順 5.1 でまとめたとおり，5.2.2 項で述べたグラム行列に基づく主成分分析の方法が妥当です。

非線形変換 $\boldsymbol{x} \rightarrow \boldsymbol{\phi}(\boldsymbol{x})$ により，元データ $\mathcal{D}$ は，新しいデータ $\mathcal{D}_\phi \equiv \{\boldsymbol{\phi}^{(1)}, \ldots, \boldsymbol{\phi}^{(N)}\}$ に生まれ変わります。ここで $\boldsymbol{\phi}^{(n)}$ は $\boldsymbol{\phi}(\boldsymbol{x}^{(n)})$ の略記です。このデータ

に対してデータ行列

$$\Phi \equiv [\boldsymbol{\phi}^{(1)}, \ldots, \boldsymbol{\phi}^{(N)}] \quad および \quad \tilde{\Phi} \equiv \Phi \mathsf{H}_N \tag{5.56}$$

を定義します。この記号を使えば，単に $\tilde{\mathsf{X}}$ を $\tilde{\Phi}$ に置き換えることにより，式 (5.12) とまったく同じ形の

$$\mathsf{H}_N \mathsf{K} \mathsf{H}_N \boldsymbol{v} = \lambda \boldsymbol{v} \tag{5.57}$$

という式が成り立つことがわかります。ただし K は，$\mathsf{K} \equiv \Phi^\top \Phi$ で定義される $N \times N$ 行列であり，その (i,j) 成分は $\boldsymbol{\phi}^{(i)\top} \boldsymbol{\phi}^{(j)}$ です。

固有値方程式 (5.57) を解いて，固有値の大きい順から m 個の固有値と固有ベクトルの組 $(\lambda_1, \boldsymbol{v}_1), \ldots, (\lambda_m, \boldsymbol{v}_m)$ を求めたとします。すると，正常部分空間（もしくは一般に主部分空間）の基底が

$$\mathsf{U}_m \equiv [\boldsymbol{u}_1, \ldots, \boldsymbol{u}_m] = \tilde{\Phi} \mathsf{V}_m \Lambda_m^{-1/2} = \Phi \mathsf{H}_N \mathsf{V}_m \Lambda_m^{-1/2} \tag{5.58}$$

のように得られます。前と同様に，$\mathsf{V}_m \equiv [\boldsymbol{v}_1, \ldots, \boldsymbol{v}_m]$ です。

上式から，M 次元の任意の入力 $\boldsymbol{x}'$ が，正常部分空間においてつぎのような m 次元ベクトル $\boldsymbol{z}'$ として表されることがわかります。

$$\boldsymbol{z}' = \Lambda_m^{-1/2} \mathsf{V}_m^\top \mathsf{H}_N \boldsymbol{k}(\boldsymbol{x}') \tag{5.59}$$

ただし，N 次元ベクトル $\boldsymbol{k}(\boldsymbol{x}')$ の第 n 成分は，$\boldsymbol{\phi}^{(n)\top} \boldsymbol{\phi}(\boldsymbol{x}')$ で定義されます。

ここまでは単に新しいデータセット $\mathcal{D}_\phi$ に対する通常の主成分分析の話でしたが，ここである関数 k を使ってつぎのような置換えを考えます†。

(1)　K の (i,j) 成分をカーネル関数 $k(\boldsymbol{x}^{(i)}, \boldsymbol{x}^{(j)})$ で置き換える $(i, j = 1, \ldots, N)$。

(2)　$\boldsymbol{k}(\boldsymbol{x}')$ の第 i 成分をカーネル関数 $k(\boldsymbol{x}^{(i)}, \boldsymbol{x}')$ で置き換える $(i = 1, \ldots, N)$。

このような置換を行った主成分分析を**カーネル主成分分析**と呼びます。カーネル関数の関数形は任意に選べるわけではなく，正定値性などの数学的な条件を満たす必要があります。実用上は，有名なカーネル関数の中から選ぶことにな

† 3 章で説明した k 近傍法や k 平均法の k と同じ文字を使っていますが，混同の恐れはないと思います。

るでしょう。式 (3.72) の RBF カーネルの他，つぎのような関数がよく使われます。

$$k(\boldsymbol{x}', \boldsymbol{x}'') = (c + \boldsymbol{x}'^{\top}\boldsymbol{x}'')^d \tag{5.60}$$

$$k(\boldsymbol{x}', \boldsymbol{x}'') = \exp\left(-\sigma \sum_{i=1}^{M} |x_i' - x_i''|\right) \tag{5.61}$$

前者は d 次の多項式カーネル，後者はラプラスカーネルと呼ばれます（この場合 $\sigma > 0$）。多項式カーネルにおいて，定数 c を 0 とすると d 次の項のみによる変換，それ以外の場合は 0 次から d 次までの項を含む変換に対応します。例えば，標本の次元 M が 1 として，$c = 1$，$d = 2$ の多項式カーネルが，本節冒頭に掲げた 1 次元の入力を 3 次元に拡大するような非線形変換です。なぜなら

$$\boldsymbol{\phi}(x)^{\top}\boldsymbol{\phi}(x') = 1 + \sqrt{2}x \cdot \sqrt{2}x' + (xx')^2 = (1 + xx')^2$$

となるからです。$c = 0$，$d = 1$ の場合は通常の内積に帰着しますので，この場合は，5.2.2 項で述べたグラム行列に基づく主成分分析の結果そのものとなります。

多項式カーネルの場合はカーネル関数から非線形変換の関数形が明示的に求められますが，一般にはそうとはかぎりません。3.6.2 項でも述べたとおり，内積に対応する関数を与えることで非線形変換を「したことにする」というやり方をカーネルトリックと呼びます。RBF カーネル，多項式カーネル，ラプラスカーネルとも，ベクトル入力に対するカーネル関数ですが，カーネルトリックのすばらしいところは，正定値性などの適切な数学的性質を満たせば，ベクトルには表しにくいデータでも取り扱えるようになるという点です。例えば，グラフや文字列についても主成分分析が可能です。カーネルの設計については赤穂[1)] を参照するとよいでしょう。

5.5.2 R での実行例

本節では，5.3.4 項で用いたのと同じ `Cars93` データを用いてカーネル主成分分析を実行してみます。R では `kernlab` パッケージでカーネル主成分分析が実

装されており，標準的なカーネル関数を使っているかぎりにおいては非常に手軽に計算をやってみることができます。まず，一般の主部分空間の計算手順をまとめておきます。

手順 5.4 (カーネル主成分分析による主部分空間の計算)　データ $\mathcal{D}=\{\boldsymbol{x}^{(1)}, \ldots, \boldsymbol{x}^{(N)}\}$ を用意する。また，カーネル関数 k の関数形と，主成分の数 m を決めておく。

1) (i,j) 成分が $k(\boldsymbol{x}^{(i)}, \boldsymbol{x}^{(j)})$ で与えられる $N \times N$ 行列 K をつくる。
2) $\mathsf{H}_N\mathsf{K}\mathsf{H}_N$ の固有値分解を行い，固有値が大きい順に m 個の固有値と固有ベクトルの組 $(\lambda_1, \boldsymbol{v}_1), \ldots, (\lambda_m, \boldsymbol{v}_m)$ を求める。
3) 固有ベクトルを並べた行列 $\mathsf{V}_m \equiv [\boldsymbol{v}_1, \ldots, \boldsymbol{v}_m]$ と，固有値を対角行列にもつ行列 $\Lambda \equiv \mathrm{diag}(\lambda_1, \ldots, \lambda_m)$ を記憶する。
4) 必要に応じて，式 (5.59) により次元削減後の座標を求める。

R のプログラム例を実行例 5.4 に示します。実行例 5.1 で Xc が定義されていることが前提です。kpca 関数を使うことで手順 5.4 のステップが 1 行で書けていることがわかります。カーネル関数として式 (3.72) の RBF カーネルを用い，パラメーター σ に 0.1 という値を与えています。主成分の数を $m=2$ として，次元削減後の座標での分布を図 5.8 に示します。比較のため，二つの異なる σ の値について計算を行っています。

実行例 5.4

```
library(kernlab)
m <- 2; sig <- 0.1; li <- c(-6,7) # 主成分数，カーネルパラメター，図示範囲
kpc <- kpca(t(Xc),kernel="rbfdot",kpar=list(sigma=sig),features=m)
Zt <- rotated(kpc) # 主部分空間における座標
plot(Zt[,1],Zt[,2],xlab="1st PC",ylab="2nd PC",cex=3,col=3,
   xlim=li,ylim=li,main=sig) # 座標の図示
text(Zt[,1],Zt[,2],c(1:93),cex=0.8,xlim=li,ylim=li) # 車種番号を書き込む
```

図 5.8 によれば，σ の値により標本の分布が大きく変化していることがわかります。座標の数値自体も大きく変わってしまうため，異常検知の文脈において，異なるカーネルパラメター同士の結果を定量的に比較するのが簡単ではな

いことが理解できます。

また，$\sigma \ll 1$ のRBFカーネルによるカーネル主成分分析の結果が，通常の主成分分析の結果（図5.5）とよく似ていることに気づきます。これは，式 (3.72) のRBFカーネルが，$0 < \sigma \|\boldsymbol{x}\|^2 \ll 1$ のときに

$$\boldsymbol{\phi}(\boldsymbol{x}) \equiv \mathrm{e}^{-\sigma\|\boldsymbol{x}\|^2} \begin{pmatrix} 1 \\ \sqrt{2\sigma}\boldsymbol{x} \end{pmatrix} \tag{5.62}$$

という $M+1$ 次元ベクトル同士の普通の内積で近似できるためです。なぜならこのとき，テイラー展開から $\mathrm{e}^{2\sigma\boldsymbol{x}^\top\boldsymbol{x}'} \approx 1 + 2\sigma\boldsymbol{x}^\top\boldsymbol{x}'$ としてよく，したがって

$$\begin{aligned} \boldsymbol{\phi}(\boldsymbol{x})^\top\boldsymbol{\phi}(\boldsymbol{x}') &= \mathrm{e}^{-\sigma(\|\boldsymbol{x}\|^2+\|\boldsymbol{x}'\|^2)}(1 + 2\sigma\boldsymbol{x}^\top\boldsymbol{x}') \\ &\approx \mathrm{e}^{-\sigma(\|\boldsymbol{x}\|^2+\|\boldsymbol{x}'\|^2)}\mathrm{e}^{2\sigma\boldsymbol{x}^\top\boldsymbol{x}'} = \mathrm{e}^{-\sigma\|\boldsymbol{x}-\boldsymbol{x}'\|^2} \end{aligned} \tag{5.63}$$

となるからです。式 (5.62) において，括弧の前の係数はこの近似の範囲では1に近く，その依存性は無視できます。また，式 (5.62) にて追加された次元はつねに定数なので,（係数を無視しているかぎりは）主部分空間には寄与しません。これらのことから，$\sigma\|\boldsymbol{x}\|^2 \ll 1$ および $\sigma\|\boldsymbol{x}'\|^2 \ll 1$ のRBFカーネルはほぼ線形カーネル（ただの内積）である，ということがいえます。RBFカーネルのより一般の近似公式についてはChenら[5)]が調べていますので，興味があれば参考にするとよいでしょう。

5.5.3　異常度の定義（$m = 1$）

カーネル主成分分析を用いた異常検知においても，式 (5.28) および式 (5.30) を用いた異常度の式をカーネルトリックを用いてカーネル関数の式として書き下すことができます。式 (5.59) の表記に従えば，容易に

$$a_1(\boldsymbol{x}') = k(\boldsymbol{x}', \boldsymbol{x}') - \boldsymbol{k}(\boldsymbol{x}')^\top \mathsf{H}_N \mathsf{V}_m \Lambda_m^{-1} \mathsf{V}_m^\top \mathsf{H}_N \boldsymbol{k}(\boldsymbol{x}') \tag{5.64}$$

となることがわかります。

しかしながら，**図 5.8** で示したように，カーネル主成分分析では，カーネル関数それ自体の選択と，カーネル関数に含まれるパラメターの値によって次元削減後のベクトルが非常に敏感に変化することが知られており，実用上は注意深くカーネル関数とそのパラメターを選択する必要が生じます。

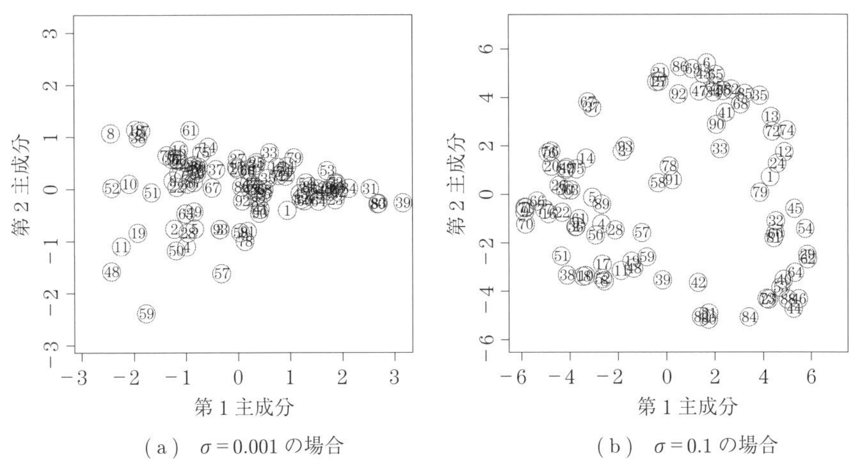

（a）$\sigma = 0.001$ の場合　（b）$\sigma = 0.1$ の場合

図 5.8　カーネル主成分分析を用いた Cars93 データの正常部分空間内での分布

この点の微妙さを低減するため，実用上，問題設定を若干拡張することがしばしば試みられています。一つの考え方を**図 5.9** に図示しました。ポイントは二つあります。一つは，観測値 1 点の異常度を見るのではなく，ある一定期間データを取得し続けるなどして，データ点の集合 $\mathcal{D}' \equiv \boldsymbol{x}'^{(1)}, \ldots, \boldsymbol{x}'^{(N')}$ を取得し，$\mathcal{D}'$ 全体の様子を，正常時のデータ $\mathcal{D}$ と比べるという考え方です。これは，突発的な外れ値よりも，継続的な異常状態の出現のほうに重きを置くことを意味します。ある意味で，N' 個分の異常度の平均的な挙動を見ることになるので，安定した異常度が計算できることが期待できます。二つ目は，$\mathcal{D}'$ を $\mathcal{D}$ と比べるにあたり，おのおのから抽出された主成分同士で比較することです。これもある種，規格化され平均化された世界での比較ということになり，ノイズにより異常度が過度にぶれることを防ぐ効果が期待できます。

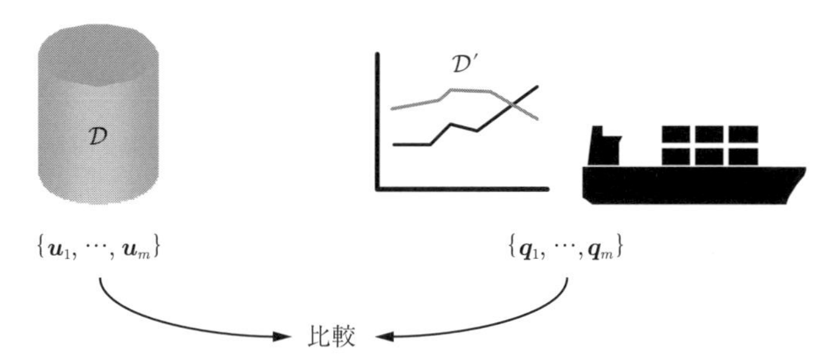

図 5.9　変化解析問題（$\mathcal{D}$ から抽出された正常パターンと，いま観測されたデータ $\mathcal{D}'$ から求めたパターンを比較して，その食い違いの詳細を調べる）

異常度を計算するにあたり $\mathcal{D}'$ 側の主部分空間をまずは求めましょう。$\mathcal{D}$ にしたのと同一の非線形変換 $\boldsymbol{x} \to \boldsymbol{\phi}(\boldsymbol{x})$ を施して，$\mathcal{D}'$ から $\mathcal{D}'_\phi$ を得たとします。混乱を避けるため，データ行列としては式 (5.56) とは記号を変えて

$$\Psi \equiv [\boldsymbol{\phi}'^{(1)}, \ldots, \boldsymbol{\phi}'^{(N')}] \quad \text{および} \quad \tilde{\Psi} \equiv \Psi \mathsf{H}_{N'} \tag{5.65}$$

と表しておきます。ここで $\boldsymbol{\phi}'^{(n)}$ は $\boldsymbol{\phi}(\boldsymbol{x}'^{(n)})$ の略記です。

その上で固有値方程式

$$\mathsf{H}_{N'}\mathsf{K}'\mathsf{H}_{N'}\boldsymbol{r} = \gamma \boldsymbol{r} \tag{5.66}$$

を解いて，固有ベクトルと固有値からなる行列を

$$\mathsf{R}_m \equiv [\boldsymbol{r}_1, \ldots, \boldsymbol{r}_m], \qquad \Gamma_m \equiv \mathrm{diag}(\gamma_1, \ldots, \gamma_m)$$

のように定義しておきます。ただし，K' は，(i, j) 成分が $k(\boldsymbol{x}'^{(i)}, \boldsymbol{x}'^{(j)})$ で与えられる $N' \times N'$ 行列です。N と N' は一般には異なります。これらを用いると，式 (5.58) 同様に，$\mathcal{D}'_\phi$ に基づく主部分空間が

$$\mathsf{Q}_m \equiv [\boldsymbol{q}_1, \ldots, \boldsymbol{q}_m] = \tilde{\Psi}\mathsf{R}_m\Gamma_m^{-1/2} = \Psi\mathsf{H}_{N'}\mathsf{R}_m\Gamma_m^{-1/2} \tag{5.67}$$

のように得られます。

異常度は，式 (5.28) と同様,「正常部分空間からのはみ出しの長さの 2 乗」として定義することができますが，いまの場合，観測値が 1 点ではなくて N' 点

あるので若干の工夫が必要です。一般の場合は次節に回し，ここでは，最も簡単な場合として $m = 1$ の状況を考えます。これは正常部分空間を表す M_ϕ 次元のベクトル $\boldsymbol{u}_1$ と，$\mathcal{D}'$ から求めた M_ϕ 次元の主成分ベクトル $\boldsymbol{q}_1$ の食い違いを評価するという問題になります。式 (5.28) 同様，長さの 2 乗の差を評価することで

$$a_{m=1}(\mathcal{D}, \mathcal{D}') = 1 - (\boldsymbol{u}_1^\top \boldsymbol{q}_1)^2 \tag{5.68}$$

という定義が自然に考えられます。第 2 項は単位ベクトル同士の内積の 2 乗なので，上記の異常度全体では，0 から 1 の間の値をとることがわかります。

カーネル主成分分析では非線形写像が明示的に与えられていないので，上記の量を M_ϕ 次元の量を使わずに表す必要があります。これは式 (5.58) および式 (5.67) よりただちに可能で，結果は

$$a_{m=1}(\mathcal{D}, \mathcal{D}') = 1 - \left(\frac{\boldsymbol{v}_1^\top}{\sqrt{\lambda_1}} \mathsf{H}_N \mathsf{B} \mathsf{H}_{N'} \frac{\boldsymbol{r}_1}{\sqrt{\gamma_1}} \right)^2 \tag{5.69}$$

となります。ただし，B は $\mathcal{D}$ と $\mathcal{D}'$ をつなぐカーネル行列であり

$$\mathsf{B} \equiv \Phi^\top \Psi \quad \text{すなわち} \quad \mathsf{B}_{i,j} = k(\boldsymbol{x}^{(i)}, \boldsymbol{x}'^{(j)})$$

と定義されます（$i = 1, \ldots, N$ および $j = 1, \ldots, N'$）。

5.5.4 異常度の定義（$m > 1$）

主部分空間の次元 m が 1 より大きい一般の場合は，式 (5.68) の自然な拡張としてつぎのように異常度を定義します。

$$a(\mathcal{D}, \mathcal{D}') = 1 - \|\mathsf{U}_m^\top \mathsf{Q}_m\|_2{}^2 \tag{5.70}$$

ここで $\| \ \|_2$ は行列 2 ノルムと呼ばれる量です。これはベクトルの普通のノルム（長さのこと。ユークリッドノルムとも呼ぶ）を行列に拡張したものに対応します。拡張の仕方には 2 ノルム以外にもいくつかあります。行列ノルムについて主なものをここでまとめておきましょう†。

---

† 行列ノルムの数学的性質は Golub らの文献[8] に簡潔明瞭（めいりょう）にまとめられていますので，興味がある人は参考にするとよいでしょう。

定義 5.1　(行列ノルム)　(i,j) 要素を $A_{i,j}$ とする $I \times J$ 行列 A の**フロベニウスノルム** $\|\mathsf{A}\|_{\mathrm{F}}$ を以下で定義する。

$$\|\mathsf{A}\|_{\mathrm{F}} \equiv \sqrt{\sum_{i=1}^{I}\sum_{j=1}^{J} {A_{i,j}}^2} \tag{5.71}$$

同じく，行列 A の**行列 $\boldsymbol{p}$ ノルム** $\|\mathsf{A}\|_p$ を，ベクトル p ノルムを用いてつぎで定義する。

$$\|\mathsf{A}\|_p \equiv \max_{\boldsymbol{\varphi}} \frac{\|\mathsf{A}\boldsymbol{\varphi}\|_p}{\|\boldsymbol{\varphi}\|_p} \tag{5.72}$$

ただし右辺の $\boldsymbol{\varphi}$ は J 次元ベクトルである。ベクトル p ノルムは，J 次元ベクトル $\boldsymbol{x}$ に対し次式のように定義される。

$$\|\boldsymbol{x}\|_p \equiv (|x_1|^p + |x_2|^p + \cdots + |x_J|^p)^{1/p} \tag{5.73}$$

行列 2 ノルムの場合，上記の定義は式 (5.11) と同じことですから，$\boldsymbol{\varphi}$ は $\mathsf{A}^\top\mathsf{A}$ の最大固有値に属する固有ベクトルとなります。さらに，定理 5.1 を使えば，行列 2 ノルムが最大特異値に等しいことがわかります。逆にいえば，特異値は，行列の長さというか濃さというか重さというか，そういうものを測る指標になっていることがわかります。

異常度の式 (5.70) には $M_\phi \times m$ 行列 U_m が入っており，非線形変換が明示的に与えられていない状況だと計算できないので，N 次元または m 次元の量だけで計算できるような関係式を導く必要があります。式 (5.58) および式 (5.67) からただちに

$$\Omega \equiv \mathsf{U}_m^\top \mathsf{Q}_m = \Lambda_m^{-1/2}\mathsf{V}_m^\top \mathsf{H}_N \mathsf{B} \mathsf{H}_{N'} \mathsf{R}_m \Gamma_m^{-1/2} \tag{5.74}$$

であることがわかります。この行列には M_ϕ の次元をもつ行列は現れてきませんので，カーネルトリックを使った後でも計算可能です。

以上から，式 (5.70) で与えられた異常度は，結局，つぎのように計算できることがわかります。

$$a(\mathcal{D}, \mathcal{D}') = 1 - (\Omega\text{の最大特異値})^2 \tag{5.75}$$

式 (5.69) が上記の特別な場合になっていることは明らかです。

上記のような定義は拡張が可能であり，例えば，$\mathcal{D}$ については m 個の主成分を採用し，$\mathcal{D}'$ については一つのみを考える，というような定式化もできます。関連する例として文献6), 14) を挙げておきます。

本節で述べた異常度の定義は，二つの主部分空間の比較に基づいていました。興味深いことに，画像認識を主とするパターン認識の分野で同様の技術が古くから研究されており，特に**相互部分空間法**という名前で呼ばれています。パターン認識側から見た歴史的展開が坂野[27]によりたいへん興味深くまとめられていますので，一読することを勧めます。また,「グラスマン多様体」という数学的抽象化を基にしたカジュアルな議論が Hamm ら[9]により与えられていますので，興味のある読者は参考にするとよいでしょう。

カーネル法に基づく異常検知手法には，5.5.2 項で議論したようなようなカーネルパラメターへの過度の依存性の他，計算量的な課題もあります。これは一般に標本数 N または N' に依存する計算量が必要となるためです。前者に対しては広いパラメター範囲における試行錯誤的な確認，後者に関しては関連する

コーヒーブレイク

確率的主成分分析の定式化において，潜在変数 $\boldsymbol{z}$ を考えるところまでは許せても，式 (5.38) の事前分布をいわば恣意的に仮定するところが納得いかないと思った人もいるかもしれません。それはある意味正しい疑問です。これは統計学における頻度主義とベイズ主義という二つの方法論の対立に関係しています。前者は事前分布という「人為的な」仮定を悪とするのに対し，後者はその仮定により得られる理論的首尾一貫性を尊重します。

その対立にふれるたび，筆者は，分子の実在をめぐって行われた 19 世紀の科学史上の有名な論争を思い出します。物理学上の経験則は，美しさと首尾一貫性を備えた理論が最後は生き残る，というものですが，自然科学と異なり直接モデルを検証する手段がない統計科学では，両者の対立は永遠に続くのかもしれません。

標本のみをうまく選択する手法の開発が必要になります。問題に応じた工夫が必要です。

章末問題

【1】 任意の対角行列の列ベクトルが直交することを証明してください。また，対角要素が a, b, c という非ゼロの実数で与えられる3次元の対角行列の逆行列を求めてください。

【2】 M 次元正方行列 U が，$\mathsf{U}^\top\mathsf{U} = \mathsf{U}\mathsf{U}^\top = \mathsf{I}_M$ を満たすとき直交行列と呼びます。U の列ベクトルがたがいに正規直交すること，また，U の行ベクトルもたがいに正規直交することを証明してください。

【3】 任意の $M \times N$ 行列 X の第 n 列ベクトルを $\boldsymbol{x}_n$ とするとき，$\mathsf{X}\mathsf{X}^\top = \sum_{n=1}^{N} \boldsymbol{x}_n \boldsymbol{x}_n^\top$ が成り立つことを証明してください。

【4】 行列 A の2ノルムの定義 (5.72) が，$\mathsf{A}^\top\mathsf{A}$ の固有値方程式と等価であることを証明してください。

【5】 実対称行列 A が重複のない最大固有値をもつとし，対応する固有ベクトルを $\boldsymbol{u}_1$ とします。$\boldsymbol{u}_1^\top \boldsymbol{z} \neq 0$ を満たす任意の M 次元単位ベクトル $\boldsymbol{z}$ を考え

$$\boldsymbol{z} \leftarrow \mathsf{A}\boldsymbol{z} \tag{5.76}$$

$$\boldsymbol{z} \leftarrow \boldsymbol{z}/\|\boldsymbol{z}\|_2 \tag{5.77}$$

という計算を K 回繰り返します。$K \to \infty$ のとき，$\boldsymbol{z}$ が A の最大固有値に属する規格化された固有ベクトルになっていることを証明してください。ちなみにこれは数値計算において**べき乗法**として知られる計算手法になっています。

【6】 付録の定理 A.9 を使って式 (5.45) を導出してみてください。

【7】 任意の $M \times N$ 行列 F について，$M \times r$ 行列 C と，$N \times r$ 行列 H を用いて，$\mathsf{F} \approx \mathsf{C}\mathsf{H}^\top$ のような近似式をつくります。最適化問題

$$(\mathsf{H}^*, \mathsf{C}^*) = \arg\min_{\mathsf{C},\mathsf{H}} \|\mathsf{F} - \mathsf{C}\mathsf{H}^\top\|_{\mathrm{F}}^2 \ \text{ subject to } \ \mathsf{H}^\top\mathsf{H} = \mathsf{I}_r \tag{5.78}$$

を解くことで，特異値分解が，階数 r の条件の下での最善の近似となっていることを証明してください。この結果はしばしば**エッカート=ヤングの定理**と呼ばれます。

6 入力と出力があるデータからの異常検知

前章までは，データとして与えていたのは $\{\boldsymbol{x}^{(1)}, \ldots, \boldsymbol{x}^{(N)}\}$ のような形でした。本章では，入力と出力が対になって観測される場合の異常検知の手法を考えます。この章では，入力は M 次元として $\boldsymbol{x}$ という記号で表し，それに対する出力を y という記号で表します。記述の簡単化のため，6.5 節は例外として，出力は 1 次元とします。訓練データとして，入力と出力の組が $\mathcal{D} = \{(\boldsymbol{x}^{(1)}, y^{(1)}), \ldots, (\boldsymbol{x}^{(N)}, y^{(N)})\}$ のように N 個与えられていると考えます。これから，系の振舞いのパターンをモデル化し，異常を検知する手法を導くことが目標です。

6.1 入出力がある場合の異常検知の考え方

入力と出力が観測される場合，最も自然な異常検知の方法は，与えられた入力に対して出力を眺めて，それが通常の振舞いから期待される値から大幅にずれているかどうかを見る，というものだと思います（図 **6.1**）。より形式的にいえばこういうことです。

(1) 系は，入力 $\boldsymbol{x}$ が与えられたときに，値 $f(\boldsymbol{x})$ を出力として返すように設計されている。

(2) したがって，ある任意の観測値 $\boldsymbol{x}'$ が与えられたときに期待される出力値は $f(\boldsymbol{x}')$ である。

(3) もし，出力の実測値 y' が，期待値 $f(\boldsymbol{x}')$ と大幅にずれていたら異常を疑う。

この手順を最も素直に表すとしたら，例えばつぎのようなモデルを設定でき

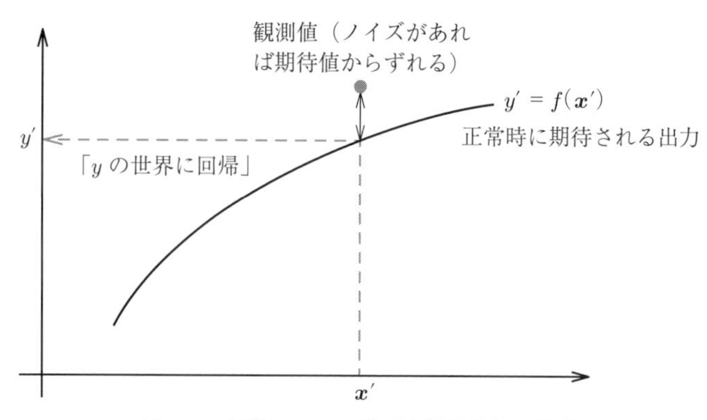

図 6.1　回帰モデルに基づく異常検知の説明

ます。

$$p(y \mid \boldsymbol{x}) = \mathcal{N}(y \mid f(\boldsymbol{x}), \sigma^2) \tag{6.1}$$

つまり，実際の観測値は，期待値 $f(\boldsymbol{x})$ の周りに，分散 σ^2 の正規分布でばらつく，と考えます。もともと正規分布は，ガウスが天文データを解析していたときに誤差の解析の手段として導入されたものですから，自然なモデル化だと思います。式 (6.1) は単なる 1 次元の正規分布ですから，例えば 2 章で説明したホテリング理論と似たやり方で異常度が定義できると予想できます。

ここで問題は，関数 f およびパラメター σ^2 をどうデータから学習するか，という点です。これは，任意の入力 $\boldsymbol{x}$ に対してその出力 y の確率分布を求める問題です。図 6.1 にも書きましたが，$\boldsymbol{x}$ を基に，それが属するであろう出力値 y の世界に帰属させてあげるという語感から，これを**回帰**問題と呼びます。回帰問題は，分類問題と並んで統計的機械学習で最も重要な問題です。入力と出力を含むデータに対する異常検知の問題は，（確率的）回帰問題をその部分として含み，それに加えて，異常度と閾値の適切な定義というタスクが加わります。

なお，上記では 1 次元の正規分布を考えましたが，任意の確率分布を想定することが原理的には可能です。この点の確率的なモデリング手法の相違により，さまざまなモデルが考えられます。

2.1 節でまとめた一般的な処方箋に沿って異常検知の手順を改めてまとめる

とつぎのとおりです。

0) 準　　備：　系の機構ないし動作についての事前知識を基に，入力と出力の間に成り立つであろう関数形 $y = f(\boldsymbol{x})$ を，なにかのパラメーターを含んだ形で仮定しておく。また，出力値のばらつきについての事前知識を基に，例えば式 (6.1) のような適切な観測モデルを仮定しておく。

1) ステップ 1（分布推定）：　データ $\mathcal{D}$ を基に回帰問題を解き，関数 f のパラメーターを求める。それにより，任意の $\boldsymbol{x}$ が与えられたときの，y の予測分布 $p(y \mid \boldsymbol{x}, \mathcal{D})$ を求める。

2) ステップ 2（異常度の定義）：　典型的には，予測分布を基に，新たに観測された 1 点 $(y', \boldsymbol{x}')$ に対する負の対数尤度 $-\ln p(y' \mid \boldsymbol{x}', \mathcal{D})$ を異常度とする。

3) ステップ 3（閾値の設定）：　可能なら異常度についての確率分布を用いて，それが難しければ訓練データに基づく分位点の情報を使って，適切な閾値を与え，異常を判定する。

次節以降で，具体的なモデルに沿ってこの手順を説明してゆきます。

6.2　線形回帰モデルによる異常検知

本節では，確率的な考え方から線形回帰モデルを導き，それを用いた異常検知の方法について考えます。

6.2.1　問題の定義

線形回帰モデルでは，関数 f としてつぎのような 1 次関数（線形関数）を考えます。

$$f(\boldsymbol{x}) = \alpha_0 + \boldsymbol{\alpha}^\top \boldsymbol{x} = \alpha_0 + \alpha_1 x_1 + \cdots + \alpha_M x_M \tag{6.2}$$

$\alpha_0, \ldots, \alpha_M$ という $M+1$ 個の係数は，データから定められるべき定数です。ここで考えるのは，データ $\mathcal{D}$ を基に，確率モデル

$$p(y \mid \boldsymbol{x}) = \mathcal{N}(y \mid \alpha_0 + \boldsymbol{\alpha}^\top \boldsymbol{x}, \sigma^2)$$
$$= \frac{1}{\sqrt{2\pi\sigma^2}} \exp\left[-\frac{1}{2\sigma^2}(y - \alpha_0 - \boldsymbol{\alpha}^\top \boldsymbol{x})^2 \right] \tag{6.3}$$

に含まれるパラメター $\alpha_0, \boldsymbol{\alpha}$ と σ^2 の最もよさそうな値を一つ決めるという問題です。この問題は，パラメターを単一の数値の組として「一つ」だけ決めるので**点推定**と呼ばれます。次節でパラメターを決定する手順を具体的に見てゆきます。

前章までのように，下記のような量を定義しておきます。

$$\boldsymbol{y}_N \equiv [y^{(1)}, \ldots, y^{(N)}]^\top, \qquad \mathsf{X} \equiv [\boldsymbol{x}^{(1)}, \ldots, \boldsymbol{x}^{(N)}] \tag{6.4}$$

$\boldsymbol{y}_N$ は N 次元の列ベクトル，X は $M \times N$ 次元のデータ行列です。X は回帰問題の文脈では特に**計画行列**などと呼ばれることもあります。入力 $\boldsymbol{x}$ を配置する実験計画を表しているからです。

6.2.2 最小二乗法としての最尤推定

$\mathcal{D}$ における N 個の観測値が統計的に独立であるとの想定の下では，入出力の区別がない場合（式 (2.15)）と同様に，未知パラメター $\alpha_0, \boldsymbol{\alpha}, \sigma^2$ に対する尤度関数は，N 個の標本の寄与の積としてつぎのように定義されます。

$$p(\mathcal{D} \mid \alpha_0, \boldsymbol{\alpha}, \sigma^2) = \prod_{n=1}^{N} \mathcal{N}(y^{(n)} \mid \alpha_0 + \boldsymbol{\alpha}^\top \boldsymbol{x}^{(n)}, \sigma^2) \tag{6.5}$$

これは式 (2.15) において，正規分布の部分をモデル (6.3) に置き換えたものにすぎません。正規分布の定義式を用いて両辺の対数を計算すると，対数尤度関数はつぎのようになります。

$$L(\alpha_0, \boldsymbol{\alpha}, \sigma^2 \mid \mathcal{D}) = -\frac{N}{2}\ln(2\pi\sigma^2) - \frac{1}{2\sigma^2}\sum_{n=1}^{N}\left[y^{(n)} - \alpha_0 - \boldsymbol{\alpha}^\top \boldsymbol{x}^{(n)} \right]^2 \tag{6.6}$$

まず α_0 について最尤解を求めてみます。上式を α_0 で微分して 0 と等置することにより，容易に

$$\hat{\alpha}_0 = \frac{1}{N}\sum_{n=1}^{N}\left[y^{(n)} - \boldsymbol{\alpha}^\top \boldsymbol{x}^{(n)}\right] = \bar{y} - \boldsymbol{\alpha}^\top \bar{\boldsymbol{x}} \tag{6.7}$$

が得られます。ただし y と $\boldsymbol{x}$ それぞれについての標本平均を

$$\bar{y} \equiv \frac{1}{N}\sum_{n=1}^{N} y^{(n)}, \quad \bar{\boldsymbol{x}} \equiv \frac{1}{N}\sum_{n=1}^{N} \boldsymbol{x}^{(n)}$$

のように定義しました。α_0 はすでに求まったので，入力，出力ともに中心化してまとめた

$$\tilde{\boldsymbol{y}}_N \equiv \mathsf{H}_N \boldsymbol{y}_N = [\,y^{(1)} - \bar{y}, \ldots, y^{(N)} - \bar{y}\,]^\top \tag{6.8}$$

$$\tilde{\mathsf{X}} \equiv \mathsf{X}\mathsf{H}_N = \left[\boldsymbol{x}^{(1)} - \bar{\boldsymbol{x}}, \ldots, \boldsymbol{x}^{(N)} - \bar{\boldsymbol{x}}\right] \tag{6.9}$$

というものを定義して，対数尤度の式から α_0 を消去することにしましょう。式 (6.6) に代入して整理するとつぎのようになります。

$$L(\boldsymbol{\alpha}, \sigma^2 \mid \mathcal{D}) = -\frac{N}{2}\ln(2\pi\sigma^2) - \frac{1}{2\sigma^2}\|\tilde{\boldsymbol{y}}_N - \tilde{\mathsf{X}}^\top \boldsymbol{\alpha}\|^2 \tag{6.10}$$

つぎに $\boldsymbol{\alpha}$ について最尤解を求めてみます。式 (6.6) で与えられる対数尤度を最大化する $\boldsymbol{\alpha}$ を求めるわけですが，$\boldsymbol{\alpha}$ に依存するのは最後の項だけなので

$$\|\tilde{\boldsymbol{y}}_N - \tilde{\mathsf{X}}^\top \boldsymbol{\alpha}\|^2 = \sum_{n=1}^{N}\left[y^{(n)} - \bar{y} - \boldsymbol{\alpha}^\top(\boldsymbol{x}^{(n)} - \bar{\boldsymbol{x}})\right]^2 \;\rightarrow\; \text{最小化} \tag{6.11}$$

という最適化問題を解くことになります。この量は，**図 6.2** に示したように，観測値 $y^{(n)}$ と，モデル (6.2) による予測値との食い違いの 2 乗を，全訓練データに対して加えたものです。食い違いはプラスにもマイナスにもなるでしょうが，2 乗することで正味のずれの大きさを評価する量になっています。これはいわゆる平均二乗誤差（の N 倍）に他なりません。すなわち，係数 α についての最尤推定は最小二乗法と等価です。

$\boldsymbol{\alpha}$ の最尤解 $\hat{\boldsymbol{\alpha}}$ を具体的に求めてみます。式 (6.11) の左辺を整理すると

$$\tilde{\boldsymbol{y}}_N^\top \tilde{\boldsymbol{y}}_N - 2\boldsymbol{\alpha}^\top \tilde{\mathsf{X}}\tilde{\boldsymbol{y}}_N + \boldsymbol{\alpha}^\top \tilde{\mathsf{X}}\tilde{\mathsf{X}}^\top \boldsymbol{\alpha} \tag{6.12}$$

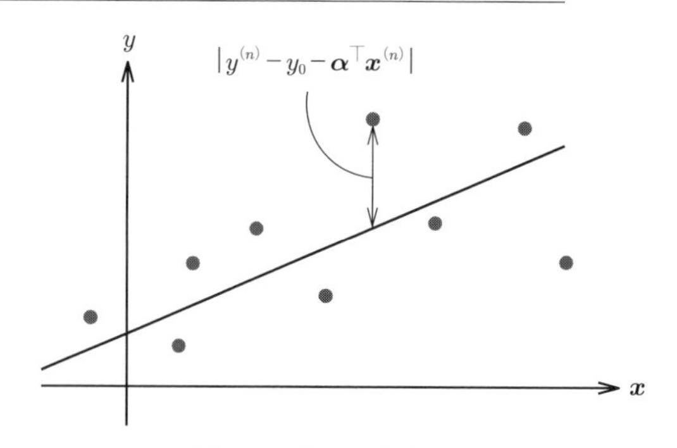

図 **6.2**　最小二乗法の説明

となります。これを付録の微分公式 (A.34) および (A.35) を使って $\boldsymbol{\alpha}$ で微分してゼロベクトルと等値すると，方程式

$$-2\tilde{\mathsf{X}}\tilde{\boldsymbol{y}}_N + 2\tilde{\mathsf{X}}\tilde{\mathsf{X}}^\top \boldsymbol{\alpha} = \boldsymbol{0}$$

が得られます。$\tilde{\mathsf{X}}\tilde{\mathsf{X}}^\top$ は $M \times M$ 次元の対称な正方行列ですが，これが正則である（つまり逆行列が計算できる）ことを仮定すれば，$\boldsymbol{\alpha}$ の最尤解 $\hat{\boldsymbol{\alpha}}$ が

$$\hat{\boldsymbol{\alpha}} = [\tilde{\mathsf{X}}\tilde{\mathsf{X}}^\top]^{-1}\tilde{\mathsf{X}}\tilde{\boldsymbol{y}}_N \tag{6.13}$$

のように得られます。この解は，**普通の最小二乗法**（ordinary least squares）による解と呼ばれています。

一方，σ^2 の最尤解については，式 (6.6) を σ^{-2} で微分して 0 と等値することより容易に

$$\hat{\sigma}^2 = \frac{1}{N}\sum_{n=1}^{N}\left[y^{(n)} - \bar{y} - \hat{\boldsymbol{\alpha}}^\top(\boldsymbol{x}^{(n)} - \bar{\boldsymbol{x}})\right]^2 \tag{6.14}$$

となることがわかります。

6.2.3 異常度の定義

最尤推定により，確率モデル (6.3) のパラメター $\alpha_0, \boldsymbol{\alpha}$ と σ^2 が求まったので，異常度の定義に進みます。観測量 $(y', \boldsymbol{x}')$ についての異常度は，この 1 点に関する負の対数尤度を基にして

$$a(y', \boldsymbol{x}') \equiv \frac{1}{\hat{\sigma}^2}\left[y' - \bar{y} - \hat{\boldsymbol{\alpha}}^\top(\boldsymbol{x}' - \bar{\boldsymbol{x}})\right]^2 \tag{6.15}$$

のように定義できます。これは見かけ上，1 変数のマハラノビス距離による異常度 (2.6) とよく似ています。唯一の違いは，ホテリング理論における標本平均 $\hat{\mu}$ が，ここでは，$\bar{y} + \hat{\boldsymbol{\alpha}}^\top(\boldsymbol{x}' - \bar{\boldsymbol{x}})$ という量に入れ替わっていることです。$\hat{\boldsymbol{\alpha}}$ は，式 (6.13) のように，観測量 $\{(y^{(n)}, \boldsymbol{x}^{(n)})\}$ に関するやや複雑な関数になっています。そのため，ホテリング理論のように,「最尤推定量のばらつきを表す確率分布を明示的に求める」ことは簡単ではありません。この場合一つの方法は，3.1.3 項で述べたとおり，異常度のデータに改めて確率分布を当てはめるか，あるいは，より手軽には，2.1 節で述べた分位点の方法を使うこともできます。

これで一応形の上では線形回帰に基づく異常検知の枠組みができたのですが，普通の最小二乗法の解 (6.13) には実用上の大きな欠点があります。実は $[\tilde{\mathsf{X}}\tilde{\mathsf{X}}^\top]^{-1}$ の計算が，特に次元 M が数十以上になるような場合，頻繁に支障を来します。とりわけ，M 個の変数のうち何個かに「ダブり」がある場合，専門的にいえば**多重共線性**がある場合，この逆行列が計算不能になります。例えば，$x_1 = 3x_4$ や $x_2 = x_1 + 2x_4$ というような線形の関係が変数間に成り立つ場合がそれです。このため，実用上はほとんどつねに，次節で説明するリッジ回帰による解を使うことが推奨されます。異常検知手順のまとめ，R での実行例はそちらで示しましょう。

6.3　リッジ回帰モデルと異常検知

線形回帰における普通の最小二乗解は，数値的不安定性という困難を抱えています。本節ではそのような困難を回避できる手法であるリッジ回帰の枠組みを説明し，それに基づいた異常検知手法を解説します。

6.3.1　リッジ回帰の解

普通の最小二乗解の問題は，$[\tilde{\mathsf{X}}\tilde{\mathsf{X}}^\top]^{-1}$ の計算が数値的に不安定ということでした。先に述べたように，変数の間に近似的にせよなにか線形の関係式がある場合，行列 $\tilde{\mathsf{X}}\tilde{\mathsf{X}}^\top$ の階数が M より小さくなり，したがってゼロ固有値が生じます。ゼロ固有値をもつ行列の逆行列では,「ゼロ割」が発生してしまうため，数値計算ができなくなります。これを防ぐための常套(じょうとう)手段は，固有値がゼロにならないように対角要素に小さな数を足しておくことです。式の上では，普通の最小二乗法の解 (6.13) の代わりに

$$\hat{\boldsymbol{\alpha}}_{\mathrm{ridge}} = [\tilde{\mathsf{X}}\tilde{\mathsf{X}}^\top + \lambda \mathsf{I}_M]^{-1}\tilde{\mathsf{X}}\tilde{\boldsymbol{y}}_N \tag{6.16}$$

を使うことで問題が解決されます。λ はある定数，I_M は M 次元の単位行列です。これは式 (6.13) とは $\lambda \mathsf{I}_M$ の項の違いでしかありませんが，この項により，多重共線性があってもつねに解が計算可能になります。これは実用上は大きなメリットです。線形回帰の係数をこの式で点推定するモデルを**リッジ回帰**と呼びます†。

工学的な観点では基本的にはこれだけなのですが，式 (6.16) の由来をもう少し考えてみましょう。まず重要な事実は，この解が，最適化問題

$$\|\tilde{\boldsymbol{y}}_N - \tilde{\mathsf{X}}^\top \boldsymbol{\alpha}\|^2 + \lambda \boldsymbol{\alpha}^\top \boldsymbol{\alpha} \quad \to \quad \text{最小} \tag{6.17}$$

の解になっているということです。これを確かめるのは簡単で，付録の微分公式 (A.34) および (A.35) より，上式を微分してゼロとおけば，先ほどとほとんど同様に方程式

$$-2\tilde{\mathsf{X}}\tilde{\boldsymbol{y}}_N + 2[\tilde{\mathsf{X}}\tilde{\mathsf{X}}^\top + \lambda \mathsf{I}_M]\boldsymbol{\alpha} = \mathbf{0}$$

が得られ，これから式 (6.16) がただちに得られます。

式 (6.17) 左辺に付加した第 2 項は，$\boldsymbol{\alpha}$ の要素（の絶対値）が,「ゼロ割」などの理由で極端に大きくなるのを防ぐ罰則項のような働きをしていると解釈できます。言い換えると，解がうまく求まらないような最適化問題の解を「正しく」求められるようにする働きをします。このような付加項を**正則化項**と呼び

---

† リッジ（ridge）というのは英語では山の尾根のことです。多重共線性の困難を幾何学的に考えると納得できる名称ですが，ここでは深入りしません。

ます。この場合，正則化項は，2 ノルム（定義 5.1 参照）の 2 乗なので，$\mathbf{L_2}$ **正則化**（または ℓ_2 正則化）とも呼ばれます。

最適化問題 (6.17) には，**最大事後確率**（maximum a posteriori，しばしば **MAP** と略される）という別の解釈も可能です。これについては 6.6 節でまとめて述べましょう。

6.3.2　定数 λ の決定

リッジ回帰は，λ という新しいパラメターを導入することで，数値的安定性を実現しました。では λ の値はどう決めたらよいでしょうか。これについては，一つ抜き交差確認法に基づく二乗誤差についてのつぎのような結果を利用できます。

定理 6.1　（リッジ回帰の一つ抜き交差確認誤差）　第 n 番目の標本を抜いて計算したリッジ回帰の回帰係数を $\boldsymbol{\alpha}^{(-n)}$ と表すと，これはつぎのように表せる。

$$\boldsymbol{\alpha}^{(-n)} \equiv \left[\tilde{\mathsf{X}}\tilde{\mathsf{X}}^\top - \tilde{\boldsymbol{x}}^{(n)}\tilde{\boldsymbol{x}}^{(n)\top} + \lambda\mathsf{I}_M\right]^{-1}(\tilde{\mathsf{X}}\tilde{\boldsymbol{y}}_N - \tilde{\boldsymbol{x}}^{(n)}\tilde{y}^{(n)}) \quad (6.18)$$

ただし $\tilde{y}^{(n)} \equiv y^{(n)} - \bar{y}$ および $\tilde{\boldsymbol{x}}^{(n)} \equiv \boldsymbol{x}^{(n)} - \bar{\boldsymbol{x}}$ である。このとき，一つ抜き交差確認法による二乗誤差

$$e(\lambda) = \frac{1}{N}\sum_{n=1}^{N}\left[\tilde{y}^{(n)} - \tilde{\boldsymbol{x}}^{(n)\top}\boldsymbol{\alpha}^{(-n)}\right]^2 \quad (6.19)$$

は次式を満たす。

$$e(\lambda) = \frac{1}{N}\left\|\mathrm{diag}(\mathsf{I}_N - \mathsf{H})^{-1}(\mathsf{I}_N - \mathsf{H})\tilde{\boldsymbol{y}}_N\right\|^2 \quad (6.20)$$

ただし行列 H は次式で定義される。

$$\mathsf{H} \equiv \tilde{\mathsf{X}}^\top(\tilde{\mathsf{X}}\tilde{\mathsf{X}}^\top + \lambda\mathsf{I}_M)^{-1}\tilde{\mathsf{X}} \quad (6.21)$$

また，$\mathrm{diag}(\mathsf{I}_N - \mathsf{H})^{-1}$ は，第 i 対角要素が $(1 - \mathsf{H}_{i,i})^{-1}$ となる対角行列である。

式 (6.20) を使えば，定数 λ のよさを評価できます。すなわち，あらかじめ何種類か λ の候補値を挙げておき，それぞれについて式 (6.20) の値を計算して，$e(\lambda)$ の値が最小となるものが最善の λ です。

定理 6.1 を証明してみましょう。まず，式 (6.18) の $\boldsymbol{\alpha}^{(-n)}$ の表式については，式 (6.9) の $\tilde{\mathsf{X}}$ の定義において，n 列を取り除いたものを書き下してみればただちにわかると思います。

この表式における逆行列の部分を，付録のウッドベリー行列恒等式 (A.22) において，$\mathsf{A} \to (\tilde{\mathsf{X}}\tilde{\mathsf{X}}^\top + \lambda \mathsf{I}_M)$，$\mathsf{D} \to 1$，$\mathsf{B} \to \tilde{\boldsymbol{x}}^{(n)}$，$\mathsf{C} \to \tilde{\boldsymbol{x}}^{(n)\top}$ とおくと，$\mathsf{H}_{n,n} = \tilde{\boldsymbol{x}}^{(n)\top}\mathsf{A}^{-1}\tilde{\boldsymbol{x}}^{(n)}$ に注意して

$$
\begin{aligned}
[\cdots]^{-1} &= \mathsf{A}^{-1} + \mathsf{A}^{-1}\tilde{\boldsymbol{x}}^{(n)}[1 - \tilde{\boldsymbol{x}}^{(n)\top}\mathsf{A}^{-1}\tilde{\boldsymbol{x}}^{(n)}]^{-1}\tilde{\boldsymbol{x}}^{(n)\top}\mathsf{A}^{-1} \\
&= \left[\mathsf{I}_M + \frac{\mathsf{A}^{-1}\tilde{\boldsymbol{x}}^{(n)}\tilde{\boldsymbol{x}}^{(n)\top}}{1 - \mathsf{H}_{n,n}}\right]\mathsf{A}^{-1}
\end{aligned}
$$

となることが容易にわかります。したがって，二乗誤差の式 (6.19) の右辺に現れる内積の項をつぎのように計算できます。

$$
\tilde{\boldsymbol{x}}^{(n)\top}\boldsymbol{\alpha}^{(-n)} = \frac{1}{1 - \mathsf{H}_{n,n}}\left[\tilde{\boldsymbol{x}}^{(n)\top}\mathsf{A}^{-1}\tilde{\mathsf{X}}\tilde{\boldsymbol{y}}_N - \mathsf{H}_{n,n}\tilde{y}^{(n)}\right]
$$

これからただちに

$$
\tilde{y}^{(n)} - \tilde{\boldsymbol{x}}^{(n)\top}\boldsymbol{\alpha}^{(-n)} = \frac{1}{1 - \mathsf{H}_{n,n}}\left[\tilde{y}^{(n)} - \tilde{\boldsymbol{x}}^{(n)\top}\mathsf{A}^{-1}\tilde{\mathsf{X}}\tilde{\boldsymbol{y}}_N\right] \tag{6.22}
$$

が成り立つことがわかります。したがって，式 (6.16) で定義した $\hat{\boldsymbol{\alpha}}_{\mathrm{ridge}}$ の式を使うと

$$
e(\lambda) = \frac{1}{N}\sum_{n=1}^{N}\frac{1}{(1 - \mathsf{H}_{n,n})^2}\left[\tilde{y}^{(n)} - \tilde{\boldsymbol{x}}^{(n)\top}\hat{\boldsymbol{\alpha}}_{\mathrm{ridge}}\right]^2 \tag{6.23}
$$

となります。ここまで来ると，行列 H の定義から式 (6.20) の成立は明らかです。

表式 (6.23) は多少の一般化が可能です。中でも重要なのが，**一般化交差確認法**（generalized cross validation）と呼ばれる手法です。この方法では，式 (6.20)

の代わりに

$$e_{\mathrm{GCV}}(\lambda) = \frac{1}{N}\frac{\|(\mathsf{I}_M - \mathsf{H})\tilde{\boldsymbol{y}}_N\|^2}{[1 - \mathrm{Tr}(\mathsf{H})/N]^2} \tag{6.24}$$

が最小になる λ を選びます。これは式 (6.23) の $\mathsf{H}_{n,n}$ を対角要素の平均値 $\mathrm{Tr}(\mathsf{H})/N$ で置き換えたものに対応しています。これにより，より安全な（つまり大きめの）λ が選ばれる傾向にあり[11]，実用上はこちらのほうが好まれることも多いようです。また，個別に対角要素を計算するよりは，行列の跡（トレース）を計算したほうが数値計算上簡単になることも多いので，この点も一般化交差確認法の利点となります。両者の比較や理論的な関係について興味がある人は，Golub ら[7] の論文を眺めてみるとよいでしょう。

6.3.3 異常度の定義

前節までに $\hat{\boldsymbol{\alpha}}_{\mathrm{ridge}}$ と，λ の最適値 $\hat{\lambda}$ の決め方を説明しました。残るパラメター σ^2 については，リッジ回帰の場合，つぎの式から計算するのが妥当です。

$$\hat{\sigma}^2_{\mathrm{ridge}} = \frac{1}{N}\left\{\hat{\lambda}\hat{\boldsymbol{\alpha}}^\top_{\mathrm{ridge}}\hat{\boldsymbol{\alpha}}_{\mathrm{ridge}} + \sum_{n=1}^{N}\left[\tilde{y}^{(n)} - \hat{\boldsymbol{\alpha}}^\top_{\mathrm{ridge}}\tilde{\boldsymbol{x}}^{(n)}\right]^2\right\} \tag{6.25}$$

これの導出は6.6節に回します。ただ直感的にも，$\hat{\lambda}$ が小さければ普通の最小二乗法による解 (6.14) と同じなので，特に違和感はないと思います（$\tilde{y}^{(n)} \equiv y^{(n)} - \bar{y}$ および $\tilde{\boldsymbol{x}}^{(n)} \equiv \boldsymbol{x}^{(n)} - \bar{\boldsymbol{x}}$ に注意）。

以上の結果から異常度は，普通の最小二乗解と同様，観測量 $(y', \boldsymbol{x}')$ という一点における負の対数尤度を基にして

$$a(y', \boldsymbol{x}') \equiv \frac{1}{\hat{\sigma}^2_{\mathrm{ridge}}}\left[y' - \bar{y} - \hat{\boldsymbol{\alpha}}^\top_{\mathrm{ridge}}(\boldsymbol{x}' - \bar{\boldsymbol{x}})\right]^2 \tag{6.26}$$

のように定義することができます。この異常度の計画行列 X に対する依存性はホテリング統計量のように単純ではないため，明示的に確率分布を導出するのは簡単ではありません。実用上の手順としては，3.1.3 項で論じたとおり，カイ二乗分布を異常度に当てはめるか，あるいは，より手軽には，2.1 節で述べた分位点の方法を使うこともできます。

なお，訓練標本数 N が次元 M に比べて大きくないときは，訓練データを用いて閾値を見積もる際に，式 (6.16) で定義した $\hat{\boldsymbol{\alpha}}_{\mathrm{ridge}}$ の式と，一つ抜き交差確認法で求めた式 (6.22) を使い，式 (6.26) をつぎのように変形しておくのが安全です。

$$a^{(n)} = \frac{1}{(1-\mathsf{H}_{n,n})^2 \hat{\sigma}^2_{\mathrm{ridge}}} \left[y^{(n)} - \bar{y} - \hat{\boldsymbol{\alpha}}^{\top}_{\mathrm{ridge}} (\boldsymbol{x}^{(n)} - \bar{\boldsymbol{x}}) \right]^2 \tag{6.27}$$

上式において，一般化交差確認法と同様に，$\mathsf{H}_{n,n}$ を $\mathrm{Tr}(\mathsf{H})/N$ で置き換えることもできます。

以上の手順をまとめておきます。

手順 6.1　(線形回帰のリッジ解による異常検知)

1) 訓　練　時：　λ の候補をいくつかあらかじめ挙げておく。
   a) λ の候補のそれぞれについて，式 (6.20) の $e(\lambda)$ か，式 (6.24) の $e_{\mathrm{GCV}}(\lambda)$ を計算し，最小の評価値を与える λ を記憶する。
   b) 式 (6.16) により回帰係数 $\hat{\boldsymbol{\alpha}}_{\mathrm{ridge}}$ を計算し記憶する。
   c) 式 (6.25) により $\hat{\sigma}^2_{\mathrm{ridge}}$ を計算し記憶する。
   d) 各標本 $(\boldsymbol{x}^{(n)}, y^{(n)})$ について，異常度 $a(y^{(n)}, \boldsymbol{x}^{(n)})$ を式 (6.27) にて計算し，異常度の閾値 a_{th} を求め，記憶する。
2) 運　用　時：
   a) 観測データ $(\boldsymbol{x}', y')$ に対して，異常度 $a(y', \boldsymbol{x}')$ を式 (6.26) にて計算する。
   b) $a(y', \boldsymbol{x}') > a_{\mathrm{th}}$ なら異常と判定，警報を発する。

6.3.4 R での実行例

R ではリッジ回帰を実装しているパッケージはいくつかあります。ここでは MASS パッケージに組み込まれている `lm.ridge()` 関数を使って異常検知を行ってみます。データとしては同パッケージにある `UScrime` を使って，都市の犯罪率 `y` を，**表 6.1** にあるような変数から予測してみます（実行例 6.1）。

`lm.ridge()` には，リッジ回帰の λ を最適に選ぶ機能が実装されていて便利です。下記では，λ の候補を 50 個用意しておき，一般化交差確認法で最善の値

表 6.1 UScrime データにおける予測変数一覧

記号	定　義	記号	定　義
M	14–24 歳の男性の割合	NW	1 000 人当りの非白人数
Ed	平均就学期間〔年〕	U1	都市部男性（14–24 歳）の失業率
Po1	1960 年における警察予算	U2	都市部男性（35–39 歳）の失業率
Po2	1959 年における警察予算	GDP	州の 1 人当り GDP
LF	労働力率	Ineq	経済的不平等の度合い
M.F	女性 1 000 人当りの男性の数	Prob	収監率
Pop	州の人口	Time	刑務所での平均収監期間

実行例 6.1

```
library(MASS)
X <- UScrime[,-c(2,16)]; M <- ncol(X) # 第 2, 16 変数を除く
y <- UScrime[,16]; N <- length(y) # 第 16 番目が y に対応
lambdas <- seq(0,5,length=50) # ラムダの候補
model <- lm.ridge(y ~.,cbind(X,y),lambda=lambdas)
bestIdx <- which.min(model$GCV) # 一般化交差確認法の評価値が最小のもの
coefs <- coef(model)[bestIdx,] # 回帰係数
lam <- model$lambda[bestIdx] # 選択されたラムダの値
ypred <- as.matrix(X)%*%as.matrix(coefs[2:15])+coefs[1] # 予測値
```

を選びます。lm.ridge() の y~. という表記は「y という名前が付けられた変数を従属変数とし，その他の変数をすべて予測変数とする」という意味です。もし UScrime の第 16 番目の変数の名前が例えば crime であれば，crime~. というような書き方になります。coef() は回帰係数を取り出す関数で，その第 1 成分が $\bar{y}$ に対応しています。一般化交差検証の評価値が最小になる λ に対応する回帰係数を選び，リッジ回帰による予測値とデータの実際の値を**図 6.3** (a) において比べます。45 度線上が完璧な一致を意味します。ばらつきはあるもののおおむね 45 度線の上にあることがわかります。

回帰の結果が求まったら，データクレンジングの問題設定として式 (6.27) を基に異常度を計算してみます。プログラムを実行例 6.2 に示します。式 (6.27) の $\mathsf{H}_{n,n}$ を $\mathrm{Tr}(\mathsf{H})/N$ で置き換えた式を使っています。5%分位点に対応する異常度を閾値に採用することにします。

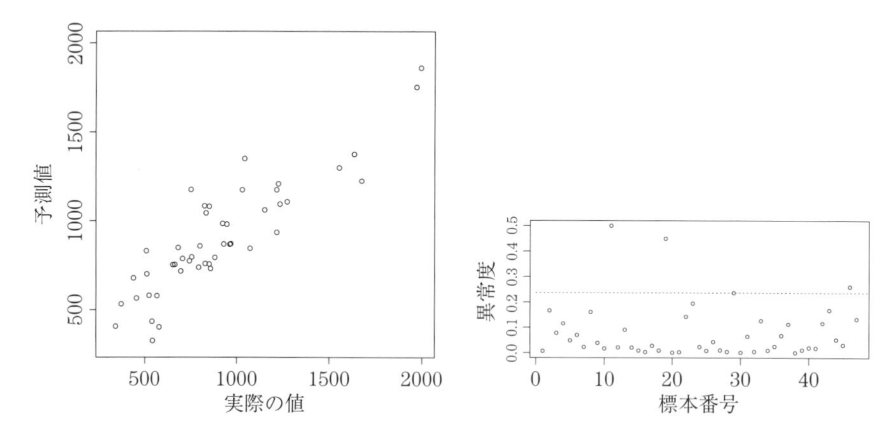

（a） 予測値（“ypred”）と実際の値（“y”）の比較　　（b） それぞれの州の異常度

図 6.3 リッジ回帰の計算結果（UScrime データ）

実行例 6.2

```
sig2 <- ( lam*sum(coefs[2:15]^2)+ sum( as.numeric(ypred) - y)^2)/N
X_ <- t(scale(X,scale=F)) # 中心化したデータ行列
H <- t(X_) %*% solve( X_%*%t(X_) +lam*diag(M), X_) # H 行列
TrHN <- sum(diag(H))/N # H のトレースを N で割ったもの
a <- (as.numeric(ypred) - y)^2/((1 - TrHN)^2*sig2) # 異常度
plot(a,xlab="index",ylab="anomaly score") # 異常度のプロット
th <- sort(a)[N*(1-0.05)] # 閾値
lines(0:50,rep(th,length(0:50)),col="red",lty=2)  # 閾値の線を描く
```

異常度の計算結果を図 6.3 (b) に示します。11，19，46 番目の州が閾値を越えた高い異常度を示しています。残念ながらこのデータには州の名前が記録されておらず，どの州の異常度が高いのかを知ることはできません。11 番目の州については，犯罪率の予測値が 1 226 ですが，実際はそれよりはるかに大きい 1674 という値になっており，この差が高い異常度になっています。19 番目の州については逆に，予測値 1 175 に対して，実際の犯罪率はずっと低い 750 という値になっています。19 番目の州の関係当局はおそらくよい仕事をしているのでしょう。

6.4　偏最小二乗法と統計的プロセス制御（1 次元出力）

6.3 節においては，普通の最小二乗法による線形モデルの不安定性を回避するという文脈でリッジ回帰の手法を解説しました。普通の最小二乗法を改良するという観点では，実はこれ以外にもいくつかの選択肢があります。ここで解説する偏最小二乗法は，工場の操業監視などの用途で広く使われており，リッジ回帰とならび応用上重要なものです。本節では，出力変数が 1 次元である場合に議論を絞り，多出力への拡張は次節で述べます。

6.4.1　問題の設定

統計的プロセス制御（statistical process control，SPC）は，広義には統計学的な手法を使って工場などの状態監視を行うことを指す言葉ですが，狭義には，入力と出力がある系において，両者の関係が正常範囲にあるべく状態監視を行うことを指します。使い分けは厳密ではありませんが，2 章で詳述したホテリング理論による異常検知は FDC（1.5 節 参照），これから説明する回帰モデリングに基づく異常検知を SPC と呼ぶことが多いようです。

本節で説明する**偏最小二乗法**（partial least squares，**PLS**）は統計的プロセス制御の標準的手法として知られています†。この手法の最大の特色は，多重共線性（変数のダブり）があって普通の最小二乗解が計算不能な場合でも精度の高い状態監視が可能になることです。リッジ回帰の場合，解の安定化は，回帰係数について正則化を通して行われました。すなわち,「特定の方向の係数が巨大な値になることはあまりないだろう」という仮定をやや人為的におくことで，所望の安定性を確保しました。

偏最小二乗法はリッジ回帰と発想が異なります。偏最小二乗法では，出力変数を最もよく説明すると思われる変数を選択的に使うことで，解の安定性と精度の両立を図ります。仮に冗長な変数が混じっていても，変数の選択の過程で

† **部分最小二乗法**と呼ばれることもあります。

重みが下げられるので実質的な悪影響はなくなります。リッジ回帰の場合，いわば，M 個の変数すべてについての性善説に立脚して解の安定化を図るのに対し，偏最小二乗法では，M 個の変数の中には役立たずの変数もあるはずだとの性悪説に立脚することで解の安定性を得ます。この意味で両者は対照的な位置にあります。

問題を整理します。本章冒頭に述べたように，データとして入力と出力の組が N 個与えられています。すなわち，$\mathcal{D} \equiv \{(\boldsymbol{x}^{(1)}, y^{(1)}), (\boldsymbol{x}^{(2)}, y^{(2)}), ..., (\boldsymbol{x}^{(N)}, y^{(N)})\}$ です。本節では以下，記述を簡素化するため，出力 y と，入力 $\boldsymbol{x}$ の各次元は，平均 0，分散 1 となるように**標準化**されていると仮定します。典型的にはこれら N 個の標本は時系列データとして観測されますが，時間軸上での相関は無視できるものとし，N 個は統計的に独立とします。各 $\boldsymbol{x}^{(n)}$ は M 次元ベクトル，$y^{(n)}$ のほうはスカラーです（あとで多次元に拡張します）。偏最小二乗法では，生の $\boldsymbol{x}$ を扱う代わりに，m 個の正規直交基底（$m < M$）

$$\boldsymbol{p}_1, \boldsymbol{p}_2, \ldots, \boldsymbol{p}_m \quad \text{ここで} \quad \boldsymbol{p}_i^\top \boldsymbol{p}_j = \delta_{i,j}$$

を使って変換した $\boldsymbol{x}$ を使って線形回帰の問題を解きます（$\delta_{i,j}$ はクロネッカーのデルタです）。すなわち問題はつぎの二つあります。

(1) 基底 $\boldsymbol{p}_1, \boldsymbol{p}_2, \ldots, \boldsymbol{p}_m$ を，出力変数を最も効率よく表せるように選ぶこと。
(2) それらの基底を使って線形回帰モデルを表現し，対応する回帰係数を求めること。

6.4.2 正規直交基底による回帰モデルの変換

問題自体への理解を深めるため，上記の第 2 の問題から考えます。まず，「正規直交基底 $\boldsymbol{p}_1, \boldsymbol{p}_2, \ldots, \boldsymbol{p}_m$ を使って $\boldsymbol{x}$ を表す」ということが一体どういうことかを最初に定義します。それは

$$\boldsymbol{x} \quad \text{の代わりに} \quad \boldsymbol{r} \equiv \mathsf{P}^\top \boldsymbol{x} \quad \text{を新しい変数として使う} \tag{6.28}$$

ということです。ここで $\mathsf{P} \equiv [\boldsymbol{p}_1, \boldsymbol{p}_2, \ldots, \boldsymbol{p}_m]$ です。これは $M \times m$ のサイズ

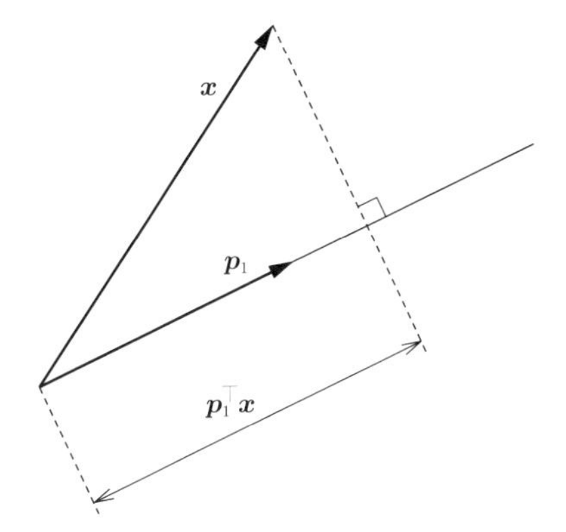

図 **6.4** 単位ベクトル $\boldsymbol{p}_1$ の方向への射影

の行列ですから，$\mathsf{P}^\top \boldsymbol{x}$ は m 次元のベクトルです。$M > m$ でしたから，これは要するに，次元削減が行われたということです。なぜ式 (6.28) が成り立つかですが，ベクトル $\mathsf{P}^\top \boldsymbol{x}$ の，例えば第 1 成分が，$\boldsymbol{p}_1^\top \boldsymbol{x}$ となっていることからわかります。図 **6.4** からわかるとおり，これは $\boldsymbol{x}$ の，$\boldsymbol{p}_1$ 方向の長さに対応しています（もちろん角度が鈍角なら負にもなりえます）。

この前提で，系のモデルとして

$$y = \beta_1 r_1 + \cdots + \beta_m r_m = \boldsymbol{\beta}^\top \boldsymbol{r} \tag{6.29}$$

というものを考えます。これともともとの式 (6.2) との違いは，今は平均ゼロのデータを念頭に置いているので y 切片に当たる項が出て来ない点と，$\boldsymbol{\beta}$ と $\boldsymbol{r}$ の双方が m 次元になっている点です。その未知の係数 $\boldsymbol{\beta}$ を，P により変換されたデータ

$$\{(\boldsymbol{r}^{(1)}, y^{(1)}),\ \ldots,\ (\boldsymbol{r}^{(N)}, y^{(N)})\}$$

を用いて決める，というのがわれわれの問題です。ただし，$\boldsymbol{r}^{(n)} \equiv \mathsf{P}^\top \boldsymbol{x}^{(n)}$ とおきました。

この解き方は，普通の最小二乗法と同じです。式 (6.11) と同様に，二乗誤差

$$\sum_{n=1}^{N} \left[y^{(n)} - \boldsymbol{\beta}^\top \boldsymbol{r}^{(n)} \right]^2 \tag{6.30}$$

を最小化するように，係数 $\boldsymbol{\beta}$ を決めることにします。$\boldsymbol{\beta}$ で微分して $\mathbf{0}$ と等値すると

$$\mathbf{0} = 2\sum_{n=1}^{N}\left[y^{(n)} - \boldsymbol{\beta}^\top \boldsymbol{r}^{(n)}\right](-\boldsymbol{r}^{(n)})$$

となりますから，6.2.2 項と同様にしてこれを解いて，$\boldsymbol{r}^{(n)} = \mathsf{P}^\top \boldsymbol{x}^{(n)}$ を使って $\boldsymbol{x}^{(n)}$ に戻すと

$$\hat{\boldsymbol{\beta}}_{\mathrm{PLS}} = \left[\mathsf{P}^\top \mathsf{X}\mathsf{X}^\top \mathsf{P}\right]^{-1} \mathsf{P}^\top \mathsf{X}\boldsymbol{y}_N \tag{6.31}$$

が得られます。ただし，$\boldsymbol{y}_N$ と X は式 (6.4) と同様に定義しています。解 (6.31) は一見複雑な形をしていますが，例えば，$\mathsf{R} \equiv \mathsf{P}^\top \mathsf{X}$ などとおくと，$\hat{\boldsymbol{\beta}}_{\mathrm{PLS}} = \left[\mathsf{R}\mathsf{R}^\top\right]^{-1} \mathsf{R}\boldsymbol{y}_N$ となって，普通の最小二乗解 (6.13) の計画行列 $\tilde{\mathsf{X}}$ を単純に $\mathsf{P}^\top \mathsf{X}$ で置き換えたものと一致していることがわかります。$\mathsf{R}\mathsf{R}^\top$ の部分，すなわち $\mathsf{P}^\top \mathsf{X}\mathsf{X}^\top \mathsf{P}$ は $m \times m$ の行列となります。元の M 個の変数に多重共線性があったとしても，m を十分小さくとればこの行列は正則になり，普通の最小二乗解のような不安定性は生じないことに注意します。

6.4.3 NIPALS 法（1 次元出力）

さて，6.4.1 項で述べた最初の問題に戻り，どのようにして正規直交基底 $\boldsymbol{p}_1$, $\boldsymbol{p}_2, \ldots, \boldsymbol{p}_m$ を求めるべきかを考えます。偏最小二乗法では

$$\begin{pmatrix} y^{(1)} \\ y^{(2)} \\ \vdots \\ y^{(N)} \end{pmatrix} \quad と \quad \begin{pmatrix} x_1^{(1)} \\ x_1^{(2)} \\ \vdots \\ x_1^{(N)} \end{pmatrix} c_1 + \begin{pmatrix} x_2^{(1)} \\ x_2^{(2)} \\ \vdots \\ x_2^{(N)} \end{pmatrix} c_2 + \cdots + \begin{pmatrix} x_M^{(1)} \\ x_M^{(2)} \\ \vdots \\ x_M^{(N)} \end{pmatrix} c_M \quad の重なり$$

が最大化されるよう係数 $c_1, \ldots, c_M$ を決定し，基底 $\boldsymbol{p}_1$ を $[c_1, \ldots, c_M]^\top$ のように求めます。一つの基底を求めたら，それで合わせきれなかった部分をつぎの基底 $\boldsymbol{p}_2$ で，さらにつぎ，というように，順次基底を求めてゆきます。

細かい計算に入る前に，このやり方がなにを意味するか考えてみます。重なり最大の基準で上記の係数を求めた結果，$c_1 = c_2 = 1/\sqrt{2}$ で他はゼロだった

とすれば，M 個ある観測値のうち，y の予測に有効に効く変数はわずか二つだけで，新たな変数 $(x_1 + x_2)/\sqrt{2}$ だけを見ておけば十分，ということになります。すなわち，係数 $\{c_i\}$ を求めることは，M 個の変数の貢献度を計算し，それに基づいて新たな変数をつくることと同じです。観測される M 個の変数全部を使うのではなくて，貢献度が高いものだけを優先的に使うこと。これが「偏」最小二乗法という名前の由来です。

さて，具体的な計算方法の導出に入ります。ベクトルを使って簡潔に書けば，上記の基準は，$\boldsymbol{y}_N$ と $\mathsf{X}^\top \boldsymbol{c}$ の重なりの最大化ということです。「重なり」の度合いを図 6.4 のように内積で測るとすれば，一つの基底 $\boldsymbol{p}$ を求める問題はつぎのように書けます。

$$\max_{\boldsymbol{c}} \left\{ \boldsymbol{y}_N^\top \mathsf{X}^\top \boldsymbol{c} \right\} \quad \text{subject to} \quad \boldsymbol{c}^\top \boldsymbol{c} = 1 \tag{6.32}$$

拘束条件をラグランジュ乗数 λ を使って取り込むことで（付録 A.6 節 参照），最適性の条件がつぎのように得られます。

$$\mathsf{X}\boldsymbol{y}_N - 2\lambda \boldsymbol{c} = 0$$

この解は明らかに

$$\frac{\mathsf{X}\boldsymbol{y}_N}{\|\mathsf{X}\boldsymbol{y}_N\|}$$

であり，これが 1 本目の基底 $\boldsymbol{p}_1$ となります。これより，$\boldsymbol{y}_N$ と一番重なりの大きいものが $\mathsf{X}^\top \boldsymbol{p}_1$ と求められたことになります。

2 本目の基底 $\boldsymbol{p}_2$ を求めるには，N 次元ベクトル $\mathsf{X}^\top \boldsymbol{c}$ が，$\mathsf{X}^\top \boldsymbol{p}_1$ の成分をもたないようにあらかじめ引き去っておきます。それは，$\boldsymbol{d}_1 \equiv \mathsf{X}^\top \boldsymbol{p}_1 / \|\mathsf{X}^\top \boldsymbol{p}_1\|$ としたとき

$$\mathsf{X}^\top \boldsymbol{c} - \boldsymbol{d}_1 \, \boldsymbol{d}_1^\top \left(\mathsf{X}^\top \boldsymbol{c} \right) \quad \text{すなわち} \quad \left[\mathsf{X}^\top - \boldsymbol{d}_1 \, \boldsymbol{d}_1^\top \mathsf{X}^\top \right] \boldsymbol{c}$$

となります。すなわち，事前にデータ行列 X を

$$\mathsf{X} \;\leftarrow\; \mathsf{X} - \mathsf{X}\boldsymbol{d}_1 \boldsymbol{d}_1^\top \tag{6.33}$$

と更新しておけば，$\boldsymbol{p}_1$ と同じ手順で $\boldsymbol{p}_2$ を計算できます。以上の手順をまとめます。下記の算法はしばしば **NIPALS**（nonlinear iterative partial least squares）と呼ばれます。

手順 6.2　(**NIPALS 法による回帰モデル（1 変数出力）**)

1) 訓　練　時

　a) 入力：データ行列 X，出力のベクトル $\boldsymbol{y}_N$，基底の数 m

　b) 出力： 基底ベクトルの行列 $\mathsf{P} = [\boldsymbol{p}_1, \boldsymbol{p}_2, \ldots, \boldsymbol{p}_m]$

　c) 計算手順：$i = 1, 2, \ldots, m$ に対して以下を繰り返す。

$$\boldsymbol{p}_i = \frac{\mathsf{X}\boldsymbol{y}_N}{\|\mathsf{X}\boldsymbol{y}_N\|}$$

$$\boldsymbol{d}_i = \frac{\mathsf{X}^\top \boldsymbol{p}_i}{\|\mathsf{X}^\top \boldsymbol{p}_i\|}$$

$$\mathsf{X} \leftarrow \mathsf{X} - \mathsf{X}\boldsymbol{d}_i\boldsymbol{d}_i^\top$$

　d) 式 (6.31) より回帰係数 $\hat{\boldsymbol{\beta}}_{\mathrm{PLS}} = \left[\mathsf{P}^\top\mathsf{X}\mathsf{X}^\top\mathsf{P}\right]^{-1}\mathsf{P}^\top\mathsf{X}\boldsymbol{y}_N$ を求めておく。

2) 予　測　時

　a) 入力 $\boldsymbol{x}$

　b) 出力 $y = \boldsymbol{\beta}_{\mathrm{PLS}}^\top\mathsf{P}^\top\boldsymbol{x}$

上記は出力変数が 1 次元の場合ですが，多次元への拡張，非線形モデルへの拡張など，近年さまざまな研究がなされています。比較的よくまとまった資料としては Rosipal ら[26] の解説がありますので参照してください。

6.4.4　異常度の定義と異常検知手順

実運用の世界では，対象とする系の物理的特性に応じて，現場の技術者に解釈が容易な異常度が定義されるのが普通です。もし系の動作についての十分な知識を得ることが困難な場合，これまで本書で述べてきたように，確率分布に基づく異常度を定義するのが妥当です。偏最小二乗法の議論では確率的なモデルは明示的には出て来ませんでしたが，基底の行列 P により変換された世界での普通の最小二乗モデルだとすれば，正規分布と自然なつながりができます。自然な異常検知の手順としてはつぎのようなものが考えられます。

手順 6.3 (線形回帰の偏最小二乗解による異常検知)

1) 訓　練　時：　異常度の確率分布をデータから学習する。

   a) 基底の行列 P により変換された訓練データ $(\boldsymbol{r}^{(1)}, y^{(1)}), \ldots, (\boldsymbol{r}^{(N)}, y^{(N)})$ から，式 (6.31) より回帰係数 $\hat{\boldsymbol{\beta}}_{\mathrm{PLS}}$ と，観測のばらつき

$$\hat{\sigma}^2_{\mathrm{PLS}} = \frac{1}{N}\sum_{n=1}^{N}\left[y^{(n)} - \hat{\boldsymbol{\beta}}^{\top}_{\mathrm{PLS}}\boldsymbol{r}^{(n)}\right]^2 \tag{6.34}$$

   を求める（$\boldsymbol{x}$ の変換の定義は式 (6.28)）。

   b) 各標本について，異常度を次式を使って計算する。

$$a(y, \boldsymbol{x}) \equiv \frac{1}{\hat{\sigma}^2_{\mathrm{PLS}}}\left[y - \hat{\boldsymbol{\beta}}^{\top}_{\mathrm{PLS}}\mathsf{P}\boldsymbol{x}\right]^2 \tag{6.35}$$

   c) モーメント法を用いて，計算された異常度 $a^{(1)}, \ldots, a^{(N)}$ に対しカイ二乗分布 $\chi^2(\hat{m}_{\mathrm{mo}}, \hat{s}_{\mathrm{mo}})$ を当てはめる。

2) 運　用　時：　当てはめられたカイ二乗分布を基に，異常度の閾値 a_{th} を求めておく。

   a) 観測データ $(\boldsymbol{x}', y')$ に対して，異常度 $a(y', \boldsymbol{x}')$ を式 (6.35) にて計算する。

   b) $a(y', \boldsymbol{x}') > a_{\mathrm{th}}$ なら異常と判定，警報を発する。

これは単に P で変換されたデータについて前節の手順をほぼ繰り返しているのと同様なので，R での実行例は省略します。R では偏最小二乗法についていくつかのパッケージがあり，手軽に試してみることができます。本書執筆時点では `pls`，`ppls`，`lspls`，`plspm` などのパッケージが利用可能なようです。

6.5 正準相関分析による異常検知

前節での偏最小二乗法は議論を簡単にするため出力変数が 1 次元の場合のみを考えました。ここではそれを多次元に拡張します。偏最小二乗法を多出力に

拡張する手法は数多く提案されていますが，ここではそれらと関連の深い正準相関分析という手法を紹介します。

6.5.1 問　題　設　定

正準相関分析において考えるのはつぎのような問題です。M 次元の変数 $\boldsymbol{x}$ と L 次元の変数 $\boldsymbol{y}$ があり，それらが組として N 個

$$\mathcal{D} \equiv \{(\boldsymbol{x}^{(1)}, \boldsymbol{y}^{(1)}),\ \ldots,\ (\boldsymbol{x}^{(N)}, \boldsymbol{y}^{(N)})\} \tag{6.36}$$

のように観測されているとします。説明を具体的にするために，ある装置のパラメター $\boldsymbol{x}$ と，その出力として得られるセンサー値 $\boldsymbol{y}$ があるとしましょう。例えば，自動車の場合なら，$\boldsymbol{x}$ としてはスロットル開度，ブレーキ圧力，冷却水温，ギア比，など，$\boldsymbol{y}$ としてはエンジン回転数，燃料流量，速度，加速度，などが考えられます。たくさんあるパラメターの中には，特定の出力のみに影響して，他には無関係なものもあるかもしれません。このような場合，実用上は，「いったいなにとなにがどう絡んでいるのか」を知りたくなります。正準相関分析とは，パラメターの一次結合

$$\alpha_1 x_1 + \alpha_2 x_2 + \cdots + \alpha_M x_M \quad \text{すなわち} \quad \boldsymbol{\alpha}^\top \boldsymbol{x}$$

とセンサー出力の一次結合

$$\beta_1 y_1 + \beta_2 y_2 + \cdots + \beta_L y_L \quad \text{すなわち} \quad \boldsymbol{\beta}^\top \boldsymbol{y}$$

をつくり，両者の相関係数が最大になるように係数 $\boldsymbol{\alpha}$ と $\boldsymbol{\beta}$ を定める問題です。もし特定の $\boldsymbol{\alpha}$ と $\boldsymbol{\beta}$ において両者の相関係数が非常に大きく，例えば 0.9 などの値になったとします。その場合，生の多次元データを個別に見るのではなく，それらの一次結合としての $\boldsymbol{\alpha}$ と $\boldsymbol{\beta}$ を新しいセンサー値だと思って監視することができます（このような，生のセンサー値を束ねてつくる特徴量を「**ソフトセンサー**」と呼ぶことがあります）。すなわち，$\boldsymbol{\alpha}$ と $\boldsymbol{\beta}$ の値がほぼ比例関係にある，という知識を基に，それからの外れを検出する形で異常検知のモデルを構築できます。

6.5.2 一般化固有値問題としての正準相関分析

先ほどつくった一次結合をそれぞれ

$$f \equiv \boldsymbol{\alpha}^\top \boldsymbol{x}, \qquad g \equiv \boldsymbol{\beta}^\top \boldsymbol{y} \tag{6.37}$$

とおきましょう。これらはスカラーです。まず，f と g の標本平均がどうなるかを考えます。元の変数 $\boldsymbol{x}$ と $\boldsymbol{y}$ の標本平均をそれぞれ $\bar{\boldsymbol{x}}$ と $\bar{\boldsymbol{y}}$ のように表すと，これらの標本平均は，$\bar{f} = \boldsymbol{\alpha}^\top \bar{\boldsymbol{x}}$ および $\bar{g} = \boldsymbol{\beta}^\top \bar{\boldsymbol{y}}$ となります。なぜなら

$$\bar{f} \equiv \frac{1}{N}\sum_{n=1}^{N} \boldsymbol{\alpha}^\top \boldsymbol{x}^{(n)} = \boldsymbol{\alpha}^\top \frac{1}{N}\sum_{n=1}^{N} \boldsymbol{x}^{(n)} = \boldsymbol{\alpha}^\top \bar{\boldsymbol{x}}$$

などだからです。同様にして f と g の間の標本共分散の式をつくると

$$\begin{aligned}(f \text{ と } g \text{ の標本共分散}) &= \frac{1}{N}\sum_{n=1}^{N} \boldsymbol{\alpha}^\top (\boldsymbol{x}^{(n)} - \bar{\boldsymbol{x}})(\boldsymbol{y}^{(n)} - \bar{\boldsymbol{y}})^\top \boldsymbol{\beta} \\ &= \boldsymbol{\alpha}^\top \left\{ \frac{1}{N}\sum_{n=1}^{N} (\boldsymbol{x}^{(n)} - \bar{\boldsymbol{x}})(\boldsymbol{y}^{(n)} - \bar{\boldsymbol{y}})^\top \right\} \boldsymbol{\beta}\end{aligned}$$

となります。この $\{\cdot\}$ の中身は，M 次元変数 $\boldsymbol{x}$ と，L 次元変数 $\boldsymbol{y}$ の間の共分散行列に対応するものです。これを Σ_{xy} と表すと

$$(f \text{ と } g \text{ の標本共分散}) = \boldsymbol{\alpha}^\top \Sigma_{xy} \boldsymbol{\beta}$$

なることがわかります。すなわち，元の変数の共分散行列を，係数で「変換」したものです。同様に，f と g の標本分散もそれぞれつぎのように表せることがわかります。

$$(f \text{ の標本分散}) = \frac{1}{N}\sum_{n=1}^{N} \boldsymbol{\alpha}^\top (\boldsymbol{x}^{(n)} - \bar{\boldsymbol{x}})(\boldsymbol{x}^{(n)} - \bar{\boldsymbol{x}})^\top \boldsymbol{\alpha} = \boldsymbol{\alpha}^\top \Sigma_{xx} \boldsymbol{\alpha}$$

$$(g \text{ の標本分散}) = \frac{1}{N}\sum_{n=1}^{N} \boldsymbol{\beta}^\top (\boldsymbol{y}^{(n)} - \bar{\boldsymbol{y}})(\boldsymbol{y}^{(n)} - \bar{\boldsymbol{y}})^\top \boldsymbol{\beta} = \boldsymbol{\beta}^\top \Sigma_{yy} \boldsymbol{\beta}$$

もわかります。したがって，相関係数の定義から

$$r_{fg} \equiv (f \text{ と } g \text{ の相関係数}) = \frac{\boldsymbol{\alpha}^\top \Sigma_{xy} \boldsymbol{\beta}}{\sqrt{\boldsymbol{\alpha}^\top \Sigma_{xx} \boldsymbol{\alpha}}\sqrt{\boldsymbol{\beta}^\top \Sigma_{yy} \boldsymbol{\beta}}} \tag{6.38}$$

がいえます。

この相関係数を最大にするのは一見難しそうなのですが，分母と分子を分けて考えることで問題を単純化できます。すなわち，式 (6.38) を丸ごと最大化しようとするのではなく，分母を一定値に保ったまま，分子を最大にしてみます。つまり問題を，つぎの問題に読み替えます。

$$\max_{\boldsymbol{\alpha},\boldsymbol{\beta}} \left\{ \boldsymbol{\alpha}^\top \Sigma_{xy} \boldsymbol{\beta} \right\} \quad \text{subject to} \quad \boldsymbol{\alpha}^\top \Sigma_{xx} \boldsymbol{\alpha} = 1, \ \boldsymbol{\beta}^\top \Sigma_{yy} \boldsymbol{\beta} = 1 \tag{6.39}$$

これは $\boldsymbol{x}$ 側と $\boldsymbol{y}$ 側のそれぞれでばらつきの度合いを標準化した上で，同じ土俵で両者の重なりを最大化しようという式ですので，直感的にも納得できます。付録 A.6 節で述べた手順に従い，二つの等式制約に対応して二つのラグランジュ乗数 λ と μ を導入します。最適性の条件は，ラグランジュ関数

$$\boldsymbol{\alpha}^\top \Sigma_{xy} \boldsymbol{\beta} - \frac{\lambda}{2} \boldsymbol{\alpha}^\top \Sigma_{xx} \boldsymbol{\alpha} - \frac{\mu}{2} \boldsymbol{\beta}^\top \Sigma_{yy} \boldsymbol{\beta}$$

を $\boldsymbol{\alpha}$ および $\boldsymbol{\beta}$ で偏微分して 0 と等値することにより得られます（ラグランジュ係数の前の 1/2 は式をきれいにするために付けました）。偏微分を実行すると

$$\mathbf{0} = \Sigma_{xy} \boldsymbol{\beta} - \lambda \Sigma_{xx} \boldsymbol{\alpha} \tag{6.40}$$

$$\mathbf{0} = \Sigma_{yx} \boldsymbol{\alpha} - \mu \Sigma_{yy} \boldsymbol{\beta} \tag{6.41}$$

となります。$\Sigma_{yx} = \Sigma_{xy}^\top$ に注意し，最初の式に左から $\boldsymbol{\alpha}^\top$ を掛け，第 2 の式に左から $\boldsymbol{\beta}^\top$ を掛けて転置したものを引くと

$$0 = \lambda \boldsymbol{\alpha}^\top \Sigma_{xx} \boldsymbol{\alpha} - \mu \boldsymbol{\beta}^\top \Sigma_{yy} \boldsymbol{\beta}$$

となります。拘束条件が満たされているかぎり λ と μ の係数は 1 ですから，$\lambda = \mu$ が成り立つことがわかります。これより以下 μ を消去して λ のみを使います。

Σ_{xx} が正則だと仮定して，その逆行列を式 (6.40) に掛けると

$$\boldsymbol{\alpha} = \frac{1}{\lambda} \Sigma_{xx}^{-1} \Sigma_{xy} \boldsymbol{\beta}$$

が成り立つので，これにより式 (6.41) の $\boldsymbol{\alpha}$ を消去すると

$$\Sigma_{yx}\Sigma_{xx}^{-1}\Sigma_{xy}\boldsymbol{\beta} = \lambda^2\Sigma_{yy}\boldsymbol{\beta} \tag{6.42}$$

となります。同様にして，式 (6.41) の両辺に Σ_{yy} の逆行列を掛けた式をつくり，それを使って式 (6.40) の $\boldsymbol{\beta}$ を消去すると

$$\Sigma_{xy}\Sigma_{yy}^{-1}\Sigma_{yx}\boldsymbol{\alpha} = \lambda^2\Sigma_{xx}\boldsymbol{\alpha} \tag{6.43}$$

となります。式 (6.42) と式 (6.43) は，それぞれ $\mathsf{A}\boldsymbol{w} = \omega\mathsf{B}\boldsymbol{w}$ の形をしており，このような方程式を**一般化固有値方程式**と呼びます。次節で説明するように，通常の固有値方程式同様，これを解くと，$(\lambda^1, \boldsymbol{\alpha}^1, \boldsymbol{\beta}^1), (\lambda^2, \boldsymbol{\alpha}^2, \boldsymbol{\beta}^2), \ldots$ のように複数の一般化固有値と一般化固有ベクトルの組が出てきます。これらは式 (6.40) および式 (6.41) を満たしますから，第 i 番目の一般化固有値方程式から $\Sigma_{xy}\boldsymbol{\beta}^i = \lambda^i\Sigma_{xx}\boldsymbol{\alpha}^i$ が成り立ち，これを式 (6.38) に代入し，最適化問題 (6.39) の制約条件を使うと

$$r_{fg}^i = \lambda^i$$

であることがわかります。これを第 i **正準相関係数**と呼びます。

6.5.3 特異値分解による解と異常検知

上記の一般化固有値問題を通常の固有値方程式の形に直すのは簡単です。式 (6.42) に左から $\Sigma_{yy}^{-1/2}$ を掛け，また，式 (6.43) に左から $\Sigma_{xx}^{-1/2}$ を掛けると，以下の固有値方程式が導かれることがただちに示せます。

$$\mathsf{W}\mathsf{W}^\top\tilde{\boldsymbol{\alpha}} = \lambda^2\tilde{\boldsymbol{\alpha}} \quad \text{subject to} \quad \tilde{\boldsymbol{\alpha}}^\top\tilde{\boldsymbol{\alpha}} = 1 \tag{6.44}$$

$$\mathsf{W}^\top\mathsf{W}\tilde{\boldsymbol{\beta}} = \lambda^2\tilde{\boldsymbol{\beta}} \quad \text{subject to} \quad \tilde{\boldsymbol{\beta}}^\top\tilde{\boldsymbol{\beta}} = 1 \tag{6.45}$$

ただし，つぎのようにおきました。

$$\mathsf{W} \equiv \Sigma_{xx}^{-1/2}\Sigma_{xy}\Sigma_{yy}^{-1/2} \tag{6.46}$$

$$\tilde{\boldsymbol{\alpha}} \equiv \Sigma_{xx}^{1/2}\boldsymbol{\alpha} \tag{6.47}$$

$$\tilde{\boldsymbol{\beta}} \equiv \Sigma_{yy}^{1/2}\boldsymbol{\beta} \tag{6.48}$$

特異値分解の定義（定理 5.1）により，$\tilde{\boldsymbol{\alpha}}$ は W の左特異ベクトル，$\tilde{\boldsymbol{\beta}}$ は W の右特異ベクトルであることがわかります。また，λ は W の特異値として求まります。したがって，相関の最も強い変数の組を見つけるには，W の特異値を大きい順から眺めて，1 に近いと思われるものをいくつか選べばよいでしょう。

いま，W の特異値分解により，そのようにして特異ベクトルを $(\tilde{\boldsymbol{\alpha}}^1, \tilde{\boldsymbol{\beta}}^1)$, $(\tilde{\boldsymbol{\alpha}}^2, \tilde{\boldsymbol{\beta}}^2), \ldots$ のように求めたとしましょう。すると式 (6.37) から，第 i 正準変数が，任意の $\boldsymbol{x}$，$\boldsymbol{y}$ に対し

$$f_i = \boldsymbol{x}^\top \Sigma_{xx}^{-1/2}\tilde{\boldsymbol{\alpha}}^i \tag{6.49}$$

$$g_i = \boldsymbol{y}^\top \Sigma_{yy}^{-1/2}\tilde{\boldsymbol{\beta}}^i \tag{6.50}$$

のように求められます。

さて，正準変数が求められたとして，つぎは異常度の定義を考えます。これについては，正準相関係数が 1 に近いものを数個とり，両者を線形回帰の関係にあるとして監視するのが一つの実用的な方法です。異常判定モデルの作成手順を以下にまとめます。

手順 6.4　(正準相関分析による異常検知)

1) 訓練時（その 1：正準変数を求める）

　a) 式 (6.46) で定義される行列 W をつくり，その特異値分解を行う。

　b) W の特異ベクトル $(\tilde{\boldsymbol{\alpha}}^i, \tilde{\boldsymbol{\beta}}^i)$ を λ^i の値の大きい順に必要な個数選ぶ。

2) 訓練時（その 2：回帰モデルを当てはめる）

　a) 正準変数を一組（第 i 正準変数とする）選び，元のデータ $\mathcal{D}$ から，式 (6.49) および式 (6.50) を使って，第 i 正準変数からなるデータ

$$\mathcal{D}_i = \{(f_i^{(1)}, g_i^{(1)}), \ldots, (f_i^{(N)}, g_i^{(N)})\}$$

をつくる。

b) f_i と g_i について 1 変数の線形回帰モデルを当てはめる。

c) 6.3 節と同様にして異常度を計算し，必要に応じてカイ二乗分布を当てはめるか，分位点を求めるかして閾値を設定する。

d) 上記を正準変数の数だけ繰り返す。

例えば上位二つの正準相関係数が 1 に近く，それらを使って系を特徴づけることにしたとしましょう。その場合，上記の手順により二つの異常度が定義されます。

R では `CCA` というパッケージがあり，手軽に正準相関分析を実行できます。基本的に，`cc(X,Y)` というコマンドを使うだけです。このパッケージにはマウスの栄養学的研究に関する `nutrimouse` というデータが組み込まれており，そのデータを使って正準相関分析を実際に試してみることができます。実行例は `CCA` のドキュメントに譲りましょう。

6.6 ベイズ的線形回帰モデルと異常検知*

本節では，6.3 節で述べたリッジ回帰の理論的背景を，確率的な定式化を通して解説します。理論的詳細に興味のない読者は本節を飛ばして先に進むとよいでしょう。

本節では，問題の一般化のため，生の入力 $\boldsymbol{x}^{(1)},\ldots,\boldsymbol{x}^{(N)}$ が，なんらかの関数 $\boldsymbol{\phi}$ により，$\boldsymbol{\phi}(\boldsymbol{x}) \leftarrow \boldsymbol{x}$ と変換されたと考え，線形回帰モデルを

$$y = \boldsymbol{\alpha}^\top \boldsymbol{\phi}(\boldsymbol{x}) \tag{6.51}$$

と書きます。生の入力 $\boldsymbol{x}$ の次元を M とし，$\boldsymbol{\phi}$ したがって $\boldsymbol{\alpha}$ の次元を M_ϕ と書いておきます。このような変換の最も素朴な例は

$$\boldsymbol{\phi} = \begin{pmatrix} 1 \\ \boldsymbol{x} \end{pmatrix} \tag{6.52}$$

のようなものです。これにより y 切片を $\boldsymbol{\alpha}$ の第 1 成分として扱うことができ便利です。もちろん，$\boldsymbol{\phi}$ としてはなんらかの非線形変換でもかまいません。変換されたデータについての計画行列を

$$\Phi \equiv [\boldsymbol{\phi}^{(1)}, \ldots, \boldsymbol{\phi}^{(N)}] \tag{6.53}$$

のように書いておきます。$\boldsymbol{\phi}^{(n)}$ は $\boldsymbol{\phi}(\boldsymbol{x}^{(n)})$ の略記です。

6.6.1 最大事後確率解としてのリッジ回帰

6.3 節で述べたとおり，普通の最小二乗法を使った線形回帰の解は，回帰係数になんらかの制約をつけないかぎり実用性を欠きます。そのため，観測のばらつきを表す確率分布

$$p(y \mid \boldsymbol{\alpha}, \sigma^2) = \mathcal{N}(y \mid \boldsymbol{\alpha}^\top \boldsymbol{\phi}(\boldsymbol{x}),\ \sigma^2) \tag{6.54}$$

に加えて，回帰係数 $\boldsymbol{\alpha}$ の先天的なあいまいさを表すつぎの確率分布（**事前分布**）を考えてみます。

$$p(\boldsymbol{\alpha} \mid \lambda, \sigma^2) = \mathcal{N}(\boldsymbol{\alpha} \mid \mathbf{0}, (\sigma^2/\lambda)\mathsf{I}_M) \tag{6.55}$$

これは係数 $\boldsymbol{\alpha}$ の値に，ある種の偏見を導入することに他なりません。平均ゼロの正規分布ですから，とんでもなく大きい $\|\boldsymbol{\alpha}\|$ をもつ $\boldsymbol{\alpha}$ は，この「偏見」の結果，ほとんど確実に禁じられることになります。

データの観測の結果として，パラメター $\boldsymbol{\alpha}$ の分布は，事前分布にデータの分布を反映したものになります。その分布，すなわち**事後分布**は，ベイズの定理（定理 A.1）から形式的につぎのように書けます。

$$p(\boldsymbol{\alpha} \mid \mathcal{D}, \lambda, \sigma^2) \propto p(\mathcal{D} \mid \boldsymbol{\alpha}, \sigma^2)\, p(\boldsymbol{\alpha} \mid \lambda, \sigma^2) \tag{6.56}$$

ここで $p(\mathcal{D} \mid \boldsymbol{\alpha}, \sigma^2)$ は，線形回帰の係数 $\boldsymbol{\alpha}$ を一つ固定したときの，観測値 $\mathcal{D}$ の実現確率を表しています。N 個の標本 $(\boldsymbol{\phi}^{(n)}, y^{(n)})$ が統計的に独立であると仮定すると，$p(\mathcal{D} \mid \boldsymbol{\alpha}, \sigma^2)$ は個々の標本に対する確率分布 (6.54) の積となります。明示的に書くとつぎのとおりです。

$$p(\mathcal{D}|\boldsymbol{\alpha},\sigma^2) = \prod_{n=1}^{N} \mathcal{N}(y^{(n)}|\boldsymbol{\alpha}^\top \boldsymbol{\phi}^{(n)}, \sigma^2) = \mathcal{N}(\boldsymbol{y}_N|\Phi^\top \boldsymbol{\alpha}, \sigma^2 \mathsf{I}_N) \quad (6.57)$$

このとき，単に正規分布の定義を使うことにより，この事後分布の対数がつぎのようになることがただちにわかります。

$$\ln\{p(\mathcal{D} \mid \boldsymbol{\alpha},\sigma^2)\, p(\boldsymbol{\alpha} \mid \lambda,\sigma^2)\} = -\frac{M}{2}\ln(2\pi) - \frac{M}{2}\ln\frac{\sigma^2}{\lambda} - \frac{\lambda}{2\sigma^2}\boldsymbol{\alpha}^\top\boldsymbol{\alpha} - \frac{N}{2}\ln(2\pi\sigma^2) - \frac{1}{2\sigma^2}\|\boldsymbol{y}_N - \Phi^\top\boldsymbol{\alpha}\|^2 \quad (6.58)$$

これを最大にする $\boldsymbol{\alpha}$ を求めることで，事後分布において最も実現可能性の高い回帰係数を求めることができます。上式で $\boldsymbol{\alpha}$ が含まれている項は二つしかありません。この最大化問題は明らかに

$$\|\boldsymbol{y}_N - \Phi^\top\boldsymbol{\alpha}\|^2 + \lambda\boldsymbol{\alpha}^\top\boldsymbol{\alpha} \quad \to \quad \text{最小} \quad (6.59)$$

と一致します。変換 $\boldsymbol{\phi}(\boldsymbol{x}) \leftarrow \boldsymbol{x}$ に基づく表記の違いは別にして，これは問題(6.17) と同じものです。したがってその解も

$$\hat{\boldsymbol{\alpha}} = \left[\Phi\Phi^\top + \lambda\mathsf{I}_{M_\phi}\right]^{-1}\Phi\boldsymbol{y}_N \quad (6.60)$$

のように求まります。以上から，リッジ回帰の解 (6.16) は，**最大事後確率**（maximum a posteriori，しばしば **MAP** と略される）解と等価であることがわかります。

ついでに，明示的に $\boldsymbol{\alpha}$ の事後分布を求めてみましょう。$\boldsymbol{\alpha}$ に関する事前分布が多次元正規分布に従い，$\boldsymbol{\alpha}$ を与えたときの $\mathcal{D}$ に関する条件付き分布もやはり多次元正規分布に従うので，付録の A.4.5 項の定理 A.9 を適用することができます。$p(y \mid \boldsymbol{\alpha},\sigma^2)$ を式 (A.52) に，$p(\boldsymbol{\alpha} \mid \lambda,\sigma^2)$ を式 (A.53) に対応させると，式 (A.54) および式 (A.56) から，回帰係数の事後分布がつぎのように得られます。

$$p(\boldsymbol{\alpha} \mid \mathcal{D},\lambda,\sigma^2) = \mathcal{N}(\boldsymbol{\alpha} \mid \mathsf{A}^{-1}\Phi\boldsymbol{y}_N,\ \sigma^2\mathsf{A}^{-1}) \quad (6.61)$$

ただし

$$\mathsf{A} \equiv \Phi\Phi^\top + \lambda \mathsf{I}_{M_\phi} \tag{6.62}$$

とおきました。

この式を，事後確率最大化による解 (6.60) と比べると，$\boldsymbol{\alpha}$ の事後分布の期待値が $\hat{\boldsymbol{\alpha}}$ に一致していることがわかります。

6.6.2　パラメター $\boldsymbol{\sigma}^2$ の決定

いま考えているモデルには三つのパラメター $\boldsymbol{\alpha}, \lambda, \sigma^2$ があります。いま，λ について，定理 6.1 などを使って値が数値としてすでに与えられているとし，それを $\hat{\lambda}$ とします。この前提の下で，パラメター σ^2 の決め方を考えましょう。仮に σ^2 の候補値がいくつかあったとしたら，その中から最善の σ^2 を選ぶ問題は，4.4.5 項で述べたモデル選択の問題と形式上同じになります。したがって，最善の σ^2 は，未知パラメター α を周辺化した周辺尤度の最大値を与えるものとして決めることができます。すなわち

$$E(\sigma^2) \equiv \int \mathrm{d}\boldsymbol{\alpha}\, p(\mathcal{D} \mid \boldsymbol{\alpha}, \sigma^2)\, p(\boldsymbol{\alpha} \mid \hat{\lambda}, \sigma^2) \quad \to \quad \text{最大化} \tag{6.63}$$

です。$E(\sigma^2)$ をしばしば（σ^2 に関する）**エビデンス**と呼びます。未知パラメターを周辺化してあいまいさを排除した後の，モデルの当てはまりのよさを示す「証拠」となるような量だからです。エビデンスの最大化によるパラメター決定法を，**第 2 種最尤推定**とか**経験ベイズ法**と呼ぶことがあります。また，しばしば**エビデンス近似**とも呼ばれます。「近似」というのは，σ^2 についての事前分布の設定を省略して，最尤法とベイズモデリングのいわば折衷方式でパラメターを決めるからです。

エビデンス (6.63) は，正規分布の周辺化の公式 (A.55) において，式 (6.55) および式 (6.57) を使うことにより

$$E(\sigma^2) = \mathcal{N}\left(\boldsymbol{y}_N \;\middle|\; \mathbf{0},\, \sigma^2 \mathsf{I}_N + \frac{\sigma^2}{\hat{\lambda}} \Phi^\top \Phi\right) \tag{6.64}$$

と容易に計算できます。これを最大化する σ^2 は，$\ln E(\sigma^2)$ をも最大化しますから，$\ln E(\sigma^2)$ の式を考えてみましょう。正規分布の定義から

$$\ln E(\sigma^2) = -\frac{N}{2}\ln(2\pi) - \frac{1}{2}\ln\left|\sigma^2 \mathsf{I}_N + \frac{\sigma^2}{\hat{\lambda}}\Phi^\top\Phi\right| - \frac{1}{2}\boldsymbol{y}_N^\top\left(\sigma^2\mathsf{I}_N + \frac{\sigma^2}{\hat{\lambda}}\Phi^\top\Phi\right)^{-1}\boldsymbol{y}_N \qquad (6.65)$$

となります。ここで右辺の第 2 項の行列式は，シルベスターの行列式補題 (A.28) から

$$\left|\sigma^2\mathsf{I}_N + \frac{\sigma^2}{\hat{\lambda}}\Phi^\top\Phi\right| = (\sigma^2)^N\hat{\lambda}^{-M_\phi}|\mathsf{A}|$$

となります[†]。また，右辺の第 3 項の逆行列は，ウッドベリー行列恒等式 (A.22) から

$$\left(\sigma^2\mathsf{I}_N + \frac{\sigma^2}{\hat{\lambda}}\Phi^\top\Phi\right)^{-1} = \frac{1}{\sigma^2}\left(\mathsf{I}_N - \Phi^\top\mathsf{A}^{-1}\Phi\right)$$

となりますので，対数エビデンスは

$$\ln E(\sigma^2) = -\frac{N}{2}\ln(2\pi) - \frac{1}{2}\ln\left[(\sigma^2)^N\hat{\lambda}^{-M_\phi}|\mathsf{A}|\right] - \frac{1}{2\sigma^2}\boldsymbol{y}_N^\top\left(\mathsf{I}_N - \Phi^\top\mathsf{A}^{-1}\Phi\right)\boldsymbol{y}_N \qquad (6.66)$$

のような形となります。これを σ^{-2} で微分して 0 と等置することにより

$$\hat{\sigma}^2 = \frac{1}{N}\left(\boldsymbol{y}_N^\top\boldsymbol{y}_N - \boldsymbol{y}_N^\top\Phi^\top\mathsf{A}^{-1}\Phi\boldsymbol{y}_N\right) \qquad (6.67)$$

が得られます。右辺の括弧内の第 2 項については，最大事後確率解 (6.60) が $\hat{\boldsymbol{\alpha}} = \mathsf{A}^{-1}\Phi\boldsymbol{y}_N$ と書けることに注意すると，つぎのような計算ができます。

$$\begin{aligned}
-\boldsymbol{y}_N^\top\Phi^\top\mathsf{A}^{-1}\Phi\boldsymbol{y}_N &= -2\boldsymbol{y}_N^\top\Phi^\top\mathsf{A}^{-1}\Phi\boldsymbol{y}_N + \boldsymbol{y}_N^\top\Phi^\top\mathsf{A}^{-1}\Phi\boldsymbol{y}_N \\
&= -2\boldsymbol{y}_N^\top\Phi^\top\hat{\boldsymbol{\alpha}} + \boldsymbol{y}_N^\top\Phi^\top\mathsf{A}^{-1}\mathsf{A}\mathsf{A}^{-1}\Phi\boldsymbol{y}_N \\
&= -2\boldsymbol{y}_N^\top\Phi^\top\hat{\boldsymbol{\alpha}} + \hat{\boldsymbol{\alpha}}^\top\mathsf{A}\hat{\boldsymbol{\alpha}} \\
&= -2\boldsymbol{y}_N^\top\Phi^\top\hat{\boldsymbol{\alpha}} + \hat{\boldsymbol{\alpha}}^\top\Phi\Phi^\top\hat{\boldsymbol{\alpha}} + \hat{\lambda}\hat{\boldsymbol{\alpha}}^\top\hat{\boldsymbol{\alpha}}
\end{aligned}$$

† 行列式から定数をくくり出す際に間違えやすいので注意しましょう。一般に，M 次元行列 A について，$|\hat{\lambda}^{-1}\mathsf{A}| = \hat{\lambda}^{-M}|\mathsf{A}|$ が成り立ちます。

これを式 (6.67) に代入して整理すると，結局つぎの解が得られます。

$$\hat{\sigma}^2 = \frac{1}{N}\left(\|\boldsymbol{y}_N - \Phi^\top \hat{\boldsymbol{\alpha}}\|^2 + \hat{\lambda}\hat{\boldsymbol{\alpha}}^\top \hat{\boldsymbol{\alpha}}\right) \tag{6.68}$$

表記の違いは別にして，これは先に 6.3.3 項において紹介した式 (6.25) と同じものです。

6.6.3 異常度の定義

以上で，モデルに含まれるすべてのパラメターの素性が明らかになりました。6.1 節でまとめたように，異常度を計算するためには任意の $\boldsymbol{x}$ を観測したときの y の分布（予測分布）を求める必要があります。この場合，予測分布は式 (6.54) で与えたモデル $p(y \mid \boldsymbol{\alpha}, \sigma^2)$ と，式 (6.61) で与えた事後分布 $p(\boldsymbol{\alpha} \mid \mathcal{D}, \lambda, \sigma^2)$ から，つぎのように計算されます。

$$p(y \mid \boldsymbol{x}, \mathcal{D}) = \int \mathrm{d}\boldsymbol{\alpha}\, p(y \mid \boldsymbol{\alpha}, \hat{\sigma}^2)\, p(\boldsymbol{\alpha} \mid \mathcal{D}, \hat{\lambda}, \hat{\sigma}^2)$$

ここで，λ と σ^2 には，それぞれ定理 6.1 と式 (6.68) から求められた値を代入するものとします。

これは $\boldsymbol{\alpha}$ を周辺化する式であり，定理 A.9 を用いて容易に計算可能です。$p(y \mid \boldsymbol{\alpha}, \hat{\sigma}^2)$ を式 (A.52) に，$p(\boldsymbol{\alpha} \mid \mathcal{D}, \hat{\lambda}, \hat{\sigma}^2)$ を式 (A.53) にそれぞれ対応させると，式 (A.55) から

$$p(y \mid \boldsymbol{x},\ \mathcal{D}) = \mathcal{N}(y \mid \hat{\boldsymbol{\alpha}}^\top \boldsymbol{\phi}(\boldsymbol{x}),\ \hat{\sigma}^2 s(\boldsymbol{x})) \tag{6.69}$$

のようになります。$\hat{\boldsymbol{\alpha}}$ は先に求めた最大事後確率解 $\mathsf{A}^{-1}\Phi\boldsymbol{y}_N$ のことです。また

$$\begin{aligned} s(\boldsymbol{x}) &\equiv 1 + \boldsymbol{\phi}(\boldsymbol{x})^\top \mathsf{A}^{-1}\boldsymbol{\phi}(\boldsymbol{x}) \\ &= 1 + \boldsymbol{\phi}(\boldsymbol{x})^\top [\Phi\Phi^\top + \hat{\lambda}\mathsf{I}_{M_\phi}]^{-1}\boldsymbol{\phi}(\boldsymbol{x}) \end{aligned} \tag{6.70}$$

とおきました。予測分布 (6.69) によれば，任意の $\boldsymbol{x}$ に対する y の期待値は，最大事後確率解を回帰式 (6.51) に使ったものになることがわかります。自然な結

果だと思います。一つ興味深いのは，分散において入力 $\boldsymbol{x}$ に依存する因子 $s(\boldsymbol{x})$ が掛かることです。

予測分布が求まったので，つぎのように異常度を定義することができます。

$$
\begin{aligned}
a(y', \boldsymbol{x}') &= -\ln p(y' \mid \boldsymbol{x}',\, \mathcal{D}) \\
&= \frac{1}{2}\ln[2\pi\hat{\sigma}^2 s(\boldsymbol{x}')] + \frac{1}{2\hat{\sigma}^2 s(\boldsymbol{x}')}\left[y' - \hat{\boldsymbol{\alpha}}^\top \boldsymbol{\phi}(\boldsymbol{x}')\right]^2
\end{aligned}
\tag{6.71}
$$

この式は基本的に，最大事後確率解で求めた回帰係数による y の予測値 $\boldsymbol{\phi}(\boldsymbol{x})^\top\hat{\boldsymbol{\alpha}}$ と実測値 y' の食い違いを計算するものであり，付加項は別としてマハラノビス距離と意味合いはほぼ同じです。最大の違いは，先に述べたとおり，予測分散が入力 $\boldsymbol{x}'$ に依存するところです。現実の系においても，入力の値ごとに違った反応をするというのは自然に思えます。例えば，出力が大きいときは値が安定するが，ある値以下になると不安定になる，というような場合です。ベイズ推

コーヒーブレイク

本章では，線形モデルに的を絞り，入力と出力のある系の異常検知の手法を解説しました。応用上当然出てくる疑問は「線形でない場合はどうするのか」というものです。最後に述べたベイズ的線形回帰モデルでは，$\boldsymbol{\phi}(\boldsymbol{x}) \leftarrow \boldsymbol{x}$ という非線形変換に対応できる一般的な枠組みを与えましたが,「関数 $\boldsymbol{\phi}$ をどう決めたらよいのか」という本質的な疑問にはなにも答えていません。

非線形性を扱うため，伝統的には多項式回帰などのモデルが提案されてきましたが，外挿が難しいなどの課題はよく知られているところです。非線形モデルは泥沼，というのがエンジニアの伝統的な理解だと思います。実際，機械学習の発展以前に工学部で教育を受けた私も，非線形モデルと聞くとなにかいやな気持ちになります。

実は，カーネルトリックを使えば,「関数 $\boldsymbol{\phi}$ をどう決めたらよいのか」という呪われた質問に（正面から）答えずに線形モデルから非線形モデルにジャンプすることができます。その非線形モデルはリプレゼンター定理1) などによる保証をもつ安全なもので，もはや「いやな気持ち」を感じる必要はありません。実用的にもたいへん重要な手法なのですが，詳しくは紙面を改めて解説することにしたいと思います。

論の枠組みは，そのような性質を首尾一貫した理論に従って表現できるという点で興味深いものです。

最後に，2 章で詳述したホテリング流の異常検知手法とベイズ推論に基づく異常検知手法の哲学の相違について言及しておきましょう。ホテリング理論においては，いったんデータ $\mathcal{D}$ を一つ固定して最尤推定により未知パラメターを求め，その後,「実は $\mathcal{D}$ のばらつきも考えないといけないのだった」という感じで，最尤推定量の確率分布を求めるというあらすじでした。これはある意味で，事後的なルール変更のようにも感じられます。一方，ベイズ的線形回帰モデルの場合，未知パラメターのばらつきが明示的にモデルの一部として仮定されており，ある意味潔いともいえます。また，モデルの一部として自然にエビデンス近似などのモデル選択手法が得られることも利点といえます。

理論構成上の潔さと引換えに，ベイズ理論ではしばしば計算量上の困難が生じます。本節では，パラメター λ は定理 6.1 という非ベイズ的手法で，パラメター σ^2 はエビデンス近似というベイズ的手法で求めました。実用上は，このような工夫を問題ごとに考える必要があるというのが現状だと思います。

章　末　問　題

【1】 普通の最小二乗法による線形回帰で，式 (6.52) により新しい $M+1$ 次元の入力変数 $\boldsymbol{\phi}$ を定義し，それに対応して係数ベクトルを

$$\boldsymbol{\beta} = \begin{pmatrix} \alpha_0 \\ \boldsymbol{\alpha} \end{pmatrix} \tag{6.72}$$

とおきます。このとき，対数尤度の式 (6.6) はどのように変わるでしょうか。

【2】 任意の M 次元ベクトル N 本，$\boldsymbol{z}^{(1)}, \ldots, \boldsymbol{z}^{(N)}$ と，N 個のスカラー定数 $w_1, \ldots, w_N$ に対して，つぎの式が成り立つことを示してください。

$$\sum_{n=1}^{N} w_n \boldsymbol{z}^{(n)\top} \boldsymbol{z}^{(n)} = \mathrm{Tr}\left(\mathsf{ZWZ}^\top\right) \tag{6.73}$$

$$\sum_{n=1}^{N} w_n \boldsymbol{z}^{(n)} \boldsymbol{z}^{(n)\top} = \mathsf{ZWZ}^\top \tag{6.74}$$

ただし，$\mathsf{Z} \equiv [\boldsymbol{z}^{(1)}, \ldots, \boldsymbol{z}^{(N)}]$，$\mathsf{W} = \mathrm{diag}(w_1, \ldots, w_N)$ です。

【3】 普通の最小二乗法による線形回帰で，N 個の標本それぞれに異なる定数の重み w_n を付与するモデルを考えます。このとき，回帰係数 $\boldsymbol{\alpha}$ を求める問題は，式 (6.11) の代わりに

$$\sum_{n=1}^{N} w_n \left[y^{(n)} - \bar{y} - \boldsymbol{\alpha}^\top (\boldsymbol{x}^{(n)} - \bar{\boldsymbol{x}}) \right]^2 \rightarrow \text{最小化} \tag{6.75}$$

のようになります。$\boldsymbol{\alpha}$ で微分して 0 と等置することで，最尤解 $\hat{\boldsymbol{\alpha}}$ を，式 (6.13) と同様の行列表現にて求めてください。ヒント：前の問題の W を使います。

【4】 リッジ回帰の最適化問題 (6.17) において，左辺の第 2 項を，$\lambda \boldsymbol{\alpha}^\top \boldsymbol{\alpha}$ の代わりに，ある M 次元正方行列 L を使って $\lambda \boldsymbol{\alpha}^\top \mathsf{L} \boldsymbol{\alpha}$ のように置き換えたとします。このとき，リッジ解はどのように変わるでしょうか。

【5】 式 (6.44) と式 (6.45) を導出してみてください。

7 時系列データの異常検知

前章までは，各観測値がたがいに独立であるという前提で，さまざまな異常検知の方法を紹介してきました。しかし，自動車や航空機など世の中の多くの動的な系から生じる時系列データを考える場合，隣り合う時刻の観測値同士には明らかな相互関係があり，その関係を無視することは一般にはできません。例として，**図 7.1** に 1 変数の時系列データにおけるいくつかの典型的な異常パターンを挙げます。いずれも，人間が見ればどこが異常なのか明らかですが，左上の外れ値型以外の異常は，各観測値の時刻を適当に並び替えると検知できなくなります。これは，前の時刻の観測値との関係が異常の判定に本質的であることを示しています。したがって，観測値がたがいに独立であると仮定する方法は，これらの異常の検知には無力です。本章ではデータの時系列性を明示的に取り入れた異常検知の方法を考えます。

7.1 近傍法による異常部位検出

時系列性を明示的に取り入れるための最も簡単な方法は，時間的に隣接した観測値をひとまとまりにして扱うことです。本節では，スライド窓により時系列データをベクトルの集まりに変換する手法をまず説明し，異常部位検出という問題を考えます。

7.1.1 スライド窓による時系列データの変換

話を単純にするため 1 次元の時系列を考えます。観測値として長さ T の時系列が $\mathcal{D} = \{\xi^{(1)}, \xi^{(2)}, \ldots, \xi^{(T)}\}$ のように与えられていると考えます。ξ（クシー，またはグザイと読みます）の肩の数字の ${}^{(1)}$ や ${}^{(2)}$ は時刻を表していま

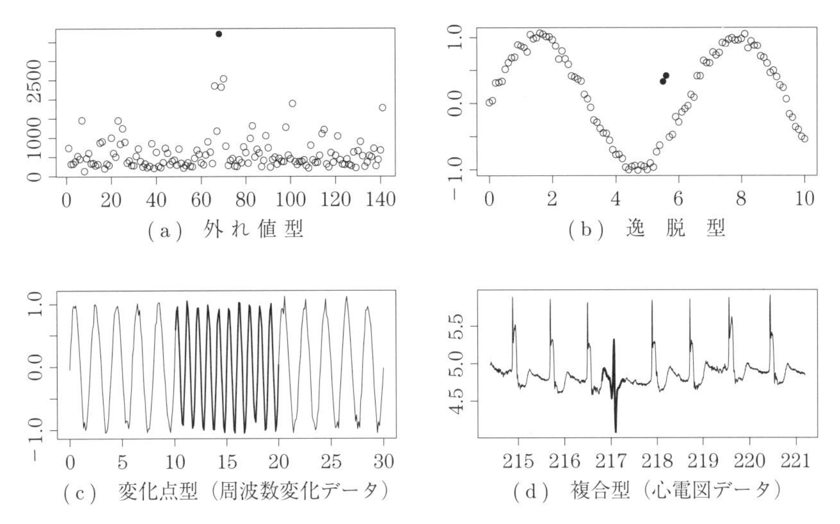

(a) 外れ値型　(b) 逸脱型

(c) 変化点型（周波数変化データ）　(d) 複合型（心電図データ）

左上は，R に標準で含まれる `river` データです。周波数変化データは実行例 7.3 により生成したものです。心電図データは，Keogh ら[18) により研究されたもので，本書執筆時点において `http://www.cs.ucr.edu/~eamonn/discords/` からダウンロードできます

図 7.1　時系列データのさまざまな異常の例（横軸は時刻）

す。各時刻の観測値をそれぞれ扱うのではなくて，w 個の隣接した観測値をまとめて

$$\boldsymbol{x}^{(1)} \equiv \begin{pmatrix} \xi^{(1)} \\ \xi^{(2)} \\ \vdots \\ \xi^{(w)} \end{pmatrix}, \quad \boldsymbol{x}^{(2)} \equiv \begin{pmatrix} \xi^{(2)} \\ \xi^{(3)} \\ \vdots \\ \xi^{(w+1)} \end{pmatrix}, \quad \cdots \tag{7.1}$$

のように，データを w 次元ベクトルの集まりとして表すことにします。これにより，長さ T の観測値からなる時系列データは

$$N = T - w + 1 \tag{7.2}$$

本の w 次元ベクトルに変換されます。1 を足すのか引くのか迷いがちですが，「$w = T$ なら 1 本しかつくれない」ことを理解すれば容易に記憶できます。上記，時系列データをベクトルの集まりに変換する様子を**図 7.2** に描きました。

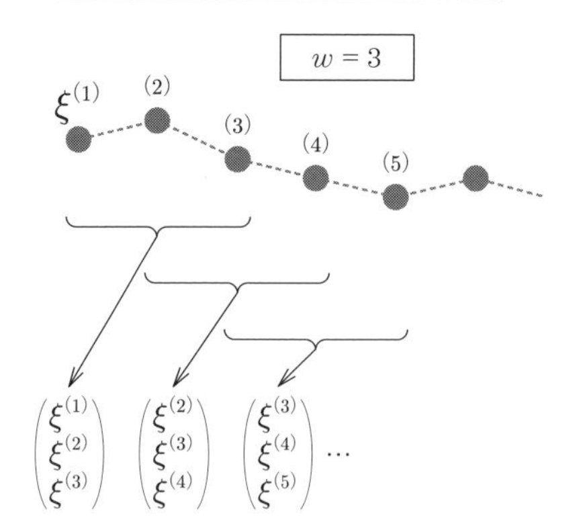

図 7.2　スライド窓により時系列データをベクトルの集まりに変換する様子

これは長さ w の窓を左から右に動かして，つぎつぎに長さ w の時系列片をつくっていくということです。この「窓」のことを**スライド窓**（滑走窓）などと呼びます。スライド窓により生成したベクトルのことを，普通の多変量データと区別するために，**部分時系列**という呼び方をすることがあります。本来ベクトルと時系列は異なるものですが，両者をあえて区別せずに使っても特に混乱は生じないでしょう。

7.1.2　異常部位検出問題

スライド窓を使って，時系列データをベクトルの集まりに変換してしまえば，データとしてはこれまで扱ってきた $\mathcal{D} = \{\boldsymbol{x}^{(1)}, \ldots, \boldsymbol{x}^{(N)}\}$ というものですから，前章までに論じた技術を使って異常検知の問題を解くことが一応できます。「一応」と書いたのは，スライド窓で生成したベクトルが統計的独立性の仮定を満たさないからです。特に，ある程度なめらかな実数値時系列データの場合，隣り合った部分時系列の要素の値はほとんど等しくなり，これを自己一致（self-match）とか自明な一致（trivial match）などと呼びます。部分時系列の類似度や距離の計算をする際にはこの点に若干注意が必要になります。

異常部位検出という問題は，外れ値検出問題を部分時系列に対して適用したものと理解できます。異常度の計算には，近傍法に基づく方法が広く使われています。異常部位発見の基本手順をまとめておきます。

手順 7.1 **(異常部位発見)** 訓練用の時系列 $\mathcal{D}_{tr}$ と，検証用の時系列 $\mathcal{D}$ を用意し，それぞれを窓幅 w により，部分時系列ベクトルの集合に変換しておく。距離を計算するための関数 dist を用意する。異常度の判定に使う近傍数 k を決めておく。また，k 近傍から異常度を計算する関数 score を用意する。

1) $\mathcal{D}$ 各要素 $\boldsymbol{x}^{(t)}$ について以下を行う（$t = 1, \ldots, N$）。
   a) 距離の計算：dist を用いて，$\mathcal{D}_{\mathrm{tr}}$ の各要素と $\boldsymbol{x}^{(t)}$ の距離を計算する。
   b) スコアの計算：上記で求めた距離のうち最小のもの k 個を選び，score 関数により異常度を計算し記憶する。
2) 異常度が最大のものを異常部位として列挙する。

上記の手順に現れる二つの関数 dist と score について簡単に説明しておきます。まず dist については，典型的にはユークリッド距離，ときにマハラノビス距離が使われますが，定義 5.1 に書いたような任意の p ノルムを使うこともできます。また，少なくとも実用上は，任意の非類似度を問題の文脈に合わせて工夫することもできます。さらに，距離または非類似度の代わりに，類似度を使うこともできます。そのようなもので最もよく使われるのが**動的時間伸縮法**（dynamic time–warping）による類似度です。この場合，当然ですが，距離最小の代わりに類似度最大の相手を選びます。

動的時間伸縮法は R では `dtw` というパッケージで実装されているので手軽に試すことができます。この方法はもともと，音声認識の分野で，ゆっくり話しても早く話しても変わらず認識できるようにという目的意識の下開発されてきた手法です。時間軸の局所的な伸び縮みを許容して部分時系列を比較するため，元の時系列に含まれるノイズを吸収する効果が期待でき，実際，検出精度が向上するとの報告が多数あります。興味がある人は，Keogh 教授らのグループの最近の総合報告的な論文[25] を参照するとよいでしょう。

関数 score に関しては，$k = 1$ と選んだ上で，最近傍までの距離の値そのものを異常度とすることが多いと思います。形式的に書くとつぎのとおりです。

$$\mathrm{score}(\boldsymbol{x}^{(t)}, \mathcal{D}_{\mathrm{tr}}) = (\boldsymbol{x}^{(t)} \text{の最近傍までの距離}) \tag{7.3}$$

もちろん，$k > 1$ として近傍距離の平均を考える，などの拡張も可能です。

7.1.3 Rでの実行例

上記の手順をRで実行してみます。Rにおいては最近傍法を実装したパッケージがいくつか利用できます。そのうちFNNパッケージは，距離の計算結果を中間出力として得られるので便利です。実行例7.1では，図7.1で使った心電図データを使い（データのフォルダ名は適宜変更してください），前半3000点までを訓練データ，その後の3000点を検証データとしています。まずデータを窓幅 $w = 100$ でベクトルに変換し，次いでFNNパッケージのknnx.dist関数を使い，近傍距離を計算します。Rではembedという関数がスライド窓によるベクトル化のために使えるので，プログラムはきわめて簡潔になります。

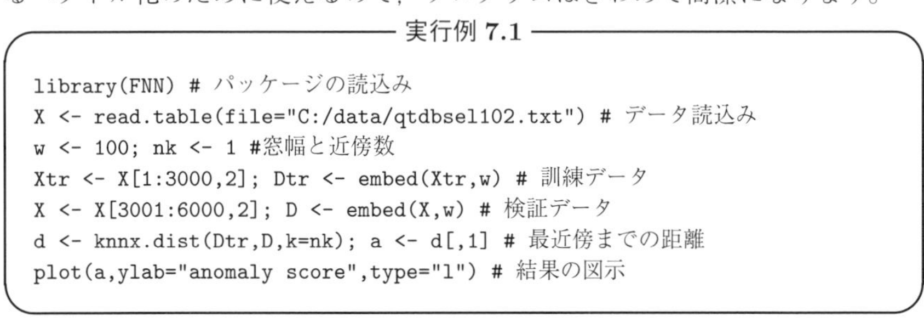

実行例 7.1

```
library(FNN) # パッケージの読込み
X <- read.table(file="C:/data/qtdbsel102.txt") # データ読込み
w <- 100; nk <- 1 #窓幅と近傍数
Xtr <- X[1:3000,2]; Dtr <- embed(Xtr,w) # 訓練データ
X <- X[3001:6000,2]; D <- embed(X,w) # 検証データ
d <- knnx.dist(Dtr,D,k=nk); a <- d[,1] # 最近傍までの距離
plot(a,ylab="anomaly score",type="l") # 結果の図示
```

実行例7.1では，式(7.3)のとおり，最近傍までの距離を異常度として採用しています。結果を**図 7.3** に示します。元の心電図データで示した異常部位に対

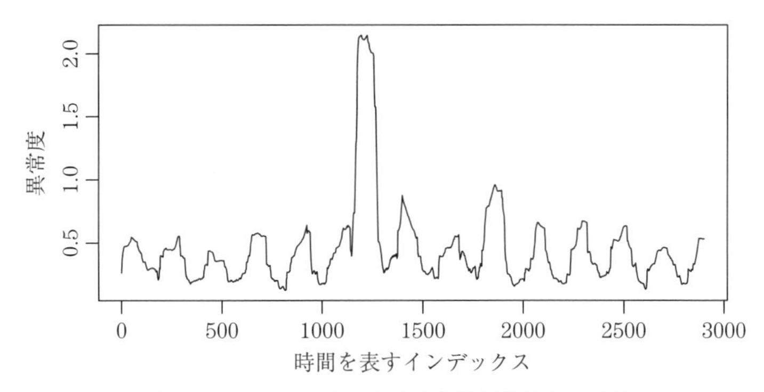

図 7.3　ECGデータに対する異常部位検出の結果

応した箇所に著しいピークがあることがわかります。

7.2 特異スペクトル変換法

前節で説明した素朴な近傍法による異常部位検出の枠組みは汎用的に使えますが，特別なチューニングをせずに手法を適用した場合，検出されるべきものを見逃したり，されるべきでないものを拾ったりということがしばしば起こります。これは時系列に含まれるノイズが，近傍の計算に多大な影響を与えるという点に由来します。この点に対処する一つの方向は，ノイズを除去するための技術を明示的に手法に組み込むことです。本節では，5 章で説明した部分空間法を用いて，時系列データの変化を検知する手法を紹介します。

7.2.1 特徴的なパターンの算出

ここで考えるのは**変化点検知**という問題です。変化点検知は，前の章までに主に扱ってきた外れ値検出問題とは異なります。図 7.1 でいえば，周波数変化データと心電図データの異常パターンを検知することを目的にしています。変化が起こった箇所には，外れ値が生ずることもありますが，必ずしもそうとはかぎりません。

直感的に「変化」というものを定義すると,「ちょっと前となにかが違う」ということだと思います。特異スペクトル変換法は，主成分分析の観点からこの定義を素朴に追求したものです。

前節同様，観測値として長さ T の時系列が $\mathcal{D} = \{\xi^{(1)}, \xi^{(2)}, \ldots, \xi^{(T)}\}$ が与えられているとします。**図 7.4** のように，時刻 t の周りに，過去側と現在側において，k 本の部分時系列を使って，二つのデータ行列 X_1 と X_2 をつくります。それぞれの位置には任意性がありますが

$$\mathsf{X}_1^{(t)} \equiv [\boldsymbol{x}^{(t-k-w+1)}, ..., \boldsymbol{x}^{(t-w-1)}, \boldsymbol{x}^{(t-w)}] \tag{7.4}$$

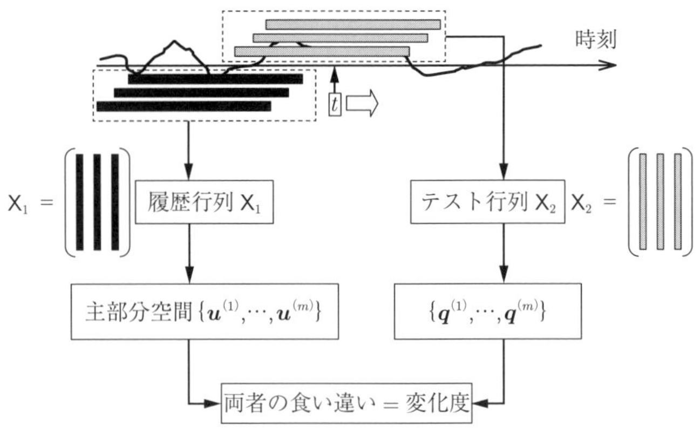

図 7.4　特異スペクトル変換法の説明

$$\mathsf{X}_2^{(t)} \equiv [\boldsymbol{x}^{(t-k+L-w+1)}, ..., \boldsymbol{x}^{(t-w+L)}] \tag{7.5}$$

とします。それぞれの列ベクトルは長さ w の部分時系列で，式 (7.1) のように定義されています。こうしておくと，$\mathsf{X}_1^{(t)}$ は，$\xi^{(t-k-w+1)}$ から $\xi^{(t-1)}$ までのデータ，すなわち現時刻 t の一つ前までのデータを使って構成されることがわかります。データ行列 X_1 は，部分時系列の直近の過去の来歴の情報が入っているので，これを特に履歴行列（trajectory matrix）と呼ぶことがあります。対して，X_2 はテスト行列などと呼ばれることがあります。L は，履歴行列とテスト行列の相互位置を定める非負整数で，通常**ラグ**と呼ばれます。

それぞれのデータにおいて特徴的なパターンを捉える最も素朴な方法は，部分時系列（列ベクトル）の一次結合を考えることです。例えば $\mathsf{X}_1^{(t)}$ の場合であれば

$$\boldsymbol{x}^{(t-k)}v_k^{(t)} + \cdots + \boldsymbol{x}^{(t-2)}v_2^{(t)} + \boldsymbol{x}^{(t-1)}v_1^{(t)} \quad \text{すなわち} \quad \mathsf{X}_1^{(t)}\boldsymbol{v}^{(t)}$$

となります。ただし，$\boldsymbol{v}^{(t)} = [v_k^{(t)}, v_{k-1}^{(t)}, \ldots, v_1^{(t)}]^\top$ です。異なる部分時系列同士のバランスのみが重要なので，$\boldsymbol{v}^{(t)}$ には $\boldsymbol{v}^{(t)\top}\boldsymbol{v}^{(t)} = 1$ という制約を課しておきます。「特徴的なパターン」というのは，ベクトルのイメージでいえば最も人気のある方向ということですから，各ベクトルが似たような方向を向いて強め合った結果，$\|\mathsf{X}_1^{(t)}\boldsymbol{v}^{(t)}\|$ は非常に大きくなることが期待できます。したがって，

最適な一次結合を求める問題は

$$\|\mathsf{X}_1^{(t)}\boldsymbol{v}^{(t)}\|^2 \quad \rightarrow \quad \text{最大化} \quad \text{subject to} \quad \boldsymbol{v}^{(t)\top}\boldsymbol{v}^{(t)} = 1$$

となります。これは式 (5.11) とまったく同じ形ですので，同様の議論をたどることでつぎのことがわかります。

(1) $\mathsf{X}_1^{(t)}$ の上位 m 個の左特異ベクトル $\{\boldsymbol{u}^{(t,1)}, \boldsymbol{u}^{(t,2)}, ..., \boldsymbol{u}^{(t,m)}\}$ が過去側の主部分空間の基底。

(2) $\mathsf{X}_2^{(t)}$ の上位 m 個の左特異ベクトル $\{\boldsymbol{q}^{(t,1)}, \boldsymbol{q}^{(t,2)}, ..., \boldsymbol{q}^{(t,m)}\}$ が現在側の主部分空間の基底。

上記主部分空間をまとめて，つぎのような $w \times m$ 行列を定義しておきます。

$$\mathsf{U}_m^{(t)} \equiv [\boldsymbol{u}^{(t,1)}, \boldsymbol{u}^{(t,2)}, ..., \boldsymbol{u}^{(t,m)}] \tag{7.6}$$

$$\mathsf{Q}_m^{(t)} \equiv [\boldsymbol{q}^{(t,1)}, \boldsymbol{q}^{(t,2)}, ..., \boldsymbol{q}^{(t,m)}] \tag{7.7}$$

それぞれの列ベクトルで張られる空間を $\mathrm{span}(\mathsf{U}_m^{(t)})$ と $\mathrm{span}(\mathsf{Q}_m^{(t)})$ と表しておきます。基底ないしパターンの数 m は，5.3.3 項または 5.4.4 項で説明した方法を使ってデータごとに求められるべきパラメターです。

このように，特異値分解により時系列データの特徴パターンを求め，それに基づき次節で述べる方法で変化度を求める手法を**特異スペクトル変換**または特異スペクトル解析と呼びます。フーリエ解析との混同を防ぐため，また，生の時系列を変化度の時系列に「変換」するという雰囲気を出すため，前者のほうが好ましいかもしれません。

上記の議論は主成分分析とほぼ同じですが，一つだけ重要な相違があります。それは，特異スペクトル変換法では，部分時系列の平均値を引かないということです。平均値を引かない理由は，いま問題にしているのは部分時系列のベクトルのなす分散ではなく，ベクトルそのものであるからです。特異スペクトル変換法における主部分空間と，5.1 節で見た主部分空間は，この点において完全に同じものではないという点は覚えておきましょう。

7.2.2 変化度の定義

時刻 t において過去側と現在側で主部分空間が求まったとすれば，両者の食い違いを定量化することでその時刻での変化度が定義できます。これは 5.5.4 項で考えたのと同じ部分空間同士の距離を求めるという問題になります。

これはカーネル主成分分析における変化解析問題において導入した式 (5.70) とまったく同様に，ここでも行列 2 ノルム（定義 5.1 参照）を使って

$$a(t) = 1 - \|\mathsf{U}_m^{(t)\top}\mathsf{Q}_m^{(t)}\|_2{}^2 \tag{7.8}$$

$$= 1 - \left(\mathsf{U}_m^{(t)\top}\mathsf{Q}_m^{(t)}\text{の最大特異値}\right)^2 \tag{7.9}$$

と定義することができます。

ここで，時系列 $\mathcal{D} = \{\xi^{(1)}, \xi^{(2)}, \ldots, \xi^{(T)}\}$ が与えられたときに，特異スペクトル変換法で変化度が計算可能な範囲について確認しておきます。先に述べたとおり，履歴行列 $\mathsf{X}_1^{(t)}$ は，$\xi^{(t-k-w+1)}$ から $\xi^{(t-1)}$ までのデータを含みます。したがって，$t-k-w+1=1$ を満たす時刻より過去側では計算ができません。したがって，$t=k+w$ が変化度の計算の始まりとなります。また，式 (7.1) および式 (7.5) によれば，$\mathsf{X}_2^{(t)}$ は，$\xi^{(t-k+L-w+1)}$ から $\xi^{(t+L-1)}$ までのデータを含みます。したがって，$t+L-1=T$ を満たす t を超えるとテスト行列が構成できなくなります。したがって，$t=T-L+1$ が計算の終わりとなります。

この点を踏まえて，特異スペクトル変換法の計算手順をまとめておきます。

手順 7.2 **(特異スペクトル変換)** 時系列 $\mathcal{D} = \{\xi^{(1)}, \xi^{(2)}, \ldots, \xi^{(T)}\}$ を用意する。窓幅 w，履歴行列の列サイズ k，ラグ L，パターン数 m を決める。

1) $t=(w+k), \ldots, (T-L+1)$ においてつぎの計算を行う。
   a) 履歴行列とテスト行列： 式 (7.4) と式 (7.5) から $\mathsf{X}_1^{(t)}$ と $\mathsf{X}_2^{(t)}$ をつくる。
   b) 特異値分解： $\mathsf{X}_1^{(t)}, \mathsf{X}_2^{(t)}$ を特異値分解し，左特異ベクトルの行列 $\mathsf{U}_m^{(t)}, \mathsf{Q}_m^{(t)}$ を求める。
   c) スコアの計算： $\mathsf{U}_m^{(t)\top}\mathsf{Q}_m^{(t)}$ の最大特異値を計算し，式 (7.9) に代入

することで変化度 $a(t)$ を計算する。

なお，式 (7.9) の変化度の定義には任意性があります。上記では過去側と現在側の特異ベクトルの本数を等しいと仮定しましたが，両者を変えることももちろん可能です。また，現在側の特異値分解をせずに，過去側の主部分空間への射影を基に変化度を定義することもできます。

7.2.3 R での実行例

上記の手順を R でプログラミングしたのが実行例 7.2 です。この例では前節同様に心電図データを読み込み，長さ 3000 の時系列データをつくった後，$w = 50$，$k = w/2$，$L = k/2$，$m = 2$ に対して特異スペクトル変換法を用いて変化度を計算しています。コンピュータの性能によりますが，計算には数秒から数 10 秒かかります。

実行例 7.2

```
dt <- read.table(file="C:/data/qtdbsel102.txt")
xi <- dt[3001:6000,2]
w <- 50; m <- 2; k <- w/2; L <- k/2; Tt  <- length(xi)
score <- rep(0,Tt) # 変化度の入れ物

for(t in (w+k):(Tt-L+1)){
    tstart <- t-w-k+1; tend <- t-1 # 左の行列の範囲
    X1 <- t(embed(xi[tstart:tend],w)) # 部分時系列を並べた行列を作成
    X1 <- X1[w:1,] # 時間の順序を逆にする

    tstart <- t-w-k+1+L; tend <- t-1+L # 右の行列の範囲
    X2 <- t(embed(xi[tstart:tend],w))
    X2 <- X2[w:1,]

    U1 <- svd(X1)$u[,1:m] # X1 の特異値分解
    U2 <- svd(X2)$u[,1:m] # X2 の特異値分解
    sig1 <- svd(t(U1)%*%U2)$d[1] # 部分空間同士の重なり度合い
    score[t] <- 1 - sig1^2 # 変化度の計算
}
```

変化度の計算結果を図 **7.5** に示します。やはり元データの異常波形の近傍で著しいピークがあることがわかります。問題設定が異なるので直接の比較はで

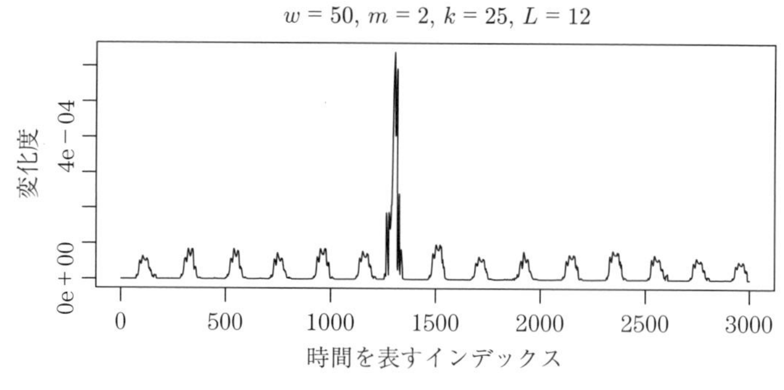

図 **7.5**　心電図データの変化点計算結果

きませんが，図 7.3 で考えた近傍法による異常部位検出に比べて，きわめて明瞭に異常部位が検出されていることがわかります。

周波数変化データについても特異スペクトル変換を行ってみます。このデータは実行例 7.3 のプログラムで生成されたものです。

実行例 7.3

```
set.seed(1); tt <- 0.1
x1 <- seq(0,10,by=tt); x2 <- seq(10.1,20,by=tt); x3 <- seq(20.2,30,by=tt)
y1 <- sin(pi*x1) + rnorm(length(x1),sd=0.07)
y2 <- sin(2*pi*x2) + rnorm(length(x2),sd=0.07)
y3 <- sin(pi*x3) + rnorm(length(x3),sd=0.07)
xi <- c(y1,y2,y3)
```

計算結果を**図 7.6** に示します。用いたパラメターは $w=10$，$m=2$，$k=10$，$L=5$ です。周波数変化が起こっている 2 点で，きわめて明瞭に変化度がピークをもつことがわかります。この例では 2 種類の周波数しかありませんので，一方の周波数を基に手作業的にルールを決めれば切り替わりを検知できるかもしれません。しかし周波数が複数あって切り替わるような状況だと，決めうちの規則で変化点を捉えるのは難しくなります。特異スペクトル変換法が威力を発揮するのはそのような場合です。心電図のようなスパイク状のデータでも，周波数変化データのようなデータでも安定して妥当な変化度を計算できるというのは，特異スペクトル変換法の著しい実用上の利点となります。

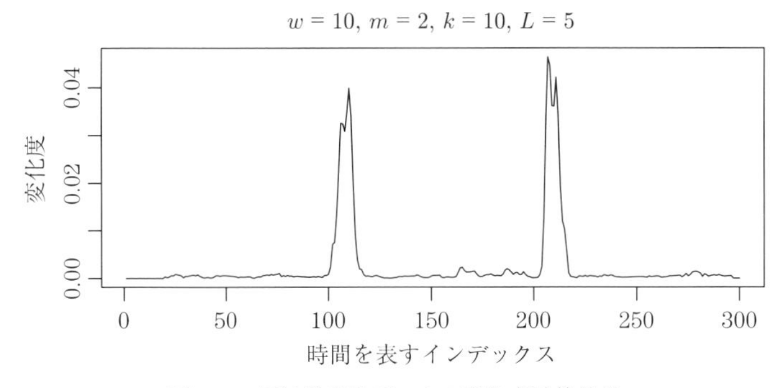

図 7.6　周波数変化データの変化点計算結果

一方，特異スペクトル変換法の課題の一つは計算コストが高いことです。この点については，クリロフ部分空間法という手法を併用することで計算の高速化が可能であることが示されています。詳細については別途文献[15)]を参照するとよいでしょう。なお，同論文には，部分空間同士の距離についてのより丁寧な議論がありますので，前節の説明がわかりにくいと思った人には参考になるかもしれません。

本節で論じた特異スペクトル変換法のもう一つの課題は，確率分布からの意味づけがはっきりしないことです。これについて興味がある人は Kawahara ら[16),17)]を参照するとよいでしょう。

7.3　自己回帰モデルによる異常検知

前節で説明した特異スペクトル変換法は要するに，いまの状況が少し前の状況と似ているはずだ，という仮定をおいて時系列の変化を捉える手法です。この発想を明示的に追求して，いまの観測値 $\xi^{(t)}$ が，前の数個（例えば r 個）の観測値の一次結合

$$\xi^{(t)} \approx \alpha_1 \xi^{(t-r)} + \alpha_2 \xi^{(t-r+1)} + \cdots + \alpha_{r-1} \xi^{(t-2)} + \alpha_r \xi^{(t-1)} \quad (7.10)$$

になっているはずだ，と考えるのが**次数** r の**自己回帰モデル**です[†]。例えば，お店の売上げ予測をすることを考えると，つぎの週末の売上げは，前の週末の売上げに加えて，前の週の平日の売上げを加味すればおおよそ見当がつきそうに思えます。自己回帰の「自己」とは，過去の売上げデータを使って，売上げデータ自身を予測する，という意味です。このモデルを，確率モデルの言葉で書き表すことにより首尾一貫した扱いが可能になります。

7.3.1　1変数の自己回帰モデル

上に掲げた式 (7.10) は，線形回帰モデル (6.2) と本質的に同じです。長さ T の時系列データからは，$t = r + 1$ から T までの，合計 $T - r$ 個の観測値に対する予測式をつくることができます。いま，

$$
y^{(t)} \equiv \xi^{(t+r)}, \qquad \boldsymbol{x}^{(t)} \equiv \begin{pmatrix} \xi^{(t)} \\ \xi^{(t+1)} \\ \vdots \\ \xi^{(t+r-1)} \end{pmatrix}, \qquad N \equiv T - r
$$

と定義し，元の時系列データ $\{\xi^{(1)}, \xi^{(2)}, \ldots, \xi^{(T)}\}$ を

$$
\mathcal{D} = \{(\boldsymbol{x}^{(1)}, y^{(1)}),\ \ldots,\ (\boldsymbol{x}^{(N)}, y^{(N)})\} \tag{7.11}
$$

というデータに変換したと考えます。こうすると，問題は $\boldsymbol{x}$ から y を予測する問題になりますので，完全に線形回帰と等価になります。式 (6.3) 同様，予測誤差を正規分布でモデル化するとして

$$
p(y|\boldsymbol{\alpha}, \sigma^2) = \mathcal{N}(y|\boldsymbol{\alpha}^\top \boldsymbol{x}, \sigma^2)
$$

とおきます。$\mathcal{D}$ に基づき対数尤度関数の式を立てると式 (6.6) 同様

---

† 時間に比例して値が増える（または減る）ようなデータの場合，定数項を含まない式 (7.10) のようなモデルは妥当ではありませんが，この場合，前処理として，$\xi^{(t)} \leftarrow \xi^{(t)} - \xi^{(t-1)}$ のような変換をしておくことで対応できます。このような前処理に頼らず，定数項を含むようにモデルを拡張することも容易です。

$$L(\boldsymbol{\alpha}, \sigma^2 \mid \mathcal{D}) = -\frac{N}{2}\ln(2\pi\sigma^2) - \frac{1}{2\sigma^2}\sum_{n=1}^{N}\left[y^{(n)} - \boldsymbol{\alpha}^\top \boldsymbol{x}^{(n)}\right]^2 \tag{7.12}$$

となります。これを $\boldsymbol{\alpha}$ および σ^{-2} で微分してゼロと等置することにより，式 (6.13) および式 (6.14) と同様の

$$\hat{\boldsymbol{\alpha}} = \left[\mathsf{X}\mathsf{X}^\top\right]^{-1}\mathsf{X}\boldsymbol{y}_N \tag{7.13}$$

$$\hat{\sigma}^2 = \frac{1}{N}\sum_{n=1}^{N}\left[y^{(n)} - \hat{\boldsymbol{\alpha}}^\top \boldsymbol{x}^{(n)}\right]^2 \tag{7.14}$$

が得られます。ただし，$\boldsymbol{y}_N \equiv [y^{(1)}, \ldots, y^{(N)}]^\top$ および $\mathsf{X} \equiv \left[\boldsymbol{x}^{(1)}, \ldots, \boldsymbol{x}^{(N)}\right]$ です。これでモデルに含まれる未知パラメターがすべて求まりました。これは普通の最小二乗法（6.2 節 参照）による解ですが，必要に応じて他の回帰モデルを使うことも可能です。

7.3.2 ベクトル自己回帰モデル

前節のモデルは変数の数が一つだけでしたが，複数のセンサーの値を同時に観測するという状況は実用上よくあります。そこで，時刻 t での観測値が，M 次元ベクトル $\boldsymbol{\xi}^{(t)}$ だとした自己回帰モデル

$$\boldsymbol{\xi}^{(t)} \approx \mathsf{A}_1\boldsymbol{\xi}^{(t-r)} + \mathsf{A}_2\boldsymbol{\xi}^{(t-r+1)} + \cdots + \mathsf{A}_{r-1}\boldsymbol{\xi}^{(t-2)} + \mathsf{A}_r\boldsymbol{\xi}^{(t-1)} \tag{7.15}$$

を考えてみます。この場合，回帰係数に当たるものはもはやスカラーではなく，$M \times M$ 行列となります。先ほどと同様，つぎの量を定義します。

$$\mathsf{A} \equiv [\mathsf{A}_1, \ldots, \mathsf{A}_r], \qquad \boldsymbol{x}^{(t)} \equiv \begin{pmatrix} \boldsymbol{\xi}^{(t)} \\ \boldsymbol{\xi}^{(t+1)} \\ \vdots \\ \boldsymbol{\xi}^{(t+r-1)} \end{pmatrix}, \qquad \boldsymbol{y}^{(t)} \equiv \boldsymbol{\xi}^{(t+r)} \tag{7.16}$$

A は $M \times rM$ の大きな係数行列で，$\boldsymbol{x}^{(t)}$ は rM 次元の長いベクトルです。

これらを使えば問題は，データ

$$\mathcal{D} = \{(\boldsymbol{x}^{(1)}, \boldsymbol{y}^{(1)}), \ldots, (\boldsymbol{x}^{(N)}, \boldsymbol{y}^{(N)})\} \tag{7.17}$$

を基に，自己回帰モデル $\boldsymbol{y}^{(t)} \approx \mathsf{A}\boldsymbol{x}^{(t)}$ の係数行列 A を推定する問題になります（$N = T - r$）。このモデルを**次数** r の**ベクトル自己回帰モデル**と呼びます。

先ほどと同様に，予測誤差を正規分布でモデル化するとし

$$\begin{aligned} p(\boldsymbol{y}|\mathsf{A}, \Sigma) &= \mathcal{N}(\boldsymbol{y} \mid \mathsf{A}\boldsymbol{x}, \Sigma) \\ &= \frac{1}{(2\pi)^{M/2}|\Sigma|^{1/2}} \exp\left[-\frac{1}{2}(\boldsymbol{y} - \mathsf{A}\boldsymbol{x})^\top \Sigma^{-1}(\boldsymbol{y} - \mathsf{A}\boldsymbol{x})\right] \end{aligned}$$

とおきます。これは M 次元の多変量正規分布であり，先ほどの σ^2 に対応して，$M \times M$ 共分散行列 Σ がパラメターとして仮定されます。この場合対数尤度関数は

$$\begin{aligned} L(\mathsf{A}, \Sigma \mid \mathcal{D}) = &-\frac{MN}{2}\ln(2\pi) - \frac{N}{2}\ln|\Sigma| \\ &- \frac{1}{2}\mathrm{Tr}\left[\Sigma^{-1}\sum_{n=1}^{N}(\boldsymbol{y}^{(n)} - \mathsf{A}\boldsymbol{x}^{(n)})(\boldsymbol{y}^{(n)} - \mathsf{A}\boldsymbol{x}^{(n)})^\top\right] \end{aligned} \tag{7.18}$$

となります。ここでさらに

$$\mathsf{X} \equiv [\boldsymbol{x}^{(1)}, \ldots, \boldsymbol{x}^{(N)}], \qquad \mathsf{Y} \equiv [\boldsymbol{y}^{(1)}, \ldots, \boldsymbol{y}^{(N)}]$$

とおくと

$$\begin{aligned} L(\mathsf{A}, \Sigma \mid \mathcal{D}) = &-\frac{MN}{2}\ln(2\pi) - \frac{N}{2}\ln|\Sigma| \\ &- \frac{1}{2}\mathrm{Tr}\left[\Sigma^{-1}(\mathsf{Y} - \mathsf{AX})(\mathsf{Y} - \mathsf{AX})^\top\right] \end{aligned}$$

という表式が得られます。

最尤推定量を求めるため，$L(\mathsf{A}, \Sigma \mid \mathcal{D})$ を未知パラメター A, Σ で微分してゼロと等置します。付録の定理 A.5 を使うと

$$\begin{aligned} \frac{\partial L}{\partial \Sigma^{-1}} &= \frac{N}{2}\Sigma - \frac{1}{2}(\mathsf{Y} - \mathsf{AX})(\mathsf{Y} - \mathsf{AX})^\top \\ \frac{\partial L}{\partial \mathsf{A}} &= \Sigma^{-1}(\mathsf{YX}^\top - \mathsf{AXX}^\top) \end{aligned}$$

が成り立つことがわかるので，結局，以下の最尤推定値が得られます。

$$\hat{\Sigma} = \frac{1}{N}(\mathsf{Y} - \hat{\mathsf{A}}\mathsf{X})(\mathsf{Y} - \hat{\mathsf{A}}\mathsf{X})^\top \tag{7.19}$$

$$\hat{\mathsf{A}} = \mathsf{Y}\mathsf{X}^\top(\mathsf{X}\mathsf{X}^\top)^{-1} \tag{7.20}$$

これでモデルに含まれる未知パラメターがすべて求まりました。

7.3.3　次数 r の決定

以上では自己回帰モデルの次数を既知としてきましたが，実用上はデータの性質に合うようにこれを慎重に決める必要があります。これはモデルの複雑さ自体を決めるパラメターであり，最尤推定で決めることはできません。そこで4.4節で述べたモデル選択基準を使うことになります。時系列モデリングの場合は赤池情報量規準（AIC）がほぼ標準的に使われています。これは歴史的な経緯と，標本に時間順序があるため，標本のランダム分割に基づく交差確認法の使い勝手が悪いという理由によります。

M 次元の時系列データに対する次数 r のベクトル自己回帰モデルの場合，$M \times M$ 行列の係数行列が r 個あり，また，$M \times M$ の共分散行列 Σ があるので，パラメターの数としては $rM^2 + M(M+1)/2$ となります（Σ が対称行列であることに注意）。したがって AIC は

$$\mathrm{AIC}(r) = -2L(\hat{\mathsf{A}}, \hat{\Sigma} \mid \mathcal{D}) + 2rM^2 + M(M+1)$$

となります。$\hat{\Sigma}$ の表式を対数尤度関数 (7.18) の第 3 項に使うと

$$\mathrm{AIC}(r) = N\{M\ln(2\pi) + \ln|\hat{\Sigma}| + M\} + M(M+1) + 2rM^2 \tag{7.21}$$

となることがわかります。r に関係しない部分を除いて N で割ると

$$\ln|\hat{\Sigma}| + \frac{2rM^2}{N} \tag{7.22}$$

という簡潔な式になります。これは $M = 1$ でも成り立ちますので，通常の自己回帰モデルの場合は，$\ln\hat{\sigma}^2 + 2r/N$ が最小になる r を選べばよいということになります。

7.3.4 異常度の定義と R での実行例

自己回帰モデルは通常の回帰モデルに帰着できますから，異常度の定義もまた 6 章と同様のやり方で行えます。外れ値検出の問題設定であれば，ホテリング理論を流用してつぎのように定義するのが最も自然なやり方です。

$$a_{M=1}(\xi^{(t)}) = \frac{1}{\hat{\sigma}^2}\left[\xi^{(t)} - \sum_{l=1}^{r}\hat{\alpha}_l \xi^{(t-l)}\right]^2 \tag{7.23}$$

$$a_M(\boldsymbol{\xi}^{(t)}) = (\boldsymbol{\xi}^{(t)} - \hat{\mathsf{A}}\boldsymbol{x}^{(t-r)})^\top \hat{\Sigma}^{-1}(\boldsymbol{\xi}^{(t)} - \hat{\mathsf{A}}\boldsymbol{x}^{(t-r)}) \tag{7.24}$$

ここで $\boldsymbol{x}^{(t-r)}$ は式 (7.16) に基づいて定義されており，$\boldsymbol{\xi}^{(t-r)}$ から $\boldsymbol{\xi}^{(t-1)}$ までを縦に並べたベクトルです。

正規分布の仮定の下では，これらは近似的には自由度 M のカイ二乗分布に従いますが（定理 2.6），実データでは仮定が満たされないことが非常に多いので，3.1.3 項のように異常度に対して改めてカイ二乗分布を当てはめるか，訓練データにおける計算結果の分位点を基に閾値を決めるのが現実的です。

自己回帰モデルによる異常検知の手順を下記にまとめます。

手順 7.3 **(自己回帰モデルによる異常検知)**　訓練用の時系列 $\mathcal{D}_{\mathrm{tr}}$ と，テスト用の時系列 $\mathcal{D}$ を用意する。データを観察して次数 r の候補 $r_1, r_2, \ldots$ を決める。

1) モデルの推定：　次数候補 $r_1, r_2, \ldots$ について以下を行い，AIC 最小のモデルと，対応するモデルパラメターを求める。
   a) データの準備：　$\mathcal{D}_{\mathrm{tr}}$ を式 (7.11) または式 (7.17) のように，回帰問題のデータに変換する。
   b) 最尤推定：　$M = 1$ 変数のデータなら式 (7.13) および式 (7.14) を使い，一般の $M > 1$ 変数のデータなら式 (7.19) および式 (7.20) を使って未知パラメターを求め，記憶する。
   c) AIC の計算：　式 (7.22) により AIC を求め，記憶する。
2) 異常検知：　$\mathcal{D}$ に含まれる $\boldsymbol{\xi}^{(1)}, \boldsymbol{\xi}^{(2)}, \ldots$ に対して以下を行う。
   a) 異常度の計算：　式 (7.23) または式 (7.24) を用いて異常度を計算する。

b) 異常判定： 異常度が閾値を越えたら異常と判定する。

上記の手順を二つのデータに適用してみます。一つはRに標準で含まれている`nottem`データです。このデータは英国のNottingham Castleという街の月ごとの平均気温を華氏で記録したもので，1920年から1939年にわたり240箇月のデータがあります。最初の120箇月を訓練データとして使い，残りの異常度を計算してみます。もう一つのデータは前節でも用いた心電図データ（Electrocardiogram，図ではECGと略記しています）です。7.1.3項同様，前半3000点までを訓練データ，その後の3000点で異常度を計算します。

Rでは自己回帰モデルは標準で含まれる`stats`パッケージの`ar`関数として実装されていますので非常に手軽に試してみることができます。実行例7.4は`nottem`データに対する異常度の計算例ですが，自己回帰モデルの学習が1行で書けていることがわかります。AICによる最適次数の決定は自動に行われます。

実行例 7.4

```
Dtr <- nottem[1:120]; xi <- nottem[121:240]
Tt <- length(xi)
ar.model <- ar(Dtr); print(ar.model) # 自己回帰モデルの学習と結果の表示
r <- ar.model$order # AICで選択した次数
alpha <- ar.model$ar # AICで選択した係数
xmean <- ar.model$x.mean; sig2 <- ar.model$var.pred; N <- Tt - r
X <- t(embed(xi-xmean, r))[,1:N] # スライド窓による回帰データの準備
ypred <- t(X) %*% alpha + xmean # 予測値の計算
y <- xi[(1+r):Tt] # 実測値の準備（次数の分だけ時間軸をずらす）
a <- (y - as.numeric(ypred))^2/sig2 # 異常度の計算
```

二つのデータに対する計算結果を**図7.7**に示します。図では異常度（点線）に加えて，元データも適当に尺度変換した上で表示しています。AICにより同定された最適次数は，`nottem`データが8，心電図データが24でした。

図によれば，正弦波状の周期性をもつ`nottem`データについては，周期の乱れをおおむね的確に捉えていることがわかります。しかし，心電図データについては，1200番目辺りにある心電波形の乱れを捉えるのに失敗していることがわかります。一般的にいって，正規分布に基づく線形自己回帰モデルは，`nottem`

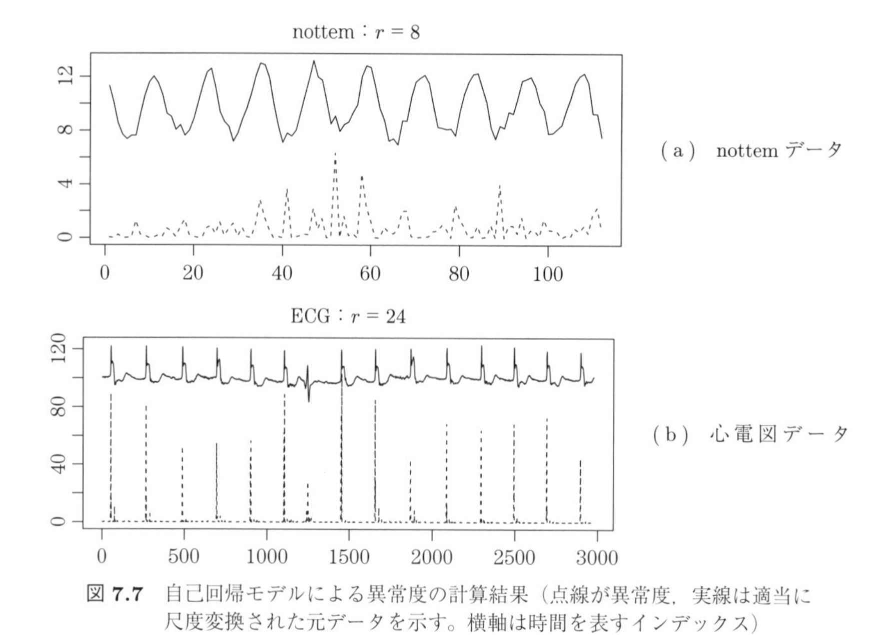

図 7.7　自己回帰モデルによる異常度の計算結果（点線が異常度，実線は適当に尺度変換された元データを示す。横軸は時間を表すインデックス）

データのように正弦波に近い形をもつデータには比較的うまく予測ができますが，心電図データのように，突発的に大きな値をとるデータにはうまくいかないことが知られています。そのようなデータについては，適切な前処理をして変化を「なます」ことが通例です。これについては次章 8.3 節で言及します。

7.4　状態空間モデルによる異常検知*

前節で述べた自己回帰モデルの最大の課題は，次数を一つに固定しなければならないということです。次数を固定するということはデータの周期を固定することとほぼ同じです。単一の周期をもつと最初からわかっているようなデータならばよいのですが，一般の場合はモデルの制約が強すぎるように思われます。本節では，モデルの単純性を保ちながらこの点を緩和する非常に巧妙なモデルについて解説します。

7.4.1 線形状態空間モデル

動的な系のモデルを考えるにあたり，系がなにか内部状態をもっていると考えてみます。例えば，人間の体温を考えると，身体の状態は時々刻々変化して，それに応じて体温計の示す数値は変わります。健康なときは内部状態の変化は微々たるものかもしれませんが，あるところで病気を発症したとすると，急に体温が上がるかもしれません。自分の身体なら身体の内部の状態変化を感じることができますが，他人の身体の状態ならどうでしょうか。われわれが知ることができるのは体温だけであり，内部状態は推測するしかありません。しかし「身体の内部状態」というものの存在を想定することは，現象を理解するためにたいへん有用です。それが現象の真の原因に関係しているかもしれないからです。「状態」としてここでイメージするのは，数値ベクトルで表されるなにかの量です。腎臓の炎症の度合いや，脳の血管の圧力など，直接測れないような量を想像するとよいかもしれません。

状態空間モデルとは，そういうわれわれの常識を素直に表現したものです。時刻 t における系の内部状態を $\boldsymbol{z}^{(t)}$ という m 次元ベクトルで表し，観測される量を $\boldsymbol{x}^{(t)}$ という M 次元ベクトルで表しておきます。**線形状態空間モデル**とは

$$\boldsymbol{x}^{(t)} \approx \mathsf{C}\boldsymbol{z}^{(t)} \tag{7.25}$$

$$\boldsymbol{z}^{(t)} \approx \mathsf{A}\boldsymbol{z}^{(t-1)} \tag{7.26}$$

という式が成り立つと考えるモデルです。記号「≈」は，確率的なノイズは別にして等しい，という意味で使っています。**図 7.8** にイメージ図を示しました。A は $m \times m$ 行列，C は $M \times m$ の行列です。状態変数 $\boldsymbol{z}^{(t)}$ は，通常，直接観測ができないと想定されるので，潜在変数とも呼ばれます。これはごく単純なモデルのように思えますが，観測変数について，自己回帰モデルがもっていた素朴なマルコフ性——「r ステップより昔は全部忘れる」というような性質——をもたないことを示せます。この点は 7.4.5 項でまた立ち返りましょう。

多くの場合，内部状態の遷移と，内部状態から観測量への変換は正規分布に

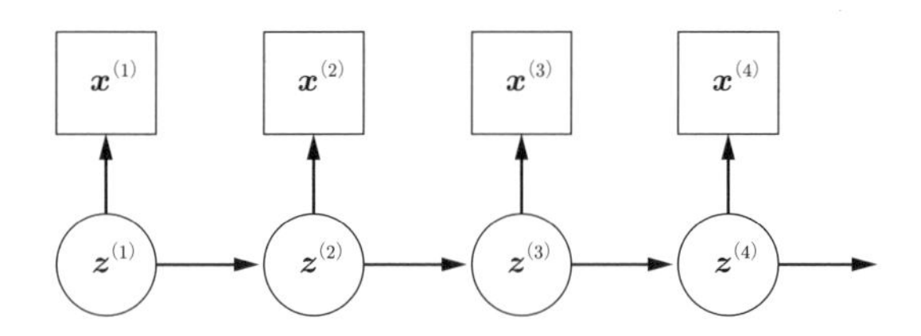

図 7.8　状態空間モデルの説明。$\{\boldsymbol{x}^{(1)}, \boldsymbol{x}^{(2)}, \ldots\}$ は観測変数で，$\{\boldsymbol{z}^{(1)}, \boldsymbol{z}^{(2)}, \ldots\}$ は直接測定のできない状態変数

従って確率的に行われると仮定されます。その場合

$$p(\boldsymbol{x}^{(t)} \mid \boldsymbol{z}^{(t)}) = \mathcal{N}(\boldsymbol{x}^{(t)} \mid \mathsf{C}\boldsymbol{z}^{(t)}, \mathsf{R}) \tag{7.27}$$

$$p(\boldsymbol{z}^{(t)} \mid \boldsymbol{z}^{(t-1)}) = \mathcal{N}(\boldsymbol{z}^{(t)} \mid \mathsf{A}\boldsymbol{z}^{(t-1)}, \mathsf{Q}) \tag{7.28}$$

がモデルとなります。ここで Q は内部状態の遷移のばらつきを表す $m \times m$ の共分散行列で，R は観測量のばらつきを表す $M \times M$ の共分散行列です。始点の $t = 1$ に対応するため，上記に加えて

$$p(\boldsymbol{z}^{(1)}) = \mathcal{N}(\boldsymbol{z}^{(1)} \mid \boldsymbol{z}_0, \mathsf{Q}_0) \tag{7.29}$$

を仮定しておきます。

このモデルを使って実データをモデル化する場合，解かなければならない問題が二つあります。一つは，観測データが得られたときに，状態変数の系列 $\{\boldsymbol{z}^{(1)}, \ldots, \boldsymbol{z}^{(t)}\}$ を推定することです。もう一つは，未知パラメター $\mathsf{A}, \mathsf{C}, \mathsf{Q}, \mathsf{R}$ を，データ $\mathcal{D}$ および状態変数系列から推定することです。それぞれ以下で見てゆきます。

7.4.2　部分空間同定法：状態系列の推定

M 次元の観測量が T 個 $\boldsymbol{x}^{(1)}, \ldots, \boldsymbol{x}^{(T)}$ のようにデータとして与えられているとします。まず，状態系列 $\boldsymbol{z}^{(1)}, \ldots, \boldsymbol{z}^{(T)}$ を再現するという問題を考えましょう。冒頭で述べた体温の例だと,「体温が 1 週間分与えられたとして，身体の内

部状態がどうだったか振り返る」というイメージかと思います。

すでにわれわれは確率モデルをもっていますので，状態系列を求めるために最も素直な方法は最尤推定です。それはやや煩雑になりますので別書[3)]に譲り，ここでは**部分空間同定法**と呼ばれる方法を紹介します。この方法は,「過去を簡単には割り切れない」という状態空間モデルの性質を逆手にとり,「過去と未来が共通にもっているパターンがもしあれば，それが潜在状態と関係しているはずだ」という考えに基づいて状態系列を定めてゆきます。

図 7.9 に示すように，時系列の長さが十分に長いとして，時系列を長さ w の窓幅で切り取り，時刻 t の過去側の領域 p と未来側の領域 f に N 本の部分時系列のベクトルをつくります。例えば時刻 t を先頭とする部分時系列のベクトルはつぎのとおりです。

$$\boldsymbol{X}^{(t)} \equiv \begin{pmatrix} \boldsymbol{x}^{(t)} \\ \boldsymbol{x}^{(t+1)} \\ \vdots \\ \boldsymbol{x}^{(t+w-1)} \end{pmatrix} \tag{7.30}$$

それぞれの部分時系列ベクトルは Mw 次元の長いベクトルになりますが，元時系列は十分に長いとして，$N \gg Mw$ と考えます。そうして，部分時系列のベクトルを列ベクトルとする行列 $\mathsf{X}_{\mathrm{p}}, \mathsf{X}_{\mathrm{f}}$ をつぎのように定義します。

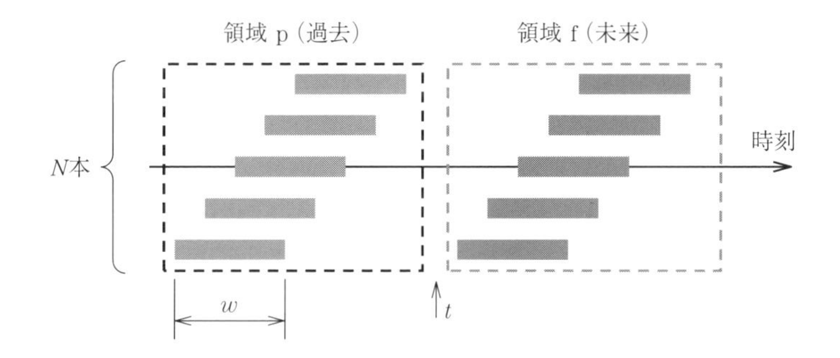

図 7.9　部分空間同定法の説明（本文中の設定の場合，p と f には一般に重なりが生じる。図 7.4 も参照）

$$\mathsf{X}_\mathrm{p} \equiv [\boldsymbol{X}^{(t-N)}, \ldots, \boldsymbol{X}^{(t-2)}, \boldsymbol{X}^{(t-1)}], \tag{7.31}$$

$$\mathsf{X}_\mathrm{f} \equiv [\boldsymbol{X}^{(t)}, \boldsymbol{X}^{(t+1)}, \ldots, \boldsymbol{X}^{(t+N-1)}] \tag{7.32}$$

行列 $\mathsf{X}_\mathrm{p}, \mathsf{X}_\mathrm{f}$ と状態変数との関係を調べるために，状態空間モデル (7.25) および (7.26) からただちに出てくる

$$\boldsymbol{x}^{(1)} \approx \mathsf{C}\boldsymbol{z}^{(1)}, \qquad \boldsymbol{x}^{(2)} \approx \mathsf{CA}\boldsymbol{z}^{(1)}, \qquad \boldsymbol{x}^{(3)} \approx \mathsf{CA}^2\boldsymbol{z}^{(1)}, \ldots \tag{7.33}$$

という関係式に着目します[†1]。このような関係式を使うと

$$\boldsymbol{X}^{(t)} \approx \begin{pmatrix} \mathsf{C}\boldsymbol{z}^{(t)} \\ \mathsf{C}\boldsymbol{z}^{(t+1)} \\ \vdots \\ \mathsf{C}\boldsymbol{z}^{(t+w-1)} \end{pmatrix} \approx \begin{pmatrix} \mathsf{C}\boldsymbol{z}^{(t)} \\ \mathsf{CA}\boldsymbol{z}^{(t)} \\ \vdots \\ \mathsf{CA}^{w-1}\boldsymbol{z}^{(t)} \end{pmatrix} = \begin{pmatrix} \mathsf{C} \\ \mathsf{CA} \\ \vdots \\ \mathsf{CA}^{w-1} \end{pmatrix} \boldsymbol{z}^{(t)} \equiv \mathsf{\Gamma}\boldsymbol{z}^{(t)}$$

のように，任意の時刻 t において，$\boldsymbol{X}^{(t)}$ を $\boldsymbol{z}^{(t)}$ を使って表現できることがわかります。最右辺は $Mw \times m$ 行列 $\mathsf{\Gamma}$ の定義式で，この行列は制御理論では可観測性行列（または可観測行列）と呼ばれます。これを使うと，行列 $\mathsf{X}_\mathrm{p}, \mathsf{X}_\mathrm{f}$ と内部状態とをつなぐ関係式 $\mathsf{X}_\mathrm{p} \approx \mathsf{\Gamma}\mathsf{Z}_\mathrm{p}$ および $\mathsf{X}_\mathrm{f} \approx \mathsf{\Gamma}\mathsf{Z}_\mathrm{f}$ が得られます。ただし状態変数をまとめた行列をつぎのように定義しました。

$$\mathsf{Z}_\mathrm{p} \equiv [\boldsymbol{z}^{(t-N)}, \ldots, \boldsymbol{z}^{(t-2)}, \boldsymbol{z}^{(t-1)}], \qquad \mathsf{Z}_\mathrm{f} \equiv [\boldsymbol{z}^{(t)}, \boldsymbol{z}^{(t+1)}, \ldots, \boldsymbol{z}^{(t+N-1)}]$$

さらに，Z_f は Z_p の時刻を N ステップ進めたものですから，まとめると結局

$$\mathsf{X}_\mathrm{p} \approx \mathsf{\Gamma}\mathsf{Z}_\mathrm{p}, \qquad \mathsf{X}_\mathrm{f} \approx \mathsf{\Gamma}\mathsf{Z}_\mathrm{f}, \qquad \mathsf{Z}_\mathrm{f} \approx \mathsf{A}^N\mathsf{Z}_\mathrm{p} \tag{7.34}$$

という式が導かれることがわかります。図 **7.10** にこれらの式を図示しました。最後の式を行列の掛け算の定義に照らし合わせると，$\mathsf{Z}_\mathrm{p}^\top$ の列空間は時間が経過しても（平均的には）変わらないという重要な事実がわかります[†2]。逆にいえ

[†1] これら式のより正確な意味は 7.4.5 項で説明します。ここでは「確率的なノイズを考えなければそうなる」という程度の直感的な理解で十分です。

[†2] 列空間とは列ベクトルで張られる空間のことです。混乱を防ぐため，本書では行ベクトルを使わず，列ベクトルで一貫します。

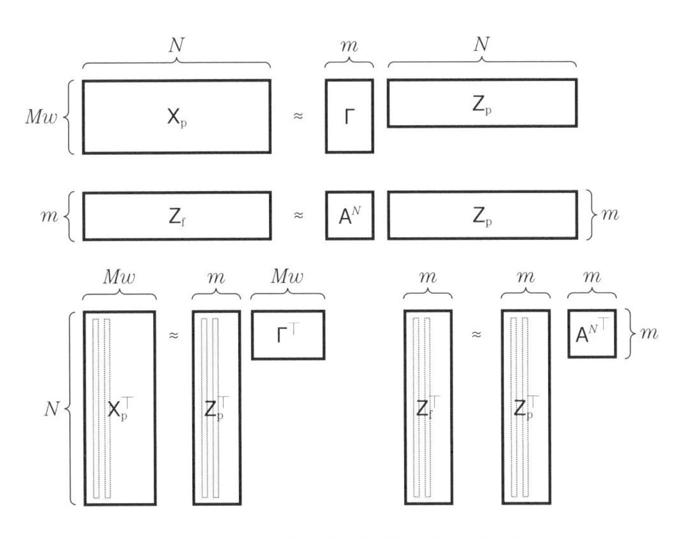

図 **7.10** 観測行列と状態行列との関係

ば，その列空間同士ができるかぎり一致するように状態空間の行列を選ぶことで，状態変数についての最善の推定ができることがわかります。

煩雑さを避けるために，状態変数の次元が 1 という状況をまず考え，それを基に $m>1$ の解を導くことにします。まず，式 (7.34) の最初の二つの式から，$\mathsf{Z}_\mathrm{p}^\top$ と $\mathsf{Z}_\mathrm{f}^\top$ の列ベクトルをそれぞれ，$\mathsf{X}_\mathrm{p}^\top$ と $\mathsf{X}_\mathrm{f}^\top$ の列ベクトルの一次結合で表してよいことがわかります。このことから

$$\mathsf{Z}_\mathrm{p}^\top = \mathsf{X}_\mathrm{p}^\top \boldsymbol{\alpha}, \qquad \mathsf{Z}_\mathrm{f}^\top = \mathsf{X}_\mathrm{f}^\top \boldsymbol{\beta} \tag{7.35}$$

のような形を仮定します。$\boldsymbol{\alpha}$ と $\boldsymbol{\beta}$ はこれから定める未知の係数ベクトルです。いま解くべき問題を形式的にいえば，$\mathsf{Z}_\mathrm{p}^\top$ と $\mathsf{Z}_\mathrm{f}^\top$ の列空間の距離を最小にするように係数 $\{\alpha_l\}$ と $\{\beta_l\}$ を決めることですが，$m=1$ の状況では，これは二つのベクトル $\mathsf{Z}_\mathrm{p}^\top$ と $\mathsf{Z}_\mathrm{f}^\top$ の相関係数を最大化することと同じです。すなわち，解くべき問題はつぎのとおりです。

$$\max_{\boldsymbol{\alpha},\boldsymbol{\beta}} \boldsymbol{\alpha}^\top \mathsf{X}_\mathrm{p}\mathsf{X}_\mathrm{f}^\top \boldsymbol{\beta} \quad \text{subject to} \quad \boldsymbol{\alpha}^\top \mathsf{X}_\mathrm{p}\mathsf{X}_\mathrm{p}^\top \boldsymbol{\alpha} = \boldsymbol{\beta}^\top \mathsf{X}_\mathrm{f}\mathsf{X}_\mathrm{f}^\top \boldsymbol{\beta} = 1 \tag{7.36}$$

ラグランジュ未定乗数法（定理 A.11）を使って最適条件を求めると，正準相関

分析で見た式 (6.42) および式 (6.43) とまったく同じ形の一般化固有値方程式

$$\mathsf{S}_{\mathrm{pf}}\mathsf{S}_{\mathrm{ff}}^{-1}\mathsf{S}_{\mathrm{fp}}\boldsymbol{\alpha} = \lambda^2\mathsf{S}_{\mathrm{pp}}\boldsymbol{\alpha} \tag{7.37}$$

$$\mathsf{S}_{\mathrm{fp}}\mathsf{S}_{\mathrm{pp}}^{-1}\mathsf{S}_{\mathrm{pf}}\boldsymbol{\beta} = \lambda^2\mathsf{S}_{\mathrm{ff}}\boldsymbol{\beta} \tag{7.38}$$

が導かれます。ただしつぎのように略記しました。

$$\mathsf{S}_{\mathrm{pf}} \equiv \mathsf{X}_{\mathrm{p}}\mathsf{X}_{\mathrm{f}}^\top, \quad \mathsf{S}_{\mathrm{pp}} \equiv \mathsf{X}_{\mathrm{p}}\mathsf{X}_{\mathrm{p}}^\top, \quad \mathsf{S}_{\mathrm{fp}} \equiv \mathsf{X}_{\mathrm{f}}\mathsf{X}_{\mathrm{p}}^\top, \quad \mathsf{S}_{\mathrm{ff}} \equiv \mathsf{X}_{\mathrm{f}}\mathsf{X}_{\mathrm{f}}^\top \tag{7.39}$$

さらに，これらの一般化固有方程式が，行列

$$\mathsf{W} \equiv \mathsf{S}_{\mathrm{pp}}^{-1/2}\mathsf{S}_{\mathrm{pf}}\mathsf{S}_{\mathrm{ff}}^{-1/2} \tag{7.40}$$

の特異値分解に帰着されることも 6.5.3 項で述べたのとまったく同様です。

問題 (7.36) では $m = 1$ が仮定されていましたが，特異値分解により複数の特異値・特異ベクトルを求めることで $m > 1$ の解も自動的に求めることができます。詳細になりますのでここでは省略しますが，そのように求めた解が最初から $m > 1$ を仮定した解と完全に一致することも示せます。

W に対して，特異値が大きい順に m 個の，長さが 1 に規格化された左右の特異ベクトルを求めたとします。左特異ベクトルを特異値の大きい順に $\tilde{\boldsymbol{\alpha}}^1, \ldots, \tilde{\boldsymbol{\alpha}}^m$，右特異ベクトルを $\tilde{\boldsymbol{\beta}}^1, \ldots, \tilde{\boldsymbol{\beta}}^m$ とします。すると，最適化問題 (7.36) の解が，$i = 1, \ldots, m$ に対し

$$\boldsymbol{\alpha}^i = \mathsf{S}_{\mathrm{pp}}^{-1/2}\tilde{\boldsymbol{\alpha}}^i, \qquad \boldsymbol{\beta}^i = \mathsf{S}_{\mathrm{ff}}^{-1/2}\tilde{\boldsymbol{\beta}}^i \tag{7.41}$$

のように求まります。そしてこれらから，状態変数の系列の推定値がつぎのように求められます。

$$\hat{\mathsf{Z}}_{\mathrm{p}} = [\boldsymbol{\alpha}^1, \ldots, \boldsymbol{\alpha}^m]^\top\mathsf{X}_{\mathrm{p}}, \qquad \hat{\mathsf{Z}}_{\mathrm{f}} = [\boldsymbol{\beta}^1, \ldots, \boldsymbol{\beta}^m]^\top\mathsf{X}_{\mathrm{f}} \tag{7.42}$$

過去と未来の状態空間同士の比較から重なっている部分を見つけるという考え方にちなみ，上記の手法による状態系列の推定法を部分空間同定法と呼びます。

7.4.3 部分空間同定法：未知パラメター A, C, Q, R の推定

さて，式 (7.42) にて状態変数の推定値を観測データから求めることができました。いまや非観測の変数はないので，状態空間モデルの定義 (7.27) および (7.28) を基に，最尤推定の手続きで未知パラメターを求めることができます。部分空間同定法の場合，窓幅 w を設定することが必要なので，推定に使えるデータの数が窓幅の分だけ減ることに注意し，改めてデータを，$\mathcal{D}' = \{\boldsymbol{x}^{(1)}, \ldots, \boldsymbol{x}^{(T')}\}$ および $\mathcal{Z}' = \{\hat{\boldsymbol{z}}^{(1)}, \ldots, \hat{\boldsymbol{z}}^{(T')}\}$ とおきます。ただし，$T' = T - w$ です。

いま，観測変数と状態変数からなる行列をつぎのように定義します。

$$\mathsf{X} \equiv [\boldsymbol{x}^{(1)}, \ldots, \boldsymbol{x}^{(T-w)}], \qquad \mathsf{Z} \equiv [\boldsymbol{z}^{(1)}, \ldots, \boldsymbol{z}^{(T-w)}] \tag{7.43}$$

$$\mathsf{Z}_+ \equiv [\boldsymbol{z}^{(2)}, \ldots, \boldsymbol{z}^{(T-w)}], \qquad \mathsf{Z}_- \equiv [\boldsymbol{z}^{(1)}, \ldots, \boldsymbol{z}^{(T-w-1)}] \tag{7.44}$$

そうして，式 (7.28) から対数尤度の式をつくるとつぎのようになります。

$$\begin{aligned} L(\mathsf{A}, \mathsf{Q} \mid \mathcal{D}', \mathcal{Z}') = &- \frac{T'-1}{2} m \ln(2\pi) - \frac{T'-1}{2} \ln|\mathsf{Q}| \\ &- \frac{1}{2} \mathrm{Tr}\left[\mathsf{Q}^{-1}(\mathsf{Z}_+ - \mathsf{A}\mathsf{Z}_-)(\mathsf{Z}_+ - \mathsf{A}\mathsf{Z}_-)^\top\right] \end{aligned}$$

行列の微分公式（定理 A.5）を使い，これを A で微分することにより，A の最尤推定値が

$$\hat{\mathsf{A}} = (\mathsf{Z}_+\mathsf{Z}_-^\top)(\mathsf{Z}_-\mathsf{Z}_-^\top)^{-1} \tag{7.45}$$

のように求まります。また，$\ln|\mathsf{Q}^{-1}| = -\ln|\mathsf{Q}|$ に注意して Q^{-1} で微分することにより，Q の最尤推定値がつぎのように求まります。

$$\hat{\mathsf{Q}} = \frac{1}{T'-1}(\mathsf{Z}_+ - \hat{\mathsf{A}}\mathsf{Z}_-)(\mathsf{Z}_+ - \hat{\mathsf{A}}\mathsf{Z}_-)^\top \tag{7.46}$$

一方，式 (7.27) から対数尤度の式をつくるとつぎのようになります。

$$\begin{aligned} L(\mathsf{C}, \mathsf{R} \mid \mathcal{D}', \mathcal{Z}') = &- \frac{T'M}{2} \ln(2\pi) - \frac{T'}{2} \ln|\mathsf{R}| \\ &- \frac{1}{2} \mathrm{Tr}\left[\mathsf{R}^{-1}(\mathsf{X} - \mathsf{C}\mathsf{Z})(\mathsf{X} - \mathsf{C}\mathsf{Z})^\top\right] \end{aligned}$$

これを C および R^{-1} で微分することで，それぞれの最尤推定値がつぎのように求められます。

$$\hat{\mathsf{C}} = (\mathsf{X}\mathsf{Z}^\top)(\mathsf{Z}\mathsf{Z}^\top)^{-1} \tag{7.47}$$

$$\hat{\mathsf{R}} = \frac{1}{T'}(\mathsf{X} - \hat{\mathsf{C}}\mathsf{Z})(\mathsf{X} - \hat{\mathsf{C}}\mathsf{Z})^\top \tag{7.48}$$

以上の手続きを下記にまとめておきます。

手順 7.4 (部分空間同定法) 長さ T の M 次元時系列 $\mathcal{D}$ が与えられている。窓幅 w と部分時系列の数 N を，$N \gg Mw$ となるように選ぶ。時系列のおおむね中間地点を適当に選びそこを時刻 t とみなす。

1) 状態系列の推定： 図 7.9 に示すように，窓幅 w で時系列を切り取り，式 (7.31) および式 (7.32) のように行列 $\mathsf{X}_\mathrm{p}, \mathsf{X}_\mathrm{f}$ をつくる。
   a) 式 (7.39) を使って，$\mathsf{S}_\mathrm{pf}, \mathsf{S}_\mathrm{pp}, \mathsf{S}_\mathrm{fp}$ をつくる。
   b) 式 (7.40) により W をつくり，特異値が大きい順に m 本の特異ベクトルを求める。
   c) 式 (7.41) および式 (7.42) のように求められた左右の特異ベクトルから，$\hat{\mathsf{Z}}_\mathrm{p}$ および $\hat{\mathsf{Z}}_\mathrm{f}$ を求める。
2) パラメター行列の推定： 観測量からなるデータ $\mathcal{D}' = \{\boldsymbol{x}^{(1)}, \ldots, \boldsymbol{x}^{(T')}\}$ と，先に求めた状態変数の推定値から $\mathcal{Z}' = \{\hat{\boldsymbol{z}}^{(1)}, \ldots, \hat{\boldsymbol{z}}^{(T')}\}$ を用意する（$T' = T - w$ ）。
   a) 式 (7.43) および式 (7.44) によりデータ行列 $\mathsf{X}, \mathsf{Z}, \mathsf{Z}_+, \mathsf{Z}_-$ を求める。
   b) 式 (7.45)，(7.46)，(7.47)，(7.48) から $\hat{\mathsf{A}}, \hat{\mathsf{C}}, \hat{\mathsf{Q}}, \hat{\mathsf{R}}$ を求める。

部分空間同定法では，$Mw \times Mw$ 行列 W の特異値分解と，$m \times m$ 行列 $\mathsf{Z}\mathsf{Z}^\top$ および $\mathsf{Z}_-\mathsf{Z}_-^\top$ の逆行列の数値計算が必要となります。これらの行列のサイズは T にも N にも依存しないため，通常，計算量は大きくはありません。その反面，新たなパラメターである w を計算前に選ぶ必要があります。w によりモデルの推定精度は大きく変わります。通常，データを観察して，または事前知識から，妥当な w の範囲をいくつか決めておき，推定されたモデルのうちから最も当てはまりのよいモデルを選びます。そして求められたパラメターを，別の，例えば期待値–最大化法による推定手法†の初期値として使うことで，より精度のよいモデルを推定するという方法も実用上使われています。

7.4.4　状態系列の逐次推定法：カルマンフィルタ

前節にまとめた部分空間同定法は，式 (7.27) および式 (7.28) で導入した確率モデルを明示的に使わずに，期待値について成り立つはずの関係式 (7.33) を基に議論を進めてきました。本節では，明示的に確率モデルを使って状態系列の推定式を導きます。なお，本節では，モデルのパラメター $\mathsf{A}, \mathsf{C}, \mathsf{Q}, \mathsf{R}, \mathsf{Q}_0, \boldsymbol{z}_0$ は既知とし，状態系列を推定する問題を考えます。

確率モデルの言葉でこの問題を述べれば，任意の時刻 t において，状態変数 $\boldsymbol{z}^{(t)}$ の確率分布を，その時点までに観測されたデータ $\{\boldsymbol{x}^{(1)}, \boldsymbol{x}^{(2)}, \ldots, \boldsymbol{x}^{(t)}\}$ が既知という条件で求める，ということになります。時刻 t までのデータでつくったデータ行列を $\mathsf{X}_t \equiv [\boldsymbol{x}^{(1)}, \boldsymbol{x}^{(2)}, \ldots, \boldsymbol{x}^{(t)}]$ と表すと，われわれの問題はつぎのとおりです。

問題：確率分布 $p(\boldsymbol{z}^{(t)} \mid \mathsf{X}_t)$ を求めること。

このモデルは，正規分布に従う確率変数が線形変換されることで時間発展するモデルですから，分布 $p(\boldsymbol{z}^{(t)} \mid \mathsf{X}_t)$ は間違いなく正規分布になります。そこで

$$p(\boldsymbol{z}^{(t)} \mid \mathsf{X}_t) = \mathcal{N}(\boldsymbol{z}^{(t)} \mid \boldsymbol{\mu}_t, \mathsf{V}_t) \tag{7.49}$$

とおいておきます。まず $t = 1$ の状況を考えます。条件付き確率の定義（付録の定義 A.1）から，求める分布は

$$p(\boldsymbol{z}^{(1)} \mid \mathsf{X}_1) = \frac{p(\boldsymbol{x}^{(1)}|\boldsymbol{z}^{(1)})\, p(\boldsymbol{z}^{(1)})}{p(\boldsymbol{x}^{(1)})} = \frac{p(\boldsymbol{x}^{(1)}|\boldsymbol{z}^{(1)})\, p(\boldsymbol{z}^{(1)})}{p(\mathsf{X}_1)} \tag{7.50}$$

と書けます。分子はモデル (7.27) および式 (7.29) そのものですが，分母はこの時点では未知です。上式は，ベイズの定理 A.1 を使って $p(\boldsymbol{x}^{(1)} \mid \boldsymbol{z}^{(1)})$ の $\boldsymbol{x}^{(1)}$ と $\boldsymbol{z}^{(1)}$ を「裏返す」式ですから，定理 A.9 に示した正規分布に対する明示的な

† ビショップ[3)] の 13 章に詳しい解説があります。

表現を使うことで，ただちに

$$\boldsymbol{\mu}_1 = \mathsf{V}_1\left(\mathsf{C}^\top\mathsf{R}^{-1}\boldsymbol{x}^{(1)} + \mathsf{Q}_0^{-1}\boldsymbol{z}_0\right) \tag{7.51}$$

$$\mathsf{V}_1 = (\mathsf{C}^\top\mathsf{R}^{-1}\mathsf{C} + \mathsf{Q}_0^{-1})^{-1} \tag{7.52}$$

が得られます。基本的にこれでよいのですが，例えば V_1 は，逆行列の式の逆行列，というような形でいかにも見にくいので，式を書き直すことを考えます。付録のウッドベリー行列恒等式 (A.22) において，$\mathsf{A} \to \mathsf{Q}_0^{-1}$，$\mathsf{B} \to \mathsf{C}^\top$，$\mathsf{D} \to -\mathsf{R}$ と置き換えた式を使うと

$$\begin{aligned}
\mathsf{V}_1 &= \mathsf{Q}_0 + \mathsf{Q}_0\mathsf{C}^\top(-\mathsf{R} - \mathsf{C}\mathsf{Q}_0\mathsf{C}^\top)^{-1}\mathsf{C}\mathsf{Q}_0 \\
&= \{\mathsf{I}_m - \mathsf{Q}_0\mathsf{C}^\top(\mathsf{R} + \mathsf{C}\mathsf{Q}_0\mathsf{C}^\top)^{-1}\mathsf{C}\}\mathsf{Q}_0 \\
&= (\mathsf{I}_m - \mathsf{K}_1\mathsf{C})\mathsf{Q}_0
\end{aligned} \tag{7.53}$$

のようにかなりすっきりした形に変形できることがわかります。ただし

$$\mathsf{K}_1 \equiv \mathsf{Q}_0\mathsf{C}^\top(\mathsf{R} + \mathsf{C}\mathsf{Q}_0\mathsf{C}^\top)^{-1} \tag{7.54}$$

と定義しました。これを式 (7.51) に代入して $\boldsymbol{\mu}_1$ の式がどうなるか見ると

$$\boldsymbol{\mu}_1 = \boldsymbol{z}_0 + \mathsf{K}_1(\boldsymbol{x}^{(1)} - \mathsf{C}\boldsymbol{z}_0) \tag{7.55}$$

のような非常に美しい形にまとまることがわかります。ここで，K_1 の定義式 (7.54) において，右から $\mathsf{R} + \mathsf{C}\mathsf{Q}_0\mathsf{C}^\top$ を掛けることで成り立つ

$$\mathsf{Q}_0\mathsf{C}^\top = \mathsf{K}_1(\mathsf{R} + \mathsf{C}\mathsf{Q}_0\mathsf{C}^\top) = \mathsf{K}_1\mathsf{R} + \mathsf{K}_1\mathsf{C}\mathsf{Q}_0\mathsf{C}^\top \tag{7.56}$$

という恒等式を使いました。

つぎに $t = 2$ を考えます。条件付き分布と周辺分布の定義から

$$\begin{aligned}
p(\boldsymbol{z}^{(2)} \mid \mathsf{X}_2) &= \frac{1}{p(\mathsf{X}_2)}\int \mathrm{d}\boldsymbol{z}^{(1)}\ p(\boldsymbol{x}^{(2)}, \boldsymbol{x}^{(1)}, \boldsymbol{z}^{(2)}, \boldsymbol{z}^{(1)}) \\
&= \frac{1}{p(\mathsf{X}_2)}\int \mathrm{d}\boldsymbol{z}^{(1)}\ p(\boldsymbol{x}^{(2)}|\boldsymbol{z}^{(2)})p(\boldsymbol{x}^{(1)}|\boldsymbol{z}^{(1)})p(\boldsymbol{z}^{(2)}|\boldsymbol{z}^{(1)})p(\boldsymbol{z}^{(1)})
\end{aligned} \tag{7.57}$$

がもともとの定義式です。被積分関数はモデル (7.27)，(7.28) および式 (7.29) に与えられているので，積分計算をすることは可能ですが，すでに先に $t=1$ での結果があるので，それを再利用するのが賢いやり方です。式 (7.50) を使うと，つぎのように書けることがわかります。

$$p(\boldsymbol{z}^{(2)}|\mathsf{X}_2) = \frac{p(\mathsf{X}_1)}{p(\mathsf{X}_2)} p(\boldsymbol{x}^{(2)}|\boldsymbol{z}^{(2)}) \int \mathrm{d}\boldsymbol{z}^{(1)}\ p(\boldsymbol{z}^{(2)}|\boldsymbol{z}^{(1)})\ p(\boldsymbol{z}^{(1)}|\mathsf{X}_1)$$

これは一般化できます。いま，$p(\boldsymbol{z}^{(t-1)}|\mathsf{X}_{t-1})$ が

$$p(\boldsymbol{z}^{(t-1)} \mid \mathsf{X}_{t-1}) = \mathcal{N}(\boldsymbol{z}^{(t-1)} \mid \boldsymbol{\mu}_{t-1}, \mathsf{V}_{t-1})$$

のように求められていたとします。時刻 $t-1$ と t は，$p(\boldsymbol{z}^{(t)}|\boldsymbol{z}^{(t-1)})$ によりつながれますので，任意の $t=1,\ldots,T$ について，つぎの漸化式が成り立ちます。

$$p(\boldsymbol{z}^{(t)} \mid \mathsf{X}_t) = \frac{p(\mathsf{X}_{t-1})}{p(\mathsf{X}_t)} p(\boldsymbol{x}^{(t)}|\boldsymbol{z}^{(t)}) \times \int \mathrm{d}\boldsymbol{z}^{(t-1)}\ p(\boldsymbol{z}^{(t)}|\boldsymbol{z}^{(t-1)})\ p(\boldsymbol{z}^{(t-1)}|\mathsf{X}_{t-1}) \tag{7.58}$$

右辺の計算をしてみましょう。まず積分は，正規分布において周辺分布を求める操作にすぎませんので，付録の定理 A.9 の式 (A.55) を使って

$$\int \mathrm{d}\boldsymbol{z}^{(t-1)}\ p(\boldsymbol{z}^{(t)}|\boldsymbol{z}^{(t-1)})\ p(\boldsymbol{z}^{(t-1)}|\mathsf{X}_{t-1}) = \mathcal{N}(\boldsymbol{z}^{(t)}|\mathsf{A}\boldsymbol{\mu}_{t-1}, \mathsf{Q} + \mathsf{A}\mathsf{V}_{t-1}\mathsf{A}^\top)$$

となることがわかります。そして，これと式 (7.58) の残りの項を掛けたものは，正規分布において $\boldsymbol{z}^{(t)}$ と $\boldsymbol{x}^{(t)}$ を「裏返し」するのと同じなので，今度は定理 A.9 の式 (A.54) を使って，$p(\boldsymbol{z}^{(t)} \mid \mathsf{X}_t)$ の平均と分散をつぎのように求めることができます。

$$\boldsymbol{\mu}_t = \mathsf{V}_t \left(\mathsf{C}^\top \mathsf{R}^{-1} \boldsymbol{x}^{(t)} + \mathsf{Q}_{t-1}^{-1} \mathsf{A} \boldsymbol{\mu}_{t-1}\right)$$

$$\mathsf{V}_t = \left(\mathsf{C}^\top \mathsf{R}^{-1} \mathsf{C} + \mathsf{Q}_{t-1}^{-1}\right)^{-1}$$

ただし

$$\mathsf{Q}_{t-1} = \mathsf{Q} + \mathsf{A}\mathsf{V}_{t-1}\mathsf{A}^\top \tag{7.59}$$

と定義しました。$t=1$ での計算と同様に，ウッドベリー行列恒等式と，式 (7.56) と同様の恒等式を使うことにより，つぎの結果が導かれます。

$$\mathsf{K}_t = \mathsf{Q}_{t-1}\mathsf{C}^\top(\mathsf{R}+\mathsf{C}\mathsf{Q}_{t-1}\mathsf{C}^\top)^{-1} \tag{7.60}$$

$$\boldsymbol{\mu}_t = \mathsf{A}\boldsymbol{\mu}_{t-1} + \mathsf{K}_t(\boldsymbol{x}^{(t)} - \mathsf{C}\mathsf{A}\boldsymbol{\mu}_{t-1}) \tag{7.61}$$

$$\mathsf{V}_t = (\mathsf{I}_m - \mathsf{K}_t\mathsf{C})\mathsf{Q}_{t-1} \tag{7.62}$$

これらの式は，観測値 $\boldsymbol{x}^{(t)}$ が得られるたびに，状態変数 $\boldsymbol{z}^{(t)}$ の分布を求める式になっています。冒頭の例を使えば，体温を測定するたびに，身体の内部状態を表す変数（臓器の炎症の度合いなど）の分布を求めるということです。K_t は**カルマン利得行列**（カルマンゲイン）と呼ばれる行列です。観測値 $\boldsymbol{x}^{(t)}$ のばらつきへの反応の敏感さを表現する係数の役割を担います。

以上の算法を下記にまとめておきます。この逐次状態推定の手法を**カルマンフィルタ**と呼びます。カルマンは，式 (7.60) などの表現を最初に導いた研究者の名前で,「フィルタ」というのは，ノイズで汚れているであろう観測値 X_t からノイズを取り去り，真の状態変数を求める，という語感の用語です。

手順 7.5　(**カルマンフィルタ**)　モデルパラメター $\mathsf{A}, \mathsf{C}, \mathsf{Q}, \mathsf{R}, \mathsf{Q}_0, \boldsymbol{z}_0$ を与える。$\boldsymbol{\mu}_0$ を $\mathsf{A}\boldsymbol{\mu}_0 = \boldsymbol{z}_0$ により定義する。$t=1,\ldots,T$ に対してつぎの計算を繰り返す。

$$\mathsf{K}_t = \mathsf{Q}_{t-1}\mathsf{C}^\top(\mathsf{R}+\mathsf{C}\mathsf{Q}_{t-1}\mathsf{C}^\top)^{-1}$$

$$\boldsymbol{\mu}_t = \mathsf{A}\boldsymbol{\mu}_{t-1} + \mathsf{K}_t(\boldsymbol{x}^{(t)} - \mathsf{C}\mathsf{A}\boldsymbol{\mu}_{t-1})$$

$$\mathsf{V}_t = (\mathsf{I}_m - \mathsf{K}_t\mathsf{C})\mathsf{Q}_{t-1}$$

$$\mathsf{Q}_t = \mathsf{Q} + \mathsf{A}\mathsf{V}_t\mathsf{A}^\top$$

これを行うことで，各 t における状態変数 $\boldsymbol{z}^{(t)}$ の平均と分散 $(\boldsymbol{\mu}_t, \mathsf{V}_t)$ を求めることができます。

7.4.5　状態空間モデルを用いた異常検知

2.1 節で与えた異常検知の一般的な手順に従って異常度を定義しましょう。そのためには予測分布，すなわち，$t-1$ までの観測データ X_{t-1} が与えられたときの $\boldsymbol{x}^{(t)}$ の分布を与えることが必要です。分布 $p(\boldsymbol{x}^{(t)} \mid \mathsf{X}_{t-1})$ は上に求めたフィルタ分布からつぎのように求めることができます。いま，前時刻においてフィルタ分布 $p(\boldsymbol{z}^{(t-1)} \mid \mathsf{X}_{t-1})$ が求められているとします。条件付き確率の定義を使えば，次式が成り立つことがわかります。

$$
\begin{aligned}
&p(\boldsymbol{x}^{(t)}|\mathsf{X}_{t-1})\\
&=\int\!\mathrm{d}\boldsymbol{z}^{(t)}\!\int\!\mathrm{d}\boldsymbol{z}^{(t-1)}\ p(\boldsymbol{x}^{(t)}|\boldsymbol{z}^{(t)})p(\boldsymbol{z}^{(t)}|\boldsymbol{z}^{(t-1)})\ p(\boldsymbol{z}^{(t-1)}|\mathsf{X}_{t-1})\\
&=\int\!\mathrm{d}\boldsymbol{z}^{(t)}p(\boldsymbol{x}^{(t)}|\boldsymbol{z}^{(t)})\int\!\mathrm{d}\boldsymbol{z}^{(t-1)}\ p(\boldsymbol{z}^{(t)}|\boldsymbol{z}^{(t-1)})\ p(\boldsymbol{z}^{(t-1)}|\mathsf{X}_{t-1})
\end{aligned}
$$

$\boldsymbol{z}^{(t-1)}$ についての積分は式 (7.58) でとった方法と完全に同じです。その結果を使いつつ，$\boldsymbol{z}^{(t)}$ の積分を再び定理 A.9 の式 (A.55) を用いて実行すると，つぎの結果がただちに得られます。

$$
p(\boldsymbol{x}^{(t)} \mid \mathsf{X}_{t-1}) = \mathcal{N}\left(\boldsymbol{x}^{(t)} \,\middle|\, \mathsf{CA}\boldsymbol{\mu}_{t-1},\ \mathsf{R}+\mathsf{CQ}_{t-1}\mathsf{C}^\top\right) \tag{7.63}
$$

この式から二つの重要なことがわかります。一つは，$\boldsymbol{x}^{(t)}$ の期待値が，$\boldsymbol{z}^{(t-1)}$ の期待値の CA 倍として得られているということです。これは，7.4.2 項において直感的に導いた式 (7.33) が，期待値の意味で厳密に成り立つことの証明になっています。

もう一つは，一般には $p(\boldsymbol{x}^{(t)} \mid \mathsf{X}_{t-1})$ は過去の観測値 $\boldsymbol{x}^{(1)},\ldots,\boldsymbol{x}^{(t-1)}$ すべてに依存する，ということです。上の式 (7.63) における $\boldsymbol{\mu}_{t-1}$ は，式 (7.61) により $\boldsymbol{x}^{(t-1)}$ に依存し，その式に含まれる $\boldsymbol{\mu}_{t-2}$ は $\boldsymbol{x}^{(t-2)}$ に依存し，などと，一般には過去の観測値すべてが関係してきます†。実用上の観点からすればこの事実は，単純な周期性をもたない時系列のモデリングにおいて，状態空間モデルが強力な表現手段を提供するということを意味しています。

† 本書で与えた状態空間モデルを多少一般化すると，自己回帰モデルを状態空間モデルの一種として表現可能です。この意味で，状態空間モデルは有限次数のマルコフ性をも表現できるモデルです。自己回帰モデルの状態空間表現については例えば北川[20] を参照するとよいでしょう。

式 (7.63) を用いることで，外れ値検知の観点での自然な異常度がつぎのように定義できます。

$$a(\boldsymbol{x}^{(t)}) = (\boldsymbol{x}^{(t)} - \mathsf{CA}\boldsymbol{\mu}_{t-1})^\top \Sigma_t^{-1}(\boldsymbol{x}^{(t)} - \mathsf{CA}\boldsymbol{\mu}_{t-1}) \tag{7.64}$$

$$\Sigma_t \equiv \mathsf{R} + \mathsf{CQ}_{t-1}\mathsf{C}^\top \tag{7.65}$$

以下に，状態空間モデルを用いた異常検知の手順をまとめておきます。

手順 7.6 (状態空間モデルによる異常検知)　時系列データを用意し，訓練用データ $\mathcal{D}_{\mathrm{tr}}$ と検証用 $\mathcal{D}$ に分ける。

1) パラメターの学習：　$\mathcal{D}_{\mathrm{tr}}$ を基に，部分空間同定法などの手段で，モデルパラメター $\mathsf{A}, \mathsf{C}, \mathsf{Q}, \mathsf{R}, \mathsf{Q}_0, \boldsymbol{z}_0$ を求める。
2) 異常度の逐次計算：　$\mathcal{D}$ に含まれる観測値 $\boldsymbol{x}^{(t)}$（$t = 1, \ldots, T$）について，以下の手順で逐次異常度を計算する。

コーヒーブレイク

7.1 節で紹介したスライド窓に基づく時系列データの解析手法に関して，データマイニング業界で興味深い事件がありました。1998 年に有名な国際学会で，「部分時系列クラスタリング」という技術を使い株価などの時系列データからパターンを発見する手法が提案されました。それまで，売上げデータを主たる対象に考えられてきた古典的なデータマイニング手法である相関規則学習法（association rule learning）の新しい応用例として評判になりました。

しかし，その数年後，“Clustering of time series subsequences is meaningless” という激越なタイトルの論文[19] が発表されることで事態は急展開します。その論文は，多数のデータの徹底的な実験を通して，k 平均法を使った部分時系列クラスタリングの結果はまったく信用できず，要するに，どんな時系列データを使っても結果に大差ないという驚愕の事実を指摘したのでした。

なぜそういう直感に反することが起こるのかはしばらく謎のままでしたが，その後，k 平均法の算法と，スライド窓による部分時系列生成法が，ある意味で絶妙な干渉を起こした結果そうなる，という理論的説明がなされ[12]，一応の決着を見ました。なんらかのデータ解析の手法を使う場合，その理論的背景の十分な理解が必須であることを人々に印象づけた事件でした。

a) カルマンフィルタの実行：　手順7.5のカルマンフィルタを実行し，$\boldsymbol{\mu}_{t-1}$ と Q_{t-1} を求める。

b) 異常度の計算：　式(7.64)を使って異常度 $a(\boldsymbol{x}^{(t)})$ を計算し記憶する。

状態空間モデルのソフトウェアとして，MathWorks社のMatlabが大きな市場占有率をもっています。Rでは長い間，自己回帰モデルやその拡張モデルは別にして，状態空間モデルそれ自体の解析に際して選択肢は多くありませんでした。例えば，本書執筆時点で，部分空間同定法を扱うパッケージは存在しないようです。ただ，最近MARSSパッケージが急速に完成度を高めているようです。Rのパッケージには珍しく，豊富な実例が掲載された詳しいユーザーガイドも用意されているので一度試してみるとよいでしょう。

章　末　問　題

【1】 M 次元の観測値が T 個 $\{\boldsymbol{\xi}^{(1)},\ldots,\boldsymbol{\xi}^{(T)}\}$ のように得られているとき，過去に行くほど寄与が小さくなるように平均値の計算法を工夫することを考えます。$0<\gamma\leqq 1$ に対して標本平均を $\bar{\boldsymbol{\xi}}_T\equiv\dfrac{1}{Z}\displaystyle\sum_{t=1}^{T}\gamma^{T-t}\boldsymbol{\xi}^{(t)}$ と書いたとき，つぎの条件を満たすように Z の式を求めてください。(1) $\gamma=1$ のときに通常の標本平均に一致すること。(2) $\boldsymbol{\xi}^{(t)}$ が t によらず一定値 $\boldsymbol{\xi}$ をとるとき，平均がその値に一致すること。

【2】 上の結果を利用して，時間ごとに減衰する重みを入れた共分散行列を求めることを考えます。$w_t\equiv\gamma^{T-t}/Z$ とおき，時刻 T における共分散行列を

$$\Sigma_T\equiv\sum_{t=1}^{T}w_t(\boldsymbol{\xi}^{(t)}-\bar{\boldsymbol{\xi}}_T)(\boldsymbol{\xi}^{(t)}-\bar{\boldsymbol{\xi}}_T)^{\top}\tag{7.66}$$

のように定義します。このとき，式(6.74)を用いて，上式の行列表現が

$$\Sigma_T=\mathsf{X}_T(\mathsf{W}_T-\boldsymbol{w}_T\boldsymbol{w}_T^{\top})\mathsf{X}_T^{\top}\tag{7.67}$$

となることを示してください。ただし，$\boldsymbol{w}_T\equiv(w_1,\ldots,w_T)^{\top}$，$\mathsf{W}_T\equiv\mathrm{diag}(\boldsymbol{w}_T)$，$\mathsf{X}_T\equiv[\boldsymbol{\xi}^{(1)},\ldots,\boldsymbol{\xi}^{(T)}]$ とおきました。

【3】 次数 r を0とおいたベクトル自己回帰モデルによる異常検知が，ホテリング理論と等価であることを示して下さい。

【4】 時刻 t と $t+1$ における正則な行列 Q_t と Q_{t+1} が，ベクトル $\boldsymbol{x}$ に対して

$$\mathsf{Q}_{t+1} = (1-\beta)\mathsf{Q}_t + \beta \boldsymbol{x}\boldsymbol{x}^\top \tag{7.68}$$

という関係を満たすとします（$0 < \beta < 1$ はある定数）。このとき，ウッドベリー行列恒等式 (A.22) を使うことで，それぞれの逆行列が

$$\mathsf{Q}_{t+1}^{-1} = \frac{1}{1-\beta}\mathsf{Q}_t^{-1} - \left(\frac{\beta}{1-\beta}\right)\frac{\mathsf{Q}_t^{-1}\boldsymbol{x}\boldsymbol{x}^\top\mathsf{Q}_t^{-1}}{1-\beta+\beta\boldsymbol{x}^\top\mathsf{Q}_t^{-1}\boldsymbol{x}} \tag{7.69}$$

という関係を満たすことを示してください。この式は，前の時刻の逆行列がわかっていれば，逆行列の再計算をすることなしに現在の逆行列を計算できることを意味しています。一般にこのような式を**階数 1 更新**式と呼びます。

【5】 カルマンフィルタを使って，道路を走る車を追跡することを考えます。$\boldsymbol{z}^{(t)}$ を時刻 t での車の真の位置，$\boldsymbol{x}^{(t)}$ をある観測機器が報告した（誤差を含むかもしれない）位置だとします。$\mathsf{C} = \mathsf{I}_M$ かつ $\mathsf{A} = \mathsf{I}_M$ とします。さらに，$\mathsf{R} = \epsilon\mathsf{I}_M$ として，$\epsilon \to 0$ が成り立つとき，どのような更新式が得られるでしょうか。状態空間モデル自体から想像される状況と，カルマンフィルタの結果が直感的に首尾一貫していることを説明してください。

8 よくある悩みとその対処法

本章では，現実にデータ解析を行う際にぶつかりがちな問題について，解決のためのヒントをいくつか挙げてみます。

8.1 数式を使いたくありません

確率・統計が苦手な人が，異常の分析をするとして，まずは勧められるのが，2.1 節でも述べたパーセンタイルによる分析です。例えば，冒頭で述べた身体測定の例で，体重について，肥満の閾値をどう決めたらよいかを考えましょう。肥満というのは本来，なにか医学的な理由から決められるべきですが，簡便な方法として，「過去のデータに照らして，実現する確率が 3%以下になる体重」をもって閾値とするのは合理的だと思います（3%というのは単なる例です）。

これを求めるのは非常に簡単です。`Davis` データの場合全部で 200 人いますから，3% というのは $200 \times 0.03 = 6$ 人に対応しています。**図 8.1** にまとめたとおり，スプレッドシート上で体重を軽い順に並び替え，下から 6 人目の行を見ます。その人の体重が閾値です。

この考え方はいろいろと応用がききます。例えば，人数ではなくて，利益率の上位 3% というのも計算できます。

一つ明らかな欠点は，この方法は基本的に 1 変数にしか使えないということです。また，体重のように，「体重が多すぎるのはよくない」という事前知識があればよいものの，そういう知識がない場合は困ります。例えば，ある部屋の湿度について異常判定をしたい場合は，やはりなにかの確率分布を明示的に考

体重	人数累計
39	1
43	2
…	…
97	195
101	196
102	197
103	198
119	199
166	200

$200 \times 0.36 = 6$ だから6人目の体重を「3％閾値」にする

図 8.1 Davis データにおける上位3パーセンタイルの体重の求め方

え，それに基づいて異常度を定義することが必要だと思います。逆にいえば，そのような試行錯誤を通して，統計的機械学習の理論の必要性を納得してから本書を手にとるのが理想的です。

8.2 モデルが変わってゆくのですが

例えばビルの地下にあるような発電設備の場合，春と夏では運転の様相が非常に異なります。それは図 3.7 に模式的に書いたような，運転モードが明示的に切り替わるというようなものではなく，連続的に変化してゆくようなものだと思います。このような場合，異常検知モデルの作成の方法としてはだいたい三つくらいの選択肢があります。

(1) 明示的に時系列モデルをつくる（7.3 節や 7.4 節参照）。

(2) それなりの大きさのスライド窓をつくり，窓内のデータを使って定期的にモデルを学習し直す。

(3) 異常度が平均や分散などの量と明示的に結び付いていれば，それらを新しいデータが来るたびに更新する。

(1)の方法がもちろん正式なやり方です。季節周期や1週間の周期や 24 時間の周期をトレンド成分としてまずは捉えつつ，時々刻々の変動を状態空間モデルなどの時系列モデルで記述し，予測と実測の食い違いから異常度を定義します。しかしそのためには，時系列のモデリングについての知識と経験が必要で，必ずしも簡単に試せるものでもありません。

(2)の方法は，データ数と計算機資源に余裕があれば簡便に試せます。例えばホテリング統計量で異常検知をしているとすれば，定期的に，窓の中のデータを使って，標本平均と標本共分散を再計算して，新たにホテリング統計量を定義し直すというやり方です。

(3)の方法は(2)の方法と似ていますが，もう少し賢く，また応用範囲も広いので，ここでやや詳しく説明します。いま，ホテリング流に，平均値からのずれに着目して異常判定をしているとしましょう。時刻 1 から時刻 t までに t 個の観測値 $\boldsymbol{x}^{(1)}, \ldots, \boldsymbol{x}^{(t)}$ が得られたとしたら，その平均値は

$$\bar{\boldsymbol{x}}_t = \frac{1}{t}\sum_{n=1}^{t} \boldsymbol{x}^{(n)} \tag{8.1}$$

となります。同様に，時刻 1 から時刻 $t+1$ までに $t+1$ 個の観測値 $\boldsymbol{x}^{(1)}$, …, $\boldsymbol{x}^{(t)}$, $\boldsymbol{x}^{(t+1)}$ があるとすれば，平均値は

$$\bar{\boldsymbol{x}}_{t+1} = \frac{1}{t+1}\sum_{n=1}^{t+1} \boldsymbol{x}^{(n)}$$

となります。両者の食い違いは $\boldsymbol{x}^{(t+1)}$ に起因します。このことから，上記二つの平均値の間につぎの関係があることがわかります。

$$\bar{\boldsymbol{x}}_{t+1} = (1-\beta)\bar{\boldsymbol{x}}_t + \beta \boldsymbol{x}^{(t+1)} \tag{8.2}$$

ただし，$1/(t+1)$ を β と表しました。もし全データを使って平均を計算するのなら，この β という量は時間とともに小さくすべきですが，もしこれを固定した値，例えば 0.01 など，1 よりかなり小さな定数を採用したらどうでしょうか。この場合，意味合いとしては「過去 100 個の標本だけを使って平均を計算する」というようなものになります。この β はしばしば**忘却率**と呼ばれます。忘却率の考え方を使えば，スライド窓内のデータを保存する必要もなく，簡単にモデルの更新ができます。式 (8.2) のような，ある統計量を，時々刻々得られ

る観測値により更新してゆく式のことを，**逐次更新則**とか**オンライン更新則**と呼びます。

平均値以外の場合も，考える統計量が式 (8.1) のような，経験分布による期待値の形になっているならば，逐次更新則を導出することができます。$\boldsymbol{x}^{(n)}$ からなる量を $\mathsf{f}^{(n)}$ とし，統計量 F が式 (8.1) のように全標本にわたる平均で表されるとすれば，一般形はつぎのとおりです。

$$\mathsf{F}_{t+1} = (1-\beta)\mathsf{F}_t + \beta\,\mathsf{f}^{(t+1)} \tag{8.3}$$

例えば共分散行列の場合は，$\Sigma_t = (1/t)\sum_{n=1}^{t} \boldsymbol{x}^{(n)}\boldsymbol{x}^{(n)\top} - \bar{\boldsymbol{x}}_t\bar{\boldsymbol{x}}_t^\top$ なので，第 1 項について $\mathsf{f}^{(t)} = \boldsymbol{x}^{(t)}\boldsymbol{x}^{(t)\top}$ とおいて $\mathsf{F}_t = (1/t)\sum_{n=1}^{t} \mathsf{f}^{(n)}$ に対して更新式をつくり，その後第 2 項を加えることでつぎのように計算できます。

$$\mathsf{F}_{t+1} = (1-\beta)\mathsf{F}_t + \beta\,\mathsf{f}^{(t+1)}$$

$$\Sigma_{t+1} = \mathsf{F}_{t+1} - \bar{\boldsymbol{x}}_{t+1}\bar{\boldsymbol{x}}_{t+1}^\top \tag{8.4}$$

このような更新則を使った例としては，混合正規分布の逐次更新による異常検知モデル[34)] が有名です。また，7 章の章末問題【 **4** 】で紹介した階数 1 更新式と組み合わせることが，実用上しばしば有用です。

8.3　変数の値の範囲が変で困っているのですが

本書でこれまで述べてきた異常検知の手法は，正規分布を代表とする確率分布を前提にしてきました。正規分布やガンマ分布は，無限ないし半無限の定義域を想定しています。しかし実応用上，変数の範囲が制限されている場合がしばしば存在します。観測値が例えばテストの点数のように，0 点から 100 点までに制限されているような場合がそれです。一方，Web サイトのアクセス数のように，普段は非常に小さい値だが突発的に巨大な値になりうるというようなものもあります。このような場合，ガンマ分布などの既存の分布をそのまま当てはめようとしても通常はうまくいきません。下記のような前処理を検討すべきです。

8.3.1 ロジスティック変換

ロジスティック変換は，変数に上下限がある場合にしばしば使われます。例えばテストの点数を考えましょう。これを尺度変換して，標本 $x^{(n)}$ が 0 から 1 までの値をとるとします。ロジスティック変換は，この，0 から 1 に制限された変数 x を，無限区間でいわば伸びやかに定義された新しい変数 z に変換します。

$$z = \frac{1}{a} \ln \frac{x}{1-x} + b \tag{8.5}$$

ここで，a, b は定数で，z がよさそうな性質をもつように選びます。特に手掛かりがないようなら，$a=1$，$b=0$ としておけばよいでしょう。

この変換を逆に解くと

$$x = \frac{1}{1+\exp\{-a(z-b)\}}$$

となることがただちに示せます。右辺は**シグモイド関数**としてよく知られています。シグモイド関数は $z=b$ を境にして 0 から 1 になめらかに値が増えてゆくような関数です。

実行例 8.1 は，(0,1) の区間の一様乱数をロジスティック変換した例です。図 **8.2** に示すとおり，変換後の分布が正規分布のように広い裾をもつ分布になっていることがわかります。

実行例 8.1

```
x <- runif(1000)  # (0,1) の範囲で一様乱数を生成
hist(x,breaks=33,xlim=c(-0.5,1.5),main="") #その分布を棒グラフとして描く
par(ask=TRUE)  # つぎの図を見たければ任意のキーを押す
hist(log(x/(1-x)),breaks=33,xlim=c(-10,10),main="") # 変換後の分布
```

ロジスティック変換の問題は，x の値が 0 や 1 という区間の両端に固まっている場合に対処が難しいということです。その場合は，**ベータ分布**のように有限区間で定義された確率分布を使うか，いっそのこと 0 か 1 かの二値をとる**二項分布**だと割り切るかなどの工夫が必要になるでしょう。

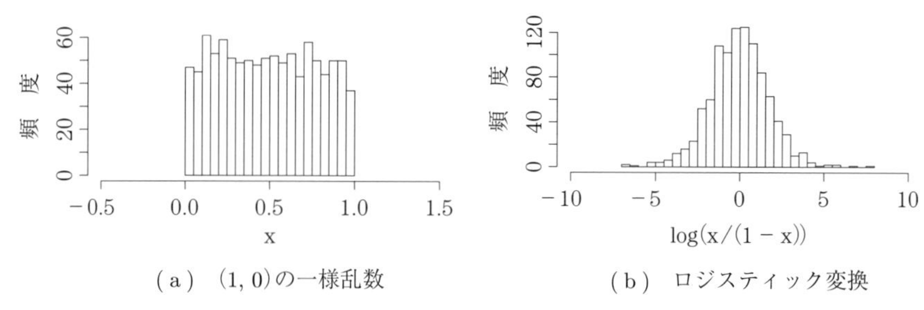

(a)(1, 0)の一様乱数　　(b) ロジスティック変換

図 8.2　(0,1) の一様乱数とそれをロジスティック変換したもの（縦軸は頻度を表す）

8.3.2　ボックス=コックス変換

ボックス=コックス変換は，正値の変数 x に対して定義される変換で，つぎのように定義されます（Box と Cox は人の名前です）。

$$z = \frac{x^\lambda - 1}{\lambda} \tag{8.6}$$

λ は正の定数です。テイラー展開を使うと

$$x^\lambda = \mathrm{e}^{\lambda \ln x} = 1 + \lambda \ln x + \frac{1}{2}(\lambda \ln x)^2 + \cdots$$

となるので，λ が 0 に近いときは，ボックス=コックス変換が対数変換 $z = \ln x$ に帰着することがわかります。すなわち，ボックス=コックス変換は対数変換の一般化に対応しています。対数変換は $x = 0$ において値が発散するのが欠点なので，素朴には x に 1 を加えてつぎのような形の式を使うことが有用だと思います。

$$z = \ln(x + 1) \tag{8.7}$$

対数変換ないしその一般化としてのボックス=コックス変換は，突発的に値が大きくなるようなデータ（「**バースト性**をもつデータ」と表現することがあります）の変動を穏やかにし，後段の統計処理を容易にするために非常に有用です。**図 8.3** は，R に標準で組み込まれている太陽黒点数の月次変動についてのデータに $\lambda = 0.3$ のボックス=コックス変換を施した結果です。実行例 8.2 がそのプ

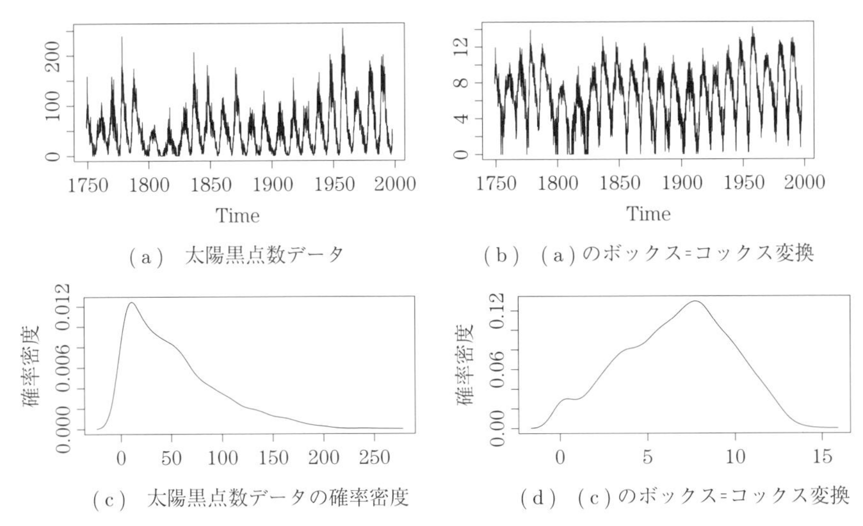

(a)　太陽黒点数データ　(b)　(a)のボックス=コックス変換

(c)　太陽黒点数データの確率密度　(d)　(c)のボックス=コックス変換

図 8.3　太陽黒点数データとその確率密度，さらにこれらをボックス=コックス変換したもの

ログラム例です。0 の側に片寄っていた分布のバランスが是正されていることがわかります。

実行例 8.2

```
lambda <- 0.3 # Box-Cox パラメターの設定。
par(ask=TRUE)  # 複数の図を順繰りに出す設定。
x <- sunspot.month # データの読込み（デフォルトで入っている）
xx <- ((x+1)^lambda -1)/lambda # Box-Cox 変換の実行
plot(x,type="l"); plot(xx,type="l") # 生と変換後の時系列データの表示。
plot(density(x),main="",xlab=""); # 値の分布の表示（生データ）
plot(density(xx),main="",xlab="") # 値の分布の表示（変換後）
```

8.4　正規分布の結果がおかしいのですが

正規分布はすべての統計学の理論の基礎となる分布で，異常検知理論においてもホテリング理論という形で，すべての基礎になっています。しかし実データで計算してみると案外落し穴が多く，実務家を苦しめることが多い分布です。困難さの原因は基本的には一つ，共分散行列 Σ が非正則になりがちであるという点です。これを俗に「**ランク落ち**」と呼びます。非正則ないしランク落ちというのは，固有値のいくつかが 0 になること，したがって Σ の行列式が 0 になることを意味します。厳密に 0 にならないとしても数値計算上で非常に 0 に近ければ同じことが起きます。この場合，逆行列が存在せず，したがってマハラノビス距離も計算不可能になります。実際上は行列式のサイズが 30 くらいかそれ以上になると，逆行列のまともな計算は難しくなります。

このような場合の常套手段の一つは，普通の逆行列ではなくていわゆる**一般化逆行列**を計算することです。その定義はいくつかありますが，固有値分解を経由して計算する方法がわかりやすいと思います。Σ の逆行列を求める前に，Σ の固有値分解を行い，ある正の小さな閾値以上の固有値に属する固有ベクトルを求めます。求めた固有値と固有ベクトルを $(\lambda_1, \boldsymbol{u}_1), \ldots, (\lambda_r, \boldsymbol{u}_r)$ とすると，Σ 一般化逆行列 $\Sigma^\dagger$ はつぎのように定義できます。

$$\Sigma^\dagger \equiv \mathsf{U} \begin{pmatrix} \lambda_1^{-1} & & 0 \\ & \ddots & \\ 0 & & \lambda_r^{-1} \end{pmatrix} \mathsf{U}^\top$$

ここで $\mathsf{U} \equiv [\boldsymbol{u}_1, \ldots, \boldsymbol{u}_r]$ で，データの次元を M とすれば，これは $M \times r$ の細長い長方形の行列です。ここでは「ゼロ割」はどこにも発生しないので，数値計算上も安定してマハラノビス距離を計算できます。

ただし，固有値分解は計算負荷の大きい手法なので，変数の数が 100 を超えるような場合，固有値分解ではなくコレスキー分解を事前に行うのが通例です（2.6.3 項参照）。コレスキー分解は，機械的な代入操作により計算可能なので，固有値分解よりも圧倒的に高速に計算できます。

もう一つの方法は逆行列を計算しなくてもすむ方法を考えることです。例えば求めたいものが $\boldsymbol{x}'\Sigma^{-1}\boldsymbol{x}'$ というような量であれば，$\boldsymbol{z} = \Sigma^{-1}\boldsymbol{x}'$ とおいて，$\boldsymbol{z}$ を，連立一次方程式

$$\Sigma \boldsymbol{z} = \boldsymbol{x}'$$

の解として求めることができます。R では連立一次方程式を解くための関数として `solve()` があります。それを使えば，仮に Σ がランク落ちしていても，二

乗誤差最小の観点からの最適解が計算されます。

正規分布にまつわる実用上の問題としては，上記の他に，混合正規分布の期待値–最大化法（手順 3.7）の数値的不安定さが有名です。これを素直に実装し，ランダムにパラメター初期値を与えてプログラムを走らせてみると，いくつかの共分散行列が零行列に近づく縮退現象が起きたり，帰属度を計算するところで浮動小数点エラーが出たりして，期待どおりに動かないことがあります。これを回避するための工夫としては，帰属度 (3.54) の計算において，生の帰属度ではなくて，対数をとった $\ln q_k^{(n)}$ を更新する形に更新式を書き改めておくことが一つ考えられます。

より抜本的な解決策としては，すべてのクラスターの帰属度があまりにも小さくならないように，ある意味でゲタを履かせておくという手があります。理論上，これは，推定されるパラメターに事前分布を設定し，事前分布込みでパラメター推定を行うことに対応しています。これはちょうど，普通の線形回帰の問題点が事前分布を考えることで解決されたのと似ています（6.6 節）。パラメターに事前分布を設定した場合の混合正規分布のモデルの推定は,「変分ベイズ法」という手法を使うことで系統的に実行できます。詳細は本書の範囲を超えるので省きますが，ビショップの教科書[3)] に優れた解説があります。

8.5 データがベクトルになっていないのですが

これまでの議論はすべて，データがベクトルないしスカラーとして与えられていることを前提としてきました。しかし世の中にはそうなっていない場合がしばしばあります。典型的な例がテキストや画像の検索や分類です。あるいは地図上の経路がたくさん与えられているときに，おかしな経路を抽出する，というような問題もそういうものです。

このような場合，まずはもちろん，なんとかしてデータの特徴を数値化してベクトルに直せないかを考えるべきです。実際，テキストデータであれば bag–of–words や TF–IDF，画像であれば，SIFT や HOG という名前の特徴抽出技術があります。しかしテキストや画像解析のように高度に研究が進んでいる特定の分野は別として，一般には，よい特徴ベクトルをつくるのは簡単ではないと思います。

そのような場合使える方法として，個々の標本を数値化するのはあきらめて，二つの標本の類似度を数値化するという方法があります。例えば一つの画像と別の画像の類似度が 0.8，のように値を与えるわけです。特徴ベクトルを定義することはいわば絶対的な尺度を標本に与えることですが，類似度を設計することは標本間の相対的な比較を行うことに対応します。

類似度がなんとか定義できたとすると，その後は，例えば，3.3 節で述べたような近傍距離に基づく方法で異常検知モデルが作成できます。あるいは，類似度をグラム行列ないしカーネル行列と読み替えることで，例えば 3.6 節で述べた支持ベクトルデータ記述法や，5.2.2 項および 5.5 節で説明したタイプの主成分分析を使うことができます†。数値ベクトルとして明示的にデータが与えられていない場合の選択肢として覚えておいて損はないでしょう。

8.6　異常の原因を診断したいのですが

実用上，異常判定の後には異常の原因を調べることが望まれます。もし系についての詳しい知識があれば，その知識を含めてモデリング（ルール化）することで，例えばベイジアンネットワークを基にして異常原因の同定ができるのではと想像できますが，現実には，系の機構についての知識はつねに不完全で，かつ時間とともに変化するため，異常原因の同定まで含めたシステムを構築することは実用上困難といえます。

一つの現実的な方策は，真の原因までには言及せず，「どの変数がどれだけおかしいか」を表す量を計算してエンジニアに伝えるシステムをつくることです。これは 1.5 節で述べた変化解析問題の一種です。船舶や工場など複雑な系では

† 数学的に厳密にいえば，類似度をカーネルとみなせるためには，正定値性という条件を満たす必要があります。詳細は例えば赤穂[1)] を参照してください。

数百以上の変数を監視していることもしばしばあります。高次元の系の異常度を，変数ごとにいかに精度よく計算するかは意外と難しい問題ですが，最近いくつかの実用的な手法が提案されています。詳細は本書の範囲を超えますので省略しますが，興味がある読者は解説[13]をご参照ください。

8.7 分類問題にしてはいけませんか

異常と正常を分ける，というのはある意味で二値分類問題ですので，支持ベクトル分類器（サポートベクトルマシン）などの分類手法を使って異常判定をすることも考えられます。しかし，二値分類器をなにも考えずに異常検知の問題に使って，4 章で説明した二つの指標の双方に高い性能を出すことはまれといってよいと思います。基本的にはこれは，正常クラスと異常クラスの標本数に著しい偏りがあるという事実に由来します。クラス間の標本数に偏りがあるという状況は，不均衡データ（imbalanced data）の問題と呼ばれ，それ自体が一つの研究分野をなしています。二値分類器を異常検知問題に対して適用する際，最低限，つぎの二つの点を慎重に考慮する必要があります。

第一に，分類器を訓練する前に，データの不均衡を見かけ上是正しておくという点です。このための初等的な手段としてはつぎの三つがあります。

不均衡データを補正するための初等的な手段は三つほどあります。

(1) 重みづけ： 例えば，正常標本の数が異常標本の数の 10 倍あるとすれば，正常標本に，重み 0.1 を付け加えて分類器を学習する，というような手法です。

(2) 間引き（ダウンサンプリング）： 正常標本の数が 1000，異常標本の数が 100 だとすれば，正常標本からランダムに 100 個標本を選択し，正常・異常が双方 100 個ずつの訓練データをつくり，分類器を学習する，というような手法です。

(3) 水増し（アップサンプリング）： 上の例でいえば，今度は逆に，異常標本のほうを，復元抽出（ブートストラップサンプリング）により 1000 個に水増しして均衡データをつくり，分類器を学習する，というような手法です。なお，復元抽出は，R では関数 `sample(x,size,replace=TRUE)` を使って簡単に実行できます。

第二に，二値分類の規則を，異常判定のための工学的な要請を満たすように適切にカスタマイズするという点です。これは理論上は，一般に使われている二値分類の判別則（ベイズ決定則と呼ばれます）と，式 (2.2) ないし式 (4.12) で与えた異常度の定義が必ずしも一致しないという点に由来します。分類器の中身の詳細をよく理解して適切に対応するのは一般に簡単ではないので，誰しも確実に理解できる 3.3 節で述べた近傍距離に基づく方法を適切に運用するところから始めるのが実用的には安全だと思います。ラベル付きデータをどう異常検知手法の中で生かしてゆくかという点の詳しい議論は，別の機会に行いたいと思います。

8.8　さらに発展的な知識を得るために

本書は，天下り式に手法を使うことを潔（いさぎよ）しとしない真面目なエンジニアに捧げる異常検知のためのガイドブックです。その性格上，本書に盛り込めなかった内容も多くあります。さらに発展的な知識を得るために，大きく分けて，統計的機械学習，時系列解析，そして異常検知それ自体という三つの分野について学習を進めるとよいと思います。

統計的機械学習については，ビショップの教科書[3] が現時点で最も完備された教科書となっています。この本はベイズ理論の立場から書かれていますが，より伝統的な立場からの教科書としては，ヘイスティらの教科書[11] があります。こちらは辞書的に使うとよいかもしれません。また，本書では現代的な機械学習を代表するカーネル法の技術についてほとんど議論できませんでしたが，赤穂[1] がおそらく現時点において世界で最も親切なカーネル法の教科書です。上記二つの翻訳書が重すぎると感じたら，こちらを手にとるとよいでしょう。

時系列解析については北川[20] がよくまとまった親切な教科書だと思います。

実用上は，本書で書けなかったトレンド抽出の手法とモンテカルロフィルタの記述が参考になると思います。時系列モデルのパラメター推定（制御工学ではこれを**システム同定**と呼びます），カルマンフィルタについては上記ビショップの記述が（多変量正規分布の取扱いに習熟していれば）わかりやすいと思います。制御理論寄りの教科書には過度に数学的なものが多く，実用的に有用な本は意外に多くないので注意が必要です。

まえがきにも述べたとおり，異常検知についての成書は非常に乏しいのが現実です。本書執筆時点では山西[34)]がほぼ唯一の本です。これは本書とは別の観点で書かれた特色のある本なので，本書と一緒に読むとより理解が深まることと思います。必ずしも異常検知にかぎりませんが，統計数理研究所のグループによる本[2)]では多くの実問題の解析事例が扱われており，実務家の参考になると思います。

機械学習は発展途上の技術です。最新の研究動向を日本語でつかむには，毎年開催される情報論的学習理論ワークショップ（通称 IBIS（アイビス））の予稿集が便利だと思います。

異常検知という応用志向の主題で書かれた本書が，統計的機械学習の豊かな世界への窓口になり，ひいては日本の産業競争力の強化につながれば，著者としてはこれほどうれしいことはありません。

付　　　　録

A.1　有用なRのパッケージ

本文中で使ったものを中心に，日常の業務に有用な R パッケージを，著者の思い付くかぎりで羅列的に紹介します。異常検知そのものを目的とした実用的なパッケージは非常に少ないのですが，8.7 節で述べた注意なども参照することで，データの特性に応じた手法を工夫することもできると思います。パッケージは日々更新されていますので，使用の際は最新の情報をご確認ください。なお，コンソールで `library()` と打つことで R の環境に入っているパッケージの一覧を見ることができます。

- `ada` パッケージ。本文中では言及しなかったが，顔認識に使われているということで有名な「アダブースト」という手法を実装している。一般の二値分類問題については実用上の適用範囲が広いといわれている。
- `car` パッケージ。`Davis` データなど，身長体重などについての興味深いデータが入っている。本文参照（実行例 2.1，3.5，3.7）。
- `CCA` パッケージ。`cc` 関数により正準相関分析ができる。`nutrimouse` という栄養学上のデータは正準相関分析のよいお試しデータ。
- `class` パッケージ。古典的なパターン認識法をカバーしている。`knn` 関数で k 近傍法による分類が，`lvq` から始まる関数でいわゆるベクトル量子化法，`SOM` 関数により自己組織化マップが実行可能。
- `datasets` パッケージ。通常，標準の環境に含まれる。`nottem`，`sunspots` などの面白いデータをいろいろと格納。
- `dtw` パッケージ。時系列マイニングの基本技法である動的時間伸縮法を実装している。
- `FNN` パッケージ。近傍探索のアルゴリズムをまとめた有用なパッケージ。`knnx.dist` 関数で近傍の計算結果としての距離を出力できる点が実用上有用。本文参照（実行例 7.1）。
- `glmnet` パッケージ。本文中で紹介したリッジ回帰に加えて，ラッソ回帰，多値ロジスティック回帰などを実装した最新のパッケージ。アルゴリズムの開発者本人たちによる実装なので信頼性が高い。類似のパッケージに `lars` がある。

- MARSS パッケージ。多次元の自己回帰モデルと状態空間モデルを実装している多機能な時系列解析パッケージ。
- MASS パッケージ。通常，標準環境に含まれている。通常の多変量解析の本にある手法をほぼ網羅している。lm.ridge は本文中で言及したリッジ回帰。fitdistr 関数は 1 変数の最適化問題を解くための汎用ソルバー。kde2d は 2 次元のカーネル密度推定。その他，Cars93 データ，UScrime データなど，本文中で紹介した有用なデータを多数含む（実行例 2.6，5.1，6.1，および 3.1.1 項のガンマ分布参照）。
- mclust パッケージ。混合正規分布モデルによるクラスタリングを実装。本文参照（実行例 3.7）。
- mvtnorm パッケージ。多変量正規分布を手軽に扱うためのユーティリティ。
- Matrix パッケージ。通常，標準環境に含まれている。疎行列（ほとんどの行列要素が 0 になるような行列）用のデータ構造を実装している。疎行列については，通常の matrix ではなくて，大文字の Matrix によりつくったオブジェクトで演算をするとメモリが大幅に節約され，しかも速い。ただし，データを格納する際に時間がかかるので注意。
- mlbench パッケージ。乳がん（breast cancer）データほか，有用なデータセットを格納。ベンチマークのための人工データも手軽に作成可能。
- kernlab パッケージ。カーネル法を中心にまとめた重要パッケージ。カーネル主成分分析，支持ベクトル分類器（サポートベクトルマシン，SVM），ガウス過程回帰など内容充実。本文参照（実行例 5.4）。
- KernSmooth パッケージ。2 次元までの密度推定を手軽に実行する。本文参照（実行例 3.5）。
- klaR パッケージ。kernlab とならび有名な機械学習の統合パッケージ。SVM に加えて，NaiveBayes 関数により単純ベイズ分類を実行可能。SVM は回帰問題にも対応している。
- ks パッケージ。6 次元までの密度推定が可能。
- randomForest パッケージ。ランダム森という，決定木を多数組み合わせて精度の高い分類または回帰モデルをつくる手法を実装している。その適用範囲の広さ，柔軟さから実用上重要。
- rpart および mvpart パッケージ。実応用で重要な決定木分析を行える。
- stats パッケージ。通常標準で組み込まれており，R を代表するパッケージ。あらゆる確率分布に加えて，kmeans 関数により k 平均クラスタリング，lm 関数で線形回帰，glm 関数で（二値の）ロジスティック回帰など，守備範囲は非常に広い。mahalanobis 関数はマハラノビス距離を計算する。

A.2　確率変数の変換

A.2.1　確率密度関数と周辺化

M 次元確率変数 $\boldsymbol{x}$ に対する連続型確率変数を $p(\boldsymbol{x})$ と表します。確率密度関数とは，確率変数 $\boldsymbol{x}$ が，$\boldsymbol{x}$ から $\boldsymbol{x}+\mathrm{d}\boldsymbol{x}$ までの領域（$M=2$ の場合は図 **A.1** 参照）の値をとる確率が，$p(\boldsymbol{x})\mathrm{d}\boldsymbol{x}$ となるようなものです。ここで，$\mathrm{d}\boldsymbol{x}$ は $\prod_{i=1}^{M}\mathrm{d}x_i$ を意味します。2 次元の場合これは面積要素（3 次元以上では一般に体積要素）を表しますので，$p(\boldsymbol{x})\mathrm{d}\boldsymbol{x}$ が確率値になるということは，$p(\boldsymbol{x})$ は単位面積当りの確率ということになります。これが確率「密度」と呼ばれるゆえんです。

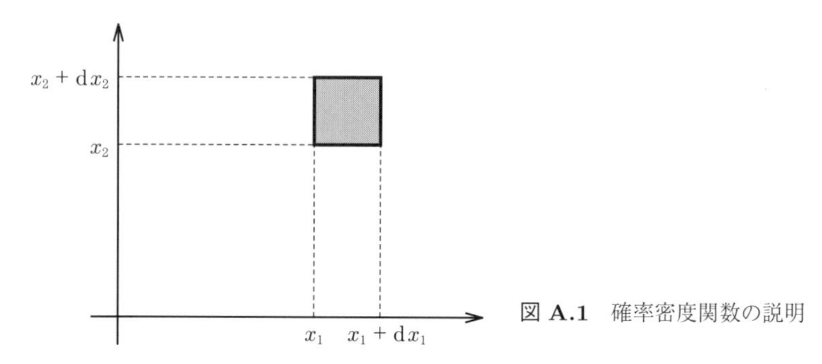

図 **A.1**　確率密度関数の説明

確率変数 $\boldsymbol{x}$ の定義域を R と表すと，各ます目の確率の和が 1 でなければなりませんから

$$\int_{\mathrm{R}}\mathrm{d}\boldsymbol{x}\ p(\boldsymbol{x})=1 \tag{A.1}$$

を満たす必要があります。これが確率密度関数の**規格化条件**と呼ばれるものです。また，確率という意味づけから当然ですが，任意の $\boldsymbol{x}$ に対して，$p(\boldsymbol{x})\geqq 0$ でなければなりません。この二つが，ある関数が確率密度関数であるための本質的な条件です。

いま，M 個の変数のうち一部だけ，例えば，x_3 から x_M だけを積分し，その結果を $f(x_1,x_2)$ と表してみます。すなわち

$$f(x_1,x_2)=\int\mathrm{d}x_3\cdots\mathrm{d}x_M\ p(\boldsymbol{x})$$

です。ここで左辺の関数に着目してみると，これは確率密度関数になっていることがわかります。なぜなら，$p(\boldsymbol{x})\geqq 0$ である以上これは正値で，また，x_1 と x_2 について積分すると式 (A.1) の左辺と同じになりますから 1 となり，規格化条件を満たすから

です。このような部分的な積分による変数の消去を，**周辺化**と呼び，結果として得られた分布（この場合は f）を**周辺分布**と呼びます。周辺，というのはやや奇妙な用語ですが，積分消去の力の及ばぬ辺境の地で生き残った変数，という語感です。周辺分布と対比的に（積分消去以前の）元の分布は，**同時分布**または**結合分布**と呼ばれます。

A.2.2 条件付き確率と独立性

複数の変数がある場合，**条件付き分布**というものを考えることができます。簡単のために，2 変数からなる確率分布 $p(x_1, x_2)$ を考えます。具体的に，x_1 を身長，x_2 を体重とし，分布 p は国勢調査の結果，正確に数表として求められているとします。これが確率分布であるということは，規格化条件

$$\int \mathrm{d}x_1 dx_2\, p(x_1, x_2) = 1 \quad \text{または} \quad \sum_{x_1}\sum_{x_2} p(x_1, x_2) = 1 \tag{A.2}$$

が満たされているということです。数表というイメージだと後者がわかりやすいでしょうか。ます目の確率値の総和が 1 ということです。

このとき，例えば体重 58 kg のときに身長のばらつき度合いを知りたいとします。それは単に，数表の $x_2 = 58$ kg に対応する行を眺めればよいのですが，この行自体は確率分布にはなっていません。なぜなら，規格化条件を満たしていないからです。$p(x_1, x_2)$ は式 (A.2) に示すとおり，x_1 と x_2 の双方で積分したとき（または和をとったとき）に 1 になるように定義されており，身長 x_1 だけでは規格化されないからです。規格化条件を満たすのは簡単で，対応する行の確率値の総和を求め，それで割っておけば OK です。すなわち，「体重 $x_2 = 58$ kg という条件の下での身長 x_1 の確率分布」を $f(x_1 \mid x_2 = 58)$ と表したとき

$$f(x_1 \mid x_2 = 58) = \frac{p(x_1, x_2 = 58)}{\int \mathrm{d}x'_1\, p(x'_1, x_2 = 58)} \quad \text{または} \quad \frac{p(x_1, x_2 = 58)}{\sum_{x'_1} p(x'_1, x_2 = 58)}$$

となります。ここで右辺分母は，身長を積分消去した周辺化分布に特定の値を入れたものですので，一般化するとつぎのようになります。

定義 A.1 （条件付き分布） 確率分布 $p(\boldsymbol{x}, \boldsymbol{y})$ において，$\boldsymbol{x}$ を積分消去した周辺分布を $q(\boldsymbol{y})$ と表す。$\boldsymbol{y}$ に特定の値 $\boldsymbol{a}$ を入れたときの，$\boldsymbol{x}$ の条件付き分布 $f(\boldsymbol{x} \mid \boldsymbol{y} = \boldsymbol{a})$ はつぎのように定義される。

$$f(\boldsymbol{x} \mid \boldsymbol{y} = \boldsymbol{a}) \equiv \frac{p(\boldsymbol{x}, \boldsymbol{y} = \boldsymbol{a})}{q(\boldsymbol{y} = \boldsymbol{a})} \tag{A.3}$$

この定理を「通分」すると，$p(\boldsymbol{x},\boldsymbol{y}) = f(\boldsymbol{x} \mid \boldsymbol{y})q(\boldsymbol{y})$ が一般に成り立つことがわかります。通常，同一の p という記号を用いて

$$p(\boldsymbol{x} \mid \boldsymbol{y}) = \frac{p(\boldsymbol{x},\boldsymbol{y})}{p(\boldsymbol{y})} \quad \text{および} \quad p(\boldsymbol{x},\boldsymbol{y}) = p(\boldsymbol{x} \mid \boldsymbol{y})p(\boldsymbol{y}) \tag{A.4}$$

と書かれます。本書でもこの記法を広汎に使っていますが，混乱しないようにしてください。

式 (A.3) と関係 (A.4) を使うと，$p(\boldsymbol{x} \mid \boldsymbol{y})$ を $p(\boldsymbol{y} \mid \boldsymbol{x})$ で表現することができます。なぜなら，$p(\boldsymbol{x},\boldsymbol{y}) = p(\boldsymbol{y} \mid \boldsymbol{x})p(\boldsymbol{x})$ と書くこともできるからです。すなわち，$p(\boldsymbol{x} \mid \boldsymbol{y})$ を「裏返して」$p(\boldsymbol{y} \mid \boldsymbol{x})$ に変換することはつねに可能です。この変換は機械学習の根幹をなす重要な関係で，特に**ベイズの定理**という名前で呼ばれています。

定理 A.1　(ベイズの定理)　確率分布 $p(\boldsymbol{x},\boldsymbol{y})$ において，$\boldsymbol{x}$ を積分消去した周辺分布を $p(\boldsymbol{y})$，$\boldsymbol{y}$ を積分消去した周辺分布を $p(\boldsymbol{x})$ と表す。二つの条件付き分布 $p(\boldsymbol{x} \mid \boldsymbol{y})$ と $p(\boldsymbol{y} \mid \boldsymbol{x})$ はつぎの関係で結ばれる。

$$p(\boldsymbol{x} \mid \boldsymbol{y}) = \frac{p(\boldsymbol{y} \mid \boldsymbol{x})\, p(\boldsymbol{x})}{p(\boldsymbol{y})} \tag{A.5}$$

なお，条件付き確率 $p(\boldsymbol{x} \mid \boldsymbol{y})$ が，実は $\boldsymbol{y}$ に依存しない，ということはありえます。例えば，x が身長で，y が今度は視力としてみましょう。目が悪いほど身長が低い，ということはありそうにないので，おそらく，$p(x \mid y)$ の y に対する依存性は低く，ほとんど $p(x)$ と一致することでしょう。実はこれが統計学的な**独立性**の定義になっています。改めて書くとつぎのとおりです。

定義 A.2　(統計的独立性)　$p(\boldsymbol{x} \mid \boldsymbol{y}) = p(\boldsymbol{x})$ が成り立てば $\boldsymbol{x}$ と $\boldsymbol{y}$ は統計的に独立である。式 (A.4) によれば，この条件は，$p(\boldsymbol{x},\boldsymbol{y}) = p(\boldsymbol{x})p(\boldsymbol{y})$ とも同等である。

A.2.3　逆変換が一意に定義できる場合の変換

規格化条件 (A.1) から，確率変数の変換に伴う確率密度関数の変換公式を導くことができます。いま，確率変数 $\boldsymbol{x}$ が，別の M 次元確率変数 $\boldsymbol{y}$ に，M 個の関数 $T_1, T_2, \ldots, T_M$ により，$y_i = T_i(x_1, \ldots, x_M)$ のように変換されるとします（$i = 1, 2, \ldots, M$）。これをまとめて $\boldsymbol{y} = \boldsymbol{T}(\boldsymbol{x})$ と書き，その逆変換も $\boldsymbol{x} = \boldsymbol{T}^{-1}(\boldsymbol{y})$ と表しておきます。

すると，変換前後の規格化条件から

$$1 = \int_{\mathrm{R}} \mathrm{d}\boldsymbol{x}\, p(\boldsymbol{x}) = \int_{\mathrm{R}'} \mathrm{d}\boldsymbol{y} \left| \frac{\partial \boldsymbol{x}}{\partial \boldsymbol{y}} \right| p(\boldsymbol{T}^{-1}(\boldsymbol{y}))$$

が成り立ちます。ただし $|\partial \boldsymbol{x}/\partial \boldsymbol{y}|$ はこの変換のヤコビアンを形式的に表記したもの，R' は $\boldsymbol{y}$ の積分範囲です。この式から，$\boldsymbol{y}$ についての確率密度関数 $q(\boldsymbol{y})$ が，$q(\boldsymbol{y}) = |\partial \boldsymbol{x}/\partial \boldsymbol{y}|\, p\left(\boldsymbol{T}^{-1}(\boldsymbol{y})\right)$ となるべきことがわかります。特に $\boldsymbol{T}$ が一次変換となる場合と併せて下記にまとめておきます。

定理 A.2 (確率密度関数の変換公式)　確率変数 $\boldsymbol{x}$ についての確率密度関数 $p(\boldsymbol{x})$ を，$\boldsymbol{y} = \boldsymbol{T}(\boldsymbol{x})$ により $\boldsymbol{y}$ に変換するとき，$\boldsymbol{y}$ の確率密度関数は，$\boldsymbol{T}$ の逆変換 $\boldsymbol{T}^{-1}$ を用いてつぎのように求められる。

$$q(\boldsymbol{y}) = \left|\frac{\partial \boldsymbol{x}}{\partial \boldsymbol{y}}\right| p\left(\boldsymbol{T}^{-1}(\boldsymbol{y})\right) \tag{A.6}$$

特に，$\boldsymbol{T}$ が正則な $M \times M$ 行列 T と M 次元ベクトル $\boldsymbol{b}$ による一次変換 $\boldsymbol{y} = \mathsf{T}\boldsymbol{x}+\boldsymbol{b}$ の場合は，つぎのようになる。

$$q(\boldsymbol{y}) = |\mathsf{T}|^{-1}\, p\left(\mathsf{T}^{-1}(\boldsymbol{y}-\boldsymbol{b})\right) \tag{A.7}$$

ただし，$|\mathsf{T}|$ は T の行列式である。このとき，$M = 1$ ならば特に

$$q(y) = \frac{1}{|T|} p\left(\frac{y-b}{T}\right) \tag{A.8}$$

A.2.4 M 変数から 1 変数への変換

今度は，逆変換が一意に存在しない場合を考えます。話を単純化するため，M 変数から 1 変数への変換を考えます。いま，確率変数 $\{x_1, \ldots, x_M\}$ と，その同時分布 $p(x_1, \ldots, x_M)$ が与えられているとし，変換

$$z = f(x_1, \ldots, x_M)$$

により定義される新しいスカラーの確率変数 z の分布を $p(x_1, \ldots, x_M)$ から求めることを考えましょう。本文中では，正規変数の和 $\displaystyle\sum_{n=1}^{N} x^{(n)}$ や二乗和を考えましたが，それが関数 f の代表例です。

まずは 2 変数の離散分布 $p(x_1, x_2)$ を使って感じをつかみましょう。これは x_1–x_2 平面上のます目に確率値を割り当てる関数です。ある z の値，例えば 3 という値が与えられたとすると，$f(x_1, x_2) = 3$ を満たすます目と満たさないます目が出てくるはずです。$z = 3$ の確率は，関係式 $f(x_1, x_2) = 3$ を満たすます目について，$p(x_1, x_2)$ を合計したものに比例します。これは，$p(x_1, x_2)$ の，x_1, x_2 についての条件付きの和を

とることに対応していますが，一般に，和の条件を明示的に表すことは難しく，これが計算上の問題となります。

そこで，条件付きの和を避けるべく，つぎのトリックを使います：「和の制約は忘れる代わりに，条件を満たさぬ x_1, x_2 の寄与がゼロになる仕掛けを組み込もう」。すなわち，この場合，z の分布 $q(z)$ を

$$q(z) = \sum_{x_1, x_2} \delta(z, f(x_1, x_2))\, p(x_1, x_2)$$

のように表すことができます。ただし $\delta(a, b)$ はクロネッカーのデルタと呼ばれるもので，離散値について，$a = b$ が満たされれば 1，そうでないと 0 になる関数です。この表現が，z についての規格化条件を満たすことは，$\sum_z \delta(z, f(x_1, x_2)) = 1$ が x_1, x_2 の値によらず成り立つことからわかります。

以上の議論を一般の M 変数の場合に拡張するとつぎのとおりです。

$$q(z) = \sum_{x_1, \ldots, x_M} \delta(z, f(x_1, \ldots, x_M))\, p(x_1, \ldots, x_M) \tag{A.9}$$

これが，離散変数の変数変換に伴う確率分布を与える一般公式です。

つぎに連続関数を考えます。この場合，和を積分に，クロネッカーのデルタをディラックのデルタ関数に置き換えれば上記の式がそのまま使えます。ディラックのデルタ関数は被積分関数としてのみ定義される特別な関数で，任意の連続関数 $f(x)$ と，その定義域 R にある定数 a に対して

$$\int_{\mathrm{R}} \mathrm{d}x\; \delta(x - a) f(x) = f(a) \tag{A.10}$$

を満たします。また，この式において，$-\infty < x < \infty$ で定義された恒等関数 $f(x) = 1$ を使うことで

$$\int_{-\infty}^{\infty} \mathrm{d}x\; \delta(x) = 1 \tag{A.11}$$

であることもわかります。デルタ関数の具体的実体としては，分散がゼロの極限の正規分布を想像するとよいでしょう。

z の確率密度関数は，確率変数 $\{x_1, \ldots, x_M\}$ の定義域 R において，任意の z に対して $z = f(x_1, \ldots, x_M)$ を満たす確率を合計したものに比例しなければなりません。デルタ関数を用いると，z の確率密度関数 $q(z)$ はつぎのように書けます。

$$q(z) = \int_{\mathrm{R}} \mathrm{d}\boldsymbol{x}\; \delta(z - f(x^{(1)}, \ldots, x^{(M)})) p(x_1, \ldots, x_M) \tag{A.12}$$

これが規格化条件を満たすことは，両辺を z について積分して式 (A.11) を使えば容易に確かめられます。これは，ヤコビアンが通常のやり方で定義できないような変換においても一般に使える変換公式です。

A.3 有用な行列公式

ここでは，多次元正規分布などを扱うのに有用な，行列についての公式をいくつか挙げます。

A.3.1 ブロック行列と逆行列

多次元正規分布には共分散行列の逆行列が含まれており，周辺化などの操作においては，ブロック分割された行列の扱いに慣れていると便利です。まず，ブロック行列の**LU 分解**および **UL 分解**について考えます。LU 分解の L とは「Lower–triangular（下三角）」，U とは「Upper–triangular（上三角）」を表しており，上三角部分と下三角部分がゼロ行列であるような行列に分解することを表します。上三角行列ないし下三角行列は，逆行列および行列式が非常に簡単に求まるという性質をもっており，これらの分解を考えることは実用上たいへん有用です。

さて，つぎの恒等式が成り立つように，行列 $\mathsf{Q}, \mathsf{R}, \mathsf{S}, \mathsf{T}$，および $\mathsf{Q}', \mathsf{R}', \mathsf{S}', \mathsf{T}'$ を決めます（I は適切な次元の単位行列です）。

$$\begin{pmatrix} \mathsf{A} & \mathsf{B} \\ \mathsf{C} & \mathsf{D} \end{pmatrix} = \begin{pmatrix} \mathsf{Q} & 0 \\ \mathsf{R} & \mathsf{I} \end{pmatrix} \begin{pmatrix} \mathsf{I} & \mathsf{S} \\ 0 & \mathsf{T} \end{pmatrix} = \begin{pmatrix} \mathsf{Q}' & \mathsf{R}' \\ 0 & \mathsf{I} \end{pmatrix} \begin{pmatrix} \mathsf{I} & 0 \\ \mathsf{S}' & \mathsf{T}' \end{pmatrix} \tag{A.13}$$

行列のブロック積の演算を行い，最左辺と比較することで，容易に

$$\mathsf{Q} = \mathsf{A}, \quad \mathsf{R} = \mathsf{C}, \quad \mathsf{S} = \mathsf{A}^{-1}\mathsf{B}, \quad \mathsf{T} = \mathsf{D} - \mathsf{C}\mathsf{A}^{-1}\mathsf{B} \tag{A.14}$$

$$\mathsf{Q}' = \mathsf{A} - \mathsf{B}\mathsf{D}^{-1}\mathsf{C}, \quad \mathsf{R}' = \mathsf{B}\mathsf{D}^{-1}, \quad \mathsf{S}' = \mathsf{C}, \quad \mathsf{T}' = \mathsf{D} \tag{A.15}$$

が得られます。結果を定理の形でまとめておきましょう。

定理 A.3 （ブロック行列の LU 分解および UL 分解）　正則な主対角行列 A, D をもつ正則行列について，つぎの分解が成り立つ。

$$\begin{pmatrix} \mathsf{A} & \mathsf{B} \\ \mathsf{C} & \mathsf{D} \end{pmatrix} = \begin{pmatrix} \mathsf{A} & 0 \\ \mathsf{C} & \mathsf{I} \end{pmatrix} \begin{pmatrix} \mathsf{I} & \mathsf{A}^{-1}\mathsf{B} \\ 0 & \mathsf{M}_2{}^{-1} \end{pmatrix} = \begin{pmatrix} \mathsf{M}_1{}^{-1} & \mathsf{B}\mathsf{D}^{-1} \\ 0 & \mathsf{I} \end{pmatrix} \begin{pmatrix} \mathsf{I} & 0 \\ \mathsf{C} & \mathsf{D} \end{pmatrix} \tag{A.16}$$

ただし

$$\mathsf{M}_1 \equiv \left[\mathsf{A} - \mathsf{B}\mathsf{D}^{-1}\mathsf{C}\right]^{-1} \quad \text{および} \quad \mathsf{M}_2 \equiv \left[\mathsf{D} - \mathsf{C}\mathsf{A}^{-1}\mathsf{B}\right]^{-1} \tag{A.17}$$

であり，これらを**シューア補行列**と呼ぶ。

上三角行列および下三角行列の逆行列は容易に求めることができます。元の行列を左および右から掛けてみればただちに確かめられるように，一般につぎの結果が成り立ちます。

$$\begin{pmatrix} \mathsf{A} & 0 \\ \mathsf{C} & \mathsf{D} \end{pmatrix}^{-1} = \begin{pmatrix} \mathsf{A}^{-1} & 0 \\ -\mathsf{D}^{-1}\mathsf{C}\mathsf{A}^{-1} & \mathsf{D}^{-1} \end{pmatrix} \tag{A.18}$$

$$\begin{pmatrix} \mathsf{A} & \mathsf{B} \\ 0 & \mathsf{D} \end{pmatrix}^{-1} = \begin{pmatrix} \mathsf{A}^{-1} & -\mathsf{A}^{-1}\mathsf{B}\mathsf{D}^{-1} \\ 0 & \mathsf{D}^{-1} \end{pmatrix} \tag{A.19}$$

これと LU 分解の表式を使えば，元の行列の逆行列についての有用な表現を求めることができます。式 (A.16) の中辺と最右辺の逆行列を計算するにあたり，下三角行列および上三角行列について別々に逆行列を計算し，正則行列の積の逆行列に一般に成り立つ関係 $[\mathsf{XY}]^{-1} = \mathsf{Y}^{-1}\mathsf{X}^{-1}$ に注意すれば，つぎの結果が得られます。

定理 A.4 （ブロック分割行列の逆行列）　ブロック分割された正則な正方行列と，式 (A.17) で定義されたシューア補行列について，次式が成り立つ。

$$\begin{pmatrix} \mathsf{A} & \mathsf{B} \\ \mathsf{C} & \mathsf{D} \end{pmatrix}^{-1} = \begin{pmatrix} \mathsf{M}_1 & -\mathsf{M}_1\mathsf{B}\mathsf{D}^{-1} \\ -\mathsf{D}^{-1}\mathsf{C}\mathsf{M}_1 & \mathsf{D}^{-1} + \mathsf{D}^{-1}\mathsf{C}\mathsf{M}_1\mathsf{B}\mathsf{D}^{-1} \end{pmatrix} \tag{A.20}$$

$$= \begin{pmatrix} \mathsf{A}^{-1} + \mathsf{A}^{-1}\mathsf{B}\mathsf{M}_2\mathsf{C}\mathsf{A}^{-1} & -\mathsf{A}^{-1}\mathsf{B}\mathsf{M}_2 \\ -\mathsf{M}_2\mathsf{C}\mathsf{A}^{-1} & \mathsf{M}_2 \end{pmatrix} \tag{A.21}$$

さらに，上式の対角ブロックの比較からつぎの関係が得られ，これを**ウッドベリー行列恒等式**（Woodbury matrix identity）と呼ぶ。

$$\left[\mathsf{A} - \mathsf{B}\mathsf{D}^{-1}\mathsf{C}\right]^{-1} = \mathsf{A}^{-1} + \mathsf{A}^{-1}\mathsf{B}\left[\mathsf{D} - \mathsf{C}\mathsf{A}^{-1}\mathsf{B}\right]^{-1}\mathsf{C}\mathsf{A}^{-1} \tag{A.22}$$

$$\left[\mathsf{D} - \mathsf{C}\mathsf{A}^{-1}\mathsf{B}\right]^{-1} = \mathsf{D}^{-1} + \mathsf{D}^{-1}\mathsf{C}\left[\mathsf{A} - \mathsf{B}\mathsf{D}^{-1}\mathsf{C}\right]^{-1}\mathsf{B}\mathsf{D}^{-1} \tag{A.23}$$

非対角ブロックの比較からはつぎの恒等式が得られる。

$$\left[\mathsf{A} - \mathsf{B}\mathsf{D}^{-1}\mathsf{C}\right]^{-1}\mathsf{B}\mathsf{D}^{-1} = \mathsf{A}^{-1}\mathsf{B}\left[\mathsf{D} - \mathsf{C}\mathsf{A}^{-1}\mathsf{B}\right]^{-1} \tag{A.24}$$

$$\left[\mathsf{D} - \mathsf{C}\mathsf{A}^{-1}\mathsf{B}\right]^{-1}\mathsf{C}\mathsf{A}^{-1} = \mathsf{D}^{-1}\mathsf{C}\left[\mathsf{A} - \mathsf{B}\mathsf{D}^{-1}\mathsf{C}\right]^{-1} \tag{A.25}$$

A.3.2 行　列　式

ブロック行列のLU分解およびUL分解のもう一つの応用として，行列式についての有用な関係を導いてみます。まず最初に，一般に，ブロック行列について

$$\begin{vmatrix} \mathsf{A} & \mathsf{B} \\ \mathsf{C} & \mathsf{D} \end{vmatrix} \quad \text{は} \quad |\mathsf{AD} - \mathsf{CB}| \quad \text{にはならない}$$

ことに注意します。これは3次元以上の行列について容易に確認できます。しかし B または C がゼロ行列であると

$$\begin{vmatrix} \mathsf{A} & 0 \\ \mathsf{C} & \mathsf{D} \end{vmatrix} = \begin{vmatrix} \mathsf{A} & \mathsf{B} \\ 0 & \mathsf{D} \end{vmatrix} = |\mathsf{A}| \cdot |\mathsf{D}| \tag{A.26}$$

が成り立ちます。これを前提にしつつ，式(A.16)において C の代わりに $-\mathsf{C}^\top$ とおいた式

$$\begin{pmatrix} \mathsf{A} & 0 \\ -\mathsf{C}^\top & \mathsf{I} \end{pmatrix} \begin{pmatrix} \mathsf{I} & \mathsf{A}^{-1}\mathsf{B} \\ 0 & \mathsf{D} + \mathsf{C}^\top \mathsf{A}^{-1}\mathsf{B} \end{pmatrix} = \begin{pmatrix} \mathsf{A} + \mathsf{BD}^{-1}\mathsf{C}^\top & \mathsf{BD}^{-1} \\ 0 & \mathsf{I} \end{pmatrix} \begin{pmatrix} \mathsf{I} & 0 \\ -\mathsf{C}^\top & \mathsf{D} \end{pmatrix}$$

の行列式を計算してみます。正則行列 X, Y について一般に成り立つ関係 $|\mathsf{XY}| = |\mathsf{X}| \cdot |\mathsf{Y}|$ に注意すると，**行列式の補題**（matrix determinant lemma）と呼ばれるつぎの結果が得られます。

補題 A.1　(行列式の補題)　正則行列 A, D と，適切に積が定義できる行列 B, C について

$$\left| \mathsf{A} + \mathsf{BD}^{-1}\mathsf{C}^\top \right| \cdot |\mathsf{D}| = \left| \mathsf{D} + \mathsf{C}^\top \mathsf{A}^{-1}\mathsf{B} \right| \cdot |\mathsf{A}| \tag{A.27}$$

A, D が単位行列のときの結果は特に有用です。B, C が $N \times M$ 行列とし，$N > M$ と考えましょう。このとき，上の定理から

$$\left| \mathsf{I}_N + \mathsf{BC}^\top \right| = \left| \mathsf{I}_M + \mathsf{C}^\top \mathsf{B} \right| \tag{A.28}$$

となります。これはしばしば**シルベスターの行列式補題**と呼ばれます。左辺は N 次元，右辺は M 次元の行列に関する行列式なのですが，それが等しいという結果になっており，きわめて興味深いものです。特に，$M = 1$ の場合は，右辺はスカラーであり，苦もなく計算できます。

A.3.3 行列の微分

最尤推定や期待値–最大化法に基づく主成分分析の導出において，つぎの公式は不可欠です。

定理 A.5 (行列式とそのトレースの微分) 積とトレース（Tr と表す）が適切に定義できる行列 A と B について，以下が成り立つ。

$$\frac{\partial}{\partial \mathsf{A}}\mathrm{Tr}(\mathsf{AB}) = \frac{\partial}{\partial \mathsf{A}}\mathrm{Tr}(\mathsf{BA}) = \mathsf{B}^\top \tag{A.29}$$

$$\frac{\partial}{\partial \mathsf{A}}\mathrm{Tr}(\mathsf{ABA}^\top) = \mathsf{A}(\mathsf{B}+\mathsf{B}^\top) \tag{A.30}$$

また，正則な正方行列 A についてつぎの微分公式が成り立つ。

$$\frac{\partial}{\partial \mathsf{A}}\ln|\mathsf{A}| = (\mathsf{A}^{-1})^\top \tag{A.31}$$

この定理の成立を前提にすれば，式 (A.29) と式 (A.30) の両辺の転置を考えることで

$$\frac{\partial}{\partial \mathsf{A}}\mathrm{Tr}(\mathsf{A}^\top\mathsf{B}) = \frac{\partial}{\partial \mathsf{A}}\mathrm{Tr}(\mathsf{BA}^\top) = \mathsf{B} \tag{A.32}$$

$$\frac{\partial}{\partial \mathsf{A}}\mathrm{Tr}(\mathsf{A}^\top\mathsf{BA}) = (\mathsf{B}+\mathsf{B}^\top)\mathsf{A} \tag{A.33}$$

が成り立つことがわかります。特に，$\boldsymbol{a}$，$\boldsymbol{b}$ を列ベクトルとすると

$$\frac{\partial}{\partial \boldsymbol{a}}\mathrm{Tr}(\boldsymbol{b}\boldsymbol{a}^\top) = \frac{\partial}{\partial \boldsymbol{a}}\boldsymbol{a}^\top\boldsymbol{b} = \boldsymbol{b} \tag{A.34}$$

$$\frac{\partial}{\partial \boldsymbol{a}}\mathrm{Tr}(\boldsymbol{a}^\top\mathsf{B}\boldsymbol{a}) = \frac{\partial}{\partial \boldsymbol{a}}(\boldsymbol{a}^\top\mathsf{B}\boldsymbol{a}) = (\mathsf{B}+\mathsf{B}^\top)\boldsymbol{a} \tag{A.35}$$

が成り立つことがわかります。式 (A.34) では，$\boldsymbol{a}^\top\boldsymbol{b}$ がベクトルの内積で，これはスカラーとなり，トレースの記号が不要であることを用いました。式 (A.35) でも同様です。

定理 A.5 の証明をしてみましょう。最初の二つの証明は，トレースの定義に従って具体的に微分を実行することで簡単に行えます。式 (A.29) について，例えば $(1,2)$ 成分での微分を考えましょう。

$$\frac{\partial}{\partial \mathsf{A}_{1,2}}\mathrm{Tr}(\mathsf{AB}) = \frac{\partial}{\partial \mathsf{A}_{1,2}}\sum_{i,j}\mathsf{A}_{i,j}\mathsf{B}_{j,i} = \frac{\partial}{\partial \mathsf{A}_{1,2}}\mathsf{A}_{1,2}\mathsf{B}_{2,1} = \mathsf{B}_{2,1}$$

このことから，一般に (k,l) 成分での微分を実行することで $\mathsf{B}_{l,k}$ を与えることがわかります。したがって，A での微分を行うと結果は $\mathsf{B}^\top$ になります。一般に，$\mathrm{Tr}(\mathsf{AB}) = \mathrm{Tr}(\mathsf{BA})$ が成り立つことも和を書き下すだけで容易に示せます。

式 (A.30) についても上とほぼ同様なので，読者に任せます。

式 (A.31) については一般的な証明は煩雑なので，2×2 の行列について例証しましょう。いま

$$\mathsf{A} = \begin{pmatrix} a & b \\ c & d \end{pmatrix}$$

とおくと，$|\mathsf{A}| = ad - bc$ です。したがって

$$\frac{\partial}{\partial \mathsf{A}} \ln |\mathsf{A}| = \begin{pmatrix} \partial \ln |\mathsf{A}|/\partial a & \partial \ln |\mathsf{A}|/\partial b \\ \partial \ln |\mathsf{A}|/\partial c & \partial \ln |\mathsf{A}|/\partial d \end{pmatrix} = \frac{1}{ad - bc} \begin{pmatrix} d & -c \\ -b & a \end{pmatrix}$$

これが A の逆行列の転置と一致していることは，$\mathsf{A}^\top$ を左右から掛けてみることで容易に確認できます。一般の場合など，数学的詳細に興味がある読者は，ハーヴィル[10)] を参照してください。

A.4 正規分布の性質のまとめ

A.4.1 正規分布の確率密度関数の導出

式 (2.3) でやや天下り式に正規分布の式

$$\mathcal{N}(x|\mu, \sigma) \equiv \frac{1}{(2\pi\sigma^2)^{1/2}} \exp\left\{ -\frac{1}{2\sigma^2}(x - \mu)^2 \right\}$$

を出しました。この一見神秘的な式は式 (2.2) で一般的に示した異常度の定義と密接に関係しています。いま，平均 μ，分散 σ^2 をもつ（1 次元）確率分布 $p(x)$ を考えます。同一の平均と分散をもつような確率分布は複数ありえますが，その中で，**エントロピー**という量

$$H[p] \equiv \int_{-\infty}^{\infty} \mathrm{d}x\, p(x) \left\{ -\ln p(x) \right\} \tag{A.36}$$

を最大にするものを求めてみましょう。ここで角括弧による $H[p]$ という表記は，H が，確率分布 $p(x)$ という関数の関数，すなわち**汎関数**であることを示します。$p(x)$ は確率分布なので規格化条件を満たす必要があります。また，平均，分散についての条件も満たす必要があります。すなわちつぎの三つの条件が成り立つことが必要です。

$$\int_{-\infty}^{\infty} \mathrm{d}x\, p(x) = 1, \quad \int_{-\infty}^{\infty} \mathrm{d}x\, p(x)(x - \mu) = 0, \quad \int_{-\infty}^{\infty} \mathrm{d}x\, p(x)(x - \mu)^2 = \sigma^2 \tag{A.37}$$

これらをラグランジュ乗数で取り込むと（A.6 節 参照），求める確率分布 p^* はつぎの量を最大化する分布として求められます。

$$\Psi[p] \equiv H[p] - \lambda_1 \int_{-\infty}^{\infty} \mathrm{d}x\, p(x) - \lambda_2 \int_{-\infty}^{\infty} \mathrm{d}x\, p(x)(x-\mu) - \lambda_3 \int_{-\infty}^{\infty} \mathrm{d}x\, p(x)(x-\mu)^2$$

任意の一次変分 $p(x) \to p(x) + \delta p(x)$ に対して $\Psi[p]$ がつねにゼロになる条件から

$$\begin{aligned} 0 &= \Psi[p^* + \delta p] - \Psi[p^*] \\ &= \int_{-\infty}^{\infty} \mathrm{d}x\, \delta p(x) \left\{ -\ln p^* - 1 - \lambda_1 - \lambda_2(x-\mu) - \lambda_3(x-\mu)^2 \right\} \end{aligned}$$

すなわち，任意の x について

$$\ln p^* + 1 + \lambda_1 + \lambda_2(x-\mu) + \lambda_3(x-\mu)^2 = 0$$

が成り立つ必要があります。これから $\ln p^*$ が $x - \mu$ の 2 次関数となっていることがわかります。規格化条件が満たされるためには，$x \to \pm\infty$ において p^* は 0 になる必要がありますので，この 2 次関数は上に凸でなければなりません。したがって p^* は

$$p^*(x) = C \exp\{-\alpha^2(x-\beta)^2\}$$

の形に限られます。$\lambda_1, \lambda_2, \lambda_3$ の代わりに実数 C, α, β を求めましょう。これはガウス積分についてのよく知られた定理 A.6 を使うことで容易に行えます。

定理 A.6　（ガウス積分 ($a > 0$)）

$$\int_{-\infty}^{+\infty} \mathrm{d}x\ \exp(-ax^2 + bx + c) = \sqrt{\frac{\pi}{a}} \exp\left(\frac{b^2}{4a} + c\right) \tag{A.38}$$

$$\int_{-\infty}^{+\infty} \mathrm{d}x\, x^2 \exp(-ax^2) = \frac{1}{2a}\sqrt{\frac{\pi}{a}} \tag{A.39}$$

まず，式 (A.37) の第 1 式（規格化条件）に式 (A.38) を使うことで

$$C = \frac{\alpha}{\sqrt{\pi}}$$

が容易に示せます。また，式 (A.37) の第 2 式（平均の条件）については，奇関数を $(-\infty, \infty)$ で積分すると 0 になることに注意すれば，式 (A.38) より，$\beta = \mu$ が示せます。最後に，分散についての式 (A.37) の第 3 式と，式 (A.39) から

$$\alpha^2 = \frac{1}{2\sigma^2}$$

がただちに示せます。これより p^* が式 (2.3) と一致することがわかります。

エントロピー最大原理から正規分布の形が出てくることがわかりました。エントロピーの定義式 (A.36) を見返すと，この量は，$-\ln p(x)$ という量の期待値と解釈できます。これは本書では x の異常度を表すものとして導入しました。以前説明したように，異常度は，確率値が薄いところで大きくなります。したがって異常度の期待値を最大にするということは，領域にできるだけ広がった分布にするということです。しかし完全に一様に広がってしまうと，分散の条件が満たせなくなりますので，ある程度の分散を保ちながら，それでもできるかぎり広がった分布，というのが正規分布の位置づけです。言い換えると，平均と分散の制約の下で，できるかぎり無理のない確率分布といえます。

情報理論的には，エントロピーは平均情報量ともいわれます。$-\ln p(x)$ は x における情報量です。「情報量」というのは，いかに x を知ることが有意義かということであり，それはいかに x が珍しいか，という意味でもあります。

本書で与えた異常度の基本的な定義は，このように，正規分布の形と密接に関係があり，なおかつ情報理論的にも筋が通ったものといえます。

A.4.2 単位球の表面積

正規分布の性質の面白い応用として，M 次元空間における単位球の表面積を求めてみましょう。これは正規変数の二乗和がカイ二乗分布を与えることの証明に使います（2.3.3 項 参照）。標準正規分布 $\mathcal{N}(0,1)$ に独立に従う M 個の変数の同時分布を考えます。その規格化条件は

$$1 = \int_{-\infty}^{\infty} \mathrm{d}x_1 \cdots \mathrm{d}x_M \ (2\pi)^{-M/2} \exp\left(-\frac{{x_1}^2 + \cdots + {x_M}^2}{2}\right)$$

となります。この積分を，M 次元球座標で行うことを考えます。単位球上での面素を $\mathrm{d}S_{1,M}$ と表すと，$\mathrm{d}x_1 \cdots \mathrm{d}x_M = \mathrm{d}r\ r^{M-1} \mathrm{d}S_{1,M}$ であり

$$1 = \int_0^{\infty} \mathrm{d}r\ r^{M-1}\ (2\pi)^{-M/2} \exp\left(-\frac{r^2}{2}\right) \int \mathrm{d}S_{1,M}$$

となります。被積分関数は r だけに依存していますので，r についての積分を二つ目の積分とは独立に実行できます。ここで，$r = \sqrt{u}$ により変数変換して，ガンマ関数の定義 (2.10) を用いることで

$$\int \mathrm{d}S_{1,M} = \left\{ \int_0^{\infty} \mathrm{d}r\ r^{M-1}\ (2\pi)^{-M/2} \mathrm{e}^{-r^2/2} \right\}^{-1} = \frac{2\pi^{M/2}}{\Gamma(M/2)} \tag{A.40}$$

が成り立つことがわかります。これが M 次元空間における単位球の表面積を与える公式です。下記に結果をまとめておきましょう。

定理 A.7　(M 次元空間における単位球の表面積)

$$S_{1,M} = \frac{2\pi^{M/2}}{\Gamma(M/2)}$$

なお，単位球ではなくて半径 r の球の場合は

$$S_{1,M}(r) = \frac{2\pi^{M/2} r^{M-1}}{\Gamma(M/2)} \tag{A.41}$$

が表面積を与える式になります。

A.4.3　正規変数の和の分布

本節では定理 2.2 の証明を行います。これは $x, x' \sim \mathcal{N}(\mu, \sigma^2)$ から

$$v = ax + bx'$$

の確率分布 $f(v)$ を求める問題です。まず，上式が

$$v = a\sigma\left(\frac{x-\mu}{\sigma}\right) + b\sigma\left(\frac{x'-\mu}{\sigma}\right) + (a+b)\mu \tag{A.42}$$

と書けることに注意します。括弧の中を新しい確率変数とみなすと，これらは独立で，定理 A.2 により $\mathcal{N}(0,1)$ に従うことがわかります。それらを x_1, x_2 とおきましょう。その上で，つぎで定義される u の確率分布を求めましょう。

$$u = \frac{1}{a\sigma}v - \frac{\mu}{a\sigma}(a+b) \tag{A.43}$$

これらを x_1, x_2 で表現すると

$$u = x_1 + \beta x_2$$

となりますから，これはすなわち，$\mathcal{N}(0,1)$ に従う独立な正規変数 x_1 と x_2 からつくられるこの確率変数 u の分布関数 $q(u)$ を求める問題になっていることがわかります ($\beta = b/a$)。確率変数の変換公式 (A.12) より

$$q(u) = \int_{-\infty}^{\infty} \mathrm{d}x_1 \int_{-\infty}^{\infty} \mathrm{d}x_2\, \delta(u - x_1 - \beta x_2)\mathcal{N}(x_1 \mid 0,1)\mathcal{N}(x_2 \mid 0,1)$$

が成り立ちます。先に x_1 についての積分を実行して

$$q(u) = \int_{-\infty}^{\infty} \mathrm{d}x_2\, \mathcal{N}(u - \beta x_2 \mid 0,1)\mathcal{N}(x_2 \mid 0,1)$$

正規分布の表式を用いて，指数関数の肩を平方完成することで，つぎが得られます。

$$q(u) = \frac{1}{2\pi} \exp\left\{-\frac{u^2}{2(1+\beta^2)}\right\} \int_{-\infty}^{\infty} \mathrm{d}x_2 \ \exp\left\{-\frac{1+\beta^2}{2}\left(x_2 - \frac{\beta u}{1+\beta^2}\right)^2\right\}$$

正規分布の規格化条件を用いるか，あるいは直接定理 A.6 を用いて積分を実行すれば，求める確率分布の式

$$q(u) = \mathcal{N}(u \mid 0, 1+\beta^2)$$

が得られます。式 (A.43) と定理 A.2 から元の v の分布を求めると，$u = \{v - \mu(a+b)\}/(a\sigma)$ および $\beta = b/a$ により

$$f(v) = \mathcal{N}(v \mid \mu(a+b),\ \sigma(a^2+b^2))$$

がただちにわかります。

A.4.4 多変数正規分布の分割公式

本節では，多次元正規分布の確率密度関数 (2.30)

$$\mathcal{N}(\boldsymbol{x}|\boldsymbol{\mu}, \Sigma) \equiv \frac{|\Sigma|^{-1/2}}{(2\pi)^{M/2}} \exp\left\{-\frac{1}{2}(\boldsymbol{x}-\boldsymbol{\mu})^\top \Sigma^{-1}(\boldsymbol{x}-\boldsymbol{\mu})\right\}$$

から導かれる周辺分布と条件付き分布の表式を示します。いま，$\boldsymbol{x}$ がつぎのように分割されたとします。

$$\boldsymbol{x} = \begin{pmatrix} \boldsymbol{x}_a \\ \boldsymbol{x}_b \end{pmatrix}$$

これに対応して，$\boldsymbol{\mu}$，Σ と $\Lambda \equiv \Sigma^{-1}$ がそれぞれ，つぎのように分割されているとします。

$$\boldsymbol{\mu} = \begin{pmatrix} \boldsymbol{\mu}_a \\ \boldsymbol{\mu}_b \end{pmatrix}, \qquad \Sigma = \begin{pmatrix} \Sigma_{aa} & \Sigma_{ab} \\ \Sigma_{ba} & \Sigma_{bb} \end{pmatrix}, \qquad \Lambda = \begin{pmatrix} \Lambda_{aa} & \Lambda_{ab} \\ \Lambda_{ba} & \Lambda_{bb} \end{pmatrix} \tag{A.44}$$

これらを用いて，周辺分布 $p(\boldsymbol{x}_a)$ と条件付き分布 $p(\boldsymbol{x}_a|\boldsymbol{x}_b)$ を表現します。結果はつぎのようにまとめられます。

定理 A.8 (多変数正規分布の分割公式) $\mathcal{N}(\boldsymbol{x} \mid \boldsymbol{\mu}, \Sigma)$ について，上記の分割を前提にしたとき，$\boldsymbol{x}_b$ を与えたときの $\boldsymbol{x}_a$ の条件付き分布は正規分布となり，それを $\mathcal{N}(\boldsymbol{x}_a \mid \boldsymbol{\mu}_{a|b}, \Sigma_{a|b})$ と書くと，つぎで与えられる。

$$\boldsymbol{\mu}_{a|b} = \boldsymbol{\mu}_a + \Sigma_{ab}\Sigma_{bb}^{-1}(\boldsymbol{x}_b - \boldsymbol{\mu}_b) = \boldsymbol{\mu}_a - \Lambda_{aa}^{-1}\Lambda_{ab}(\boldsymbol{x}_b - \boldsymbol{\mu}_b) \tag{A.45}$$

$$\Sigma_{a|b} = \Sigma_{aa} - \Sigma_{ab}\Sigma_{bb}^{-1}\Sigma_{ba} = \Lambda_{aa}^{-1} \tag{A.46}$$

また，$\boldsymbol{x}_b$ についての周辺分布も正規分布で，つぎのような形となる。

$$p(\boldsymbol{x}_b) = \mathcal{N}(\boldsymbol{x}_b \mid \boldsymbol{\mu}_b, \Sigma_{bb}) = \mathcal{N}\left(\boldsymbol{x}_b \mid \boldsymbol{\mu}_b, [\Lambda_{bb} - \Lambda_{ba}\Lambda_{aa}^{-1}\Lambda_{ab}]^{-1}\right) \tag{A.47}$$

上記の定理を証明します。まず，一般に条件付き分布 $p(\boldsymbol{x}_a \mid \boldsymbol{x}_b)$ は，定義 A.1 より，$\boldsymbol{x}_a$ の関数としては $p(\boldsymbol{x}_a, \boldsymbol{x}_b)$ に比例していることに注意します。そこで，正規分布の確率密度関数 (2.30) において，$\boldsymbol{x}_a$ に対するどのような関数になっているかを調べましょう。指数関数の肩の部分を $\boldsymbol{x}_a$ について平方完成して

$$\begin{aligned}
&(\boldsymbol{x} - \boldsymbol{\mu})^\top \Lambda (\boldsymbol{x} - \boldsymbol{\mu}) \qquad \text{(A.48)}\\
&= \boldsymbol{y}_a^\top \Lambda_{aa} \boldsymbol{y}_a + 2\boldsymbol{y}_a^\top \Lambda_{ab} \boldsymbol{y}_b + \boldsymbol{y}_b^\top \Lambda_{bb} \boldsymbol{y}_b\\
&= (\boldsymbol{y}_a + \Lambda_{aa}^{-1}\Lambda_{ab}\boldsymbol{y}_b)^\top \Lambda_{aa} (\boldsymbol{y}_a + \Lambda_{aa}^{-1}\Lambda_{ab}\boldsymbol{y}_b) + \boldsymbol{y}_b^\top (\Lambda_{bb} - \Lambda_{ba}\Lambda_{aa}^{-1}\Lambda_{ab}) \boldsymbol{y}_b
\end{aligned}$$

ただし，$\boldsymbol{y}_a \equiv \boldsymbol{x}_a - \boldsymbol{\mu}_a$ および $\boldsymbol{y}_b \equiv \boldsymbol{x}_b - \boldsymbol{\mu}_b$ であり，$\boldsymbol{x}_a^\top \Lambda_{ab} \boldsymbol{x}_b = \boldsymbol{x}_b^\top \Lambda_{ba} \boldsymbol{x}_a$ を用いました。また，途中の式変形には $\boldsymbol{x}_a^\top \Lambda_{aa} \boldsymbol{x}_a = \mathrm{Tr}[\Lambda_{aa} \boldsymbol{x}_a \boldsymbol{x}_a^\top]$ などを使うと便利です。この式を正規分布の確率密度関数 (2.30) に入れて眺めると，$\boldsymbol{y}_a$ については平均 $-\Lambda_{aa}^{-1}\Lambda_{ab}\boldsymbol{y}_b$，共分散行列 Λ_{aa}^{-1} の正規分布になっていることがわかります。$\boldsymbol{y}_a$ から $\boldsymbol{x}_a$ に移ることで，式 (A.45) および式 (A.46) の最右辺の表現が確かめられます。

また，Σ と Λ はたがいに逆行列の関係にありますから，ブロック分割行列の逆行列についての定理 A.4 から（式 (A.48) において $\mathsf{A} = \Sigma_{aa}$ などとおく）

$$\Lambda_{aa}^{-1} = \Sigma_{aa} - \Sigma_{ab}\Sigma_{bb}^{-1}\Sigma_{ba} \quad \text{および} \quad \Lambda_{aa}^{-1}\Lambda_{ab} = -\Sigma_{ab}\Sigma_{bb}^{-1}$$

もただちにわかります。これで定理の前半が証明できました。

定理の後半については，式 (A.48) の最後の等式によれば，結合分布 $p(\boldsymbol{x}_a, \boldsymbol{x}_b)$ から $\boldsymbol{x}_a$（または $\boldsymbol{y}_a$）を積分消去した後に残るのは $\boldsymbol{y}_b^\top (\Lambda_{bb} - \Lambda_{ba}\Lambda_{aa}^{-1}\Lambda_{ab}) \boldsymbol{y}_b$ の項のみであり，したがって，$\boldsymbol{x}_b$ の関数としては

$$p(\boldsymbol{x}_b) \propto \exp\left\{-\frac{1}{2}(\boldsymbol{x}_b - \boldsymbol{\mu}_b)^\top (\Lambda_{bb} - \Lambda_{ba}\Lambda_{aa}^{-1}\Lambda_{ab})(\boldsymbol{x}_b - \boldsymbol{\mu}_b)\right\}$$

となっていることがわかります。再び，正規分布の確率密度関数 (2.30) に入れて眺めることで定理後半の式 (A.47) が確認できます。Λ から Σ への変換に，ブロック分割行列の逆行列についての定理 A.4 を使うことも先ほどと同じです。これで定理 A.8 がすべて証明できました。

なお，a と b を入れ替えた $p(\boldsymbol{x}_b \mid \boldsymbol{x}_a)$ および $p(\boldsymbol{x}_a)$ についても，同様な形となることが容易に確かめられます。結果を書くとつぎのとおりです。

$$p(\boldsymbol{x}_b \mid \boldsymbol{x}_a) = \mathcal{N}(\boldsymbol{x}_b \mid \boldsymbol{\mu}_{b|a}, \Sigma_{b|a})$$

$$\boldsymbol{\mu}_{b|a} = \boldsymbol{\mu}_b + \Sigma_{ba}\Sigma_{aa}^{-1}(\boldsymbol{x}_a - \boldsymbol{\mu}_a) = \boldsymbol{\mu}_b - \Lambda_{bb}^{-1}\Lambda_{ba}(\boldsymbol{x}_a - \boldsymbol{\mu}_a) \quad \text{(A.49)}$$

$$\Sigma_{b|a} = \Sigma_{bb} - \Sigma_{ba}\Sigma_{aa}^{-1}\Sigma_{ab} = \Lambda_{bb}^{-1} \quad \text{(A.50)}$$

$$p(\boldsymbol{x}_a) = \mathcal{N}(\boldsymbol{x}_a \mid \boldsymbol{\mu}_a, \Sigma_{aa}) = \mathcal{N}\left(\boldsymbol{x}_a \mid \boldsymbol{\mu}_a,\ [\Lambda_{aa} - \Lambda_{ab}\Lambda_{bb}^{-1}\Lambda_{ba}]^{-1}\right) \quad \text{(A.51)}$$

A.4.5 多変数正規分布とベイズ公式

多変量正規分布の場合，ベイズの公式 (A.5) に出てくるすべての項を解析的に計算することができます。いま，つぎの二つの確率分布が与えられているとします。

$$p(\boldsymbol{y} \mid \boldsymbol{x}) = \mathcal{N}(\boldsymbol{y} \mid \mathsf{A}\boldsymbol{x} + \boldsymbol{b},\ \mathsf{D}) \quad \text{(A.52)}$$

$$p(\boldsymbol{x}) = \mathcal{N}(\boldsymbol{x} \mid \boldsymbol{\mu}, \Sigma) \quad \text{(A.53)}$$

このとき，ベイズの定理で現れる二つの分布 $p(\boldsymbol{x} \mid \boldsymbol{y})$ および $p(\boldsymbol{y})$ について，つぎの定理が成り立ちます。

定理 A.9 (多変数正規分布のベイズ公式)　$p(\boldsymbol{y} \mid \boldsymbol{x})$ および $p(\boldsymbol{x})$ が式 (A.52) および式 (A.53) で与えられるとき，$p(\boldsymbol{x} \mid \boldsymbol{y})$ および $p(\boldsymbol{y})$ はつぎで与えられる。

$$p(\boldsymbol{x} \mid \boldsymbol{y}) = \mathcal{N}\left(\boldsymbol{x} \;\middle|\; \mathsf{M}\left\{\mathsf{A}^\top\mathsf{D}^{-1}(\boldsymbol{y} - \boldsymbol{b}) + \Sigma^{-1}\boldsymbol{\mu}\right\},\ \mathsf{M}\right) \quad \text{(A.54)}$$

$$p(\boldsymbol{y}) = \mathcal{N}(\boldsymbol{y} \mid \mathsf{A}\boldsymbol{\mu} + \boldsymbol{b},\ \mathsf{D} + \mathsf{A}\Sigma\mathsf{A}^\top) \quad \text{(A.55)}$$

ただし，M は次式で定義される。

$$\mathsf{M} \equiv (\mathsf{A}^\top\mathsf{D}^{-1}\mathsf{A} + \Sigma^{-1})^{-1} \quad \text{(A.56)}$$

式 (A.54) は，$\boldsymbol{y}$ と $\boldsymbol{x}$ を「裏返す」公式です。ベイズ的学習理論において，事後分布の導出に威力を発揮します。

この証明は正規分布の直接変形から示すことができます。式 (A.54) から考えます。ベイズの公式から

$$\begin{aligned}
p(\boldsymbol{x} \mid \boldsymbol{y}) &\propto p(\boldsymbol{y} \mid \boldsymbol{x})\, p(\boldsymbol{x}) \\
&\propto \exp\left[-\frac{1}{2}\mathrm{Tr}\left\{\mathsf{D}^{-1}(\boldsymbol{y} - \mathsf{A}\boldsymbol{x} - \boldsymbol{b})(\boldsymbol{y} - \mathsf{A}\boldsymbol{x} - \boldsymbol{b})^\top + \Sigma^{-1}(\boldsymbol{x} - \boldsymbol{\mu})(\boldsymbol{x} - \boldsymbol{\mu})^\top\right\}\right] \\
&\propto \exp\left[-\frac{1}{2}\mathrm{Tr}\left\{[\mathsf{A}^\top\mathsf{D}^{-1}\mathsf{A} + \Sigma^{-1}]\boldsymbol{x}\boldsymbol{x}^\top - 2[\mathsf{A}^\top\mathsf{D}^{-1}(\boldsymbol{y} - \boldsymbol{b}) + \Sigma^{-1}\boldsymbol{\mu}]\boldsymbol{x}^\top\right\}\right]
\end{aligned}$$

が成り立ちます。Tr は行列のトレースで，一般にベクトル $\boldsymbol{a}, \boldsymbol{b}$ と行列 G に対し，$\boldsymbol{a}^\top\mathsf{G}\boldsymbol{b} = \boldsymbol{b}^\top\mathsf{G}^\top\boldsymbol{a} = \mathrm{Tr}[\mathsf{G}^\top\boldsymbol{a}\boldsymbol{b}^\top]$ が成り立つことを用いました。また，$\boldsymbol{x}$ に依存しな

い項は比例係数に吸収させていることに注意してください。指数関数の中身を $\boldsymbol{x}$ について平方完成し，多変量正規分布の定義式と見比べることにより，式 (A.54) が成り立つことがわかります。

つぎに $p(\boldsymbol{y})$ ですが，これは周辺化分布の定義から

$$p(\boldsymbol{y}) = \int \mathrm{d}\boldsymbol{x}\, p(\boldsymbol{y} \mid \boldsymbol{x})\, p(\boldsymbol{x}) \tag{A.57}$$

と計算されるべきものです。上で行った平方完成の計算によれば，右辺が，$\boldsymbol{y}$ についての非正値二次形式を肩にもつ指数関数となることがわかります。このことから，$p(\boldsymbol{y})$ は $\boldsymbol{y}$ についての正規分布となります。正規分布は平均と共分散行列で完全に特徴づけられますので，それらを求めると

$$\begin{aligned}
(\text{平均}) &= \int \mathrm{d}\boldsymbol{y}\, \boldsymbol{y} \int \mathrm{d}\boldsymbol{x}\, p(\boldsymbol{y} \mid \boldsymbol{x}) p(\boldsymbol{x}) = \int \mathrm{d}\boldsymbol{x}\, (\mathsf{A}\boldsymbol{x} + \boldsymbol{b})\, p(\boldsymbol{x}) \\
&= \mathsf{A}\boldsymbol{\mu} + \boldsymbol{b} \\
(\text{共分散行列}) &= \int \mathrm{d}\boldsymbol{y}\, (\boldsymbol{y} - \mathsf{A}\boldsymbol{\mu} - \boldsymbol{b})(\boldsymbol{y} - \mathsf{A}\boldsymbol{\mu} - \boldsymbol{b})^\top \int \mathrm{d}\boldsymbol{x}\, p(\boldsymbol{y} \mid \boldsymbol{x}) p(\boldsymbol{x}) \\
&= \mathsf{D} + \mathsf{A}\Sigma\mathsf{A}^\top
\end{aligned}$$

のようになります。いずれも，$\boldsymbol{y}$ の積分を先に実行し，$p(\boldsymbol{y} \mid \boldsymbol{x})$ が平均 $\mathsf{A}\boldsymbol{x} + \boldsymbol{b}$ と共分散行列 D をもつという事実を使うことで容易に計算できます。この結果から式 (A.55) が成り立つことがわかります。

A.5　カーネル密度推定における平均積分二乗誤差の漸近形

ここでは 3.3.3 項の式 (3.39) を導出します。最初に，定理の形で証明すべき結果をまとめておきます。1 次元の独立な標本 N 個からなるデータ $\mathcal{D} = \{x^{(1)}, \ldots, x^{(N)}\}$ が与えられたとして，バンド幅 h をもつ核関数 K_h によるカーネル密度推定

$$p_h(x) = \frac{1}{N} \sum_{n=1}^{N} K_h(x, x^{(n)})$$

を考えます。式 (3.38) 同様，K_h について，h に依存しない非負値の関数 K を用いて

$$K_h(x, x') = \frac{1}{h} K\left(\frac{x - x'}{h}\right)$$

と表せると仮定します。また

$$\int_{-\infty}^{\infty} \mathrm{d}u\, K(u) = 1, \qquad \int_{-\infty}^{\infty} \mathrm{d}u\, uK(u) = 0, \qquad \int_{-\infty}^{\infty} \mathrm{d}u\, u^2 K(u) = \sigma_K^2 \tag{A.58}$$

が成り立つとします。σ_K^2 はカーネルが決まれば計算できる定数です。

さらに，モデル $p_h(x)$ のよさの指標として，式 (3.34) と同様に積分二乗誤差をつぎのように定義します。

$$E(h \mid \mathcal{D}) \equiv \int_{-\infty}^{\infty} \mathrm{d}x \left[\, p_h(x) - p_{\text{真}}(x)\right]^2$$

ここで $p_{\text{真}}$ は未知の真の分布を表します。

定理 A.10　(平均積分二乗誤差の漸近形)　$E(h \mid \mathcal{D})$ につき，$\mathcal{D}$ にわたる期待値をとったものを平均積分二乗誤差（mean integral squared error）と呼ぶ。

$$\langle E(h|\cdot)\rangle \equiv \int_{-\infty}^{\infty} \mathrm{d}x^{(1)} \cdots \mathrm{d}x^{(N)}\; p_{\text{真}}(x^{(1)}) \cdots p_{\text{真}}(x^{(N)})\; E(h \mid \mathcal{D})$$

このとき，$N \to \infty$ かつ $h \to 0$（ただし $Nh \to \infty$）の極限で，$1/N$ と h の高次の項を無視する近似において，つぎが成り立つ。

$$\langle E(h|\cdot)\rangle \approx \frac{1}{Nh} R(K) + \frac{h^4 \sigma_K^4}{4} R(p''_{\text{真}}) \tag{A.59}$$

ただし R は，適当な可積分条件を満たす関数 g に対し，$R(g) \equiv \int_{-\infty}^{\infty} \mathrm{d}u\; g(u)^2$ で定義される。

上の定理を証明します。$p_h(x)$ の定義と標本の独立性から，任意の x に対して

$$\begin{aligned}
\left\langle [p_h(x) - p_{\text{真}}(x)]^2 \right\rangle &= \left\langle \left[\frac{1}{N} \sum_{n=1}^{N} \left\{ K_h(x, x^{(n)}) - p_{\text{真}}(x) \right\} \right]^2 \right\rangle \\
&= \frac{1}{N^2} \sum_{n=1}^{N} \left\langle \left[K_h^{(n)} - p_{\text{真}} \right]^2 \right\rangle + \frac{1}{N^2} \sum_{l \neq n} \left\langle K_h^{(n)} - p_{\text{真}} \right\rangle \left\langle K_h^{(l)} - p_{\text{真}} \right\rangle
\end{aligned} \tag{A.60}$$

が成り立ちます。ただし，$K_h^{(n)} \equiv K_h(x, x^{(n)})$ などとおきました。上記第 1 項は，N 個の項にわたる和ですが，第 2 項は，$N(N-1)$ 項にわたる和になることに注意します。

第 2 項から考えましょう。この項は，和を実行した結果 $1/N$ について 0 次の項となるはずですので，h についての微小項を考慮する必要があります。単純にテイラー展開を使うと，h の 3 次以上を無視する近似において

$$
\begin{aligned}
\left\langle K_h^{(n)} - p_{\text{真}} \right\rangle &= \int_{-\infty}^{\infty} \mathrm{d}x^{(n)}\, p_{\text{真}}(x^{(n)}) \frac{1}{h} K\left(\frac{x - x^{(n)}}{h}\right) - p_{\text{真}}(x) \\
&= \int_{-\infty}^{\infty} \mathrm{d}u\, p_{\text{真}}(x - uh) K(u) - p_{\text{真}}(x) \\
&\approx \int_{-\infty}^{\infty} \mathrm{d}u \left\{ p_{\text{真}}(x) - uh\, p'_{\text{真}}(x) + \frac{u^2 h^2}{2} p''_{\text{真}}(x) \right\} K(u) - p_{\text{真}}(x) \\
&= \frac{h^2}{2} p''_{\text{真}}(x) \sigma_K^2
\end{aligned}
\tag{A.61}
$$

となることがわかります。u の積分は，式 (A.58) を使って実行しました。この結果が n に依存していないことに注意します。

つぎに，式 (A.60) の第 1 項については，和を実行すると $1/N$ の 1 次の項になるはずなので，h については最も大きい項だけを残せば十分です。これより

$$
\begin{aligned}
\left\langle \left[K_h^{(n)} - p_{\text{真}} \right]^2 \right\rangle &= \int_{-\infty}^{\infty} \mathrm{d}x^{(n)}\, p_{\text{真}}(x^{(n)}) \left[\frac{1}{h} K\left(\frac{x - x^{(n)}}{h}\right) - p_{\text{真}}(x) \right]^2 \\
&= \int_{-\infty}^{\infty} \mathrm{d}u\, h\, p_{\text{真}}(x - uh) \left\{ \frac{1}{h} K(u) - p_{\text{真}}(x) \right\}^2 \\
&\approx h\, p_{\text{真}}(x) \int_{-\infty}^{\infty} \mathrm{d}u\, \left\{ \frac{1}{h} K(u) \right\}^2
\end{aligned}
\tag{A.62}
$$

という計算ができます。定理 A.10 の R という記号を使えば，これは $p_{\text{真}}(x)\, R(K)/h$ とも表せます。この結果も n には依存していません。

式 (A.61) および式 (A.62) を，元の式 (A.60) に戻し，n および l についての和を実行すると

$$
\left\langle [p_h(x) - p_{\text{真}}(x)]^2 \right\rangle = \frac{1}{N} \frac{p_{\text{真}}(x)\, R(K)}{h} + \left(\frac{N-1}{N} \right) \left[\frac{h^2}{2} p''_{\text{真}}(x) \sigma_K^2 \right]^2
$$

が成り立つことがわかります。第 2 項の係数において，1 は N に比べて無視できます。両辺を x について積分し，$p_{\text{真}}$ の規格化条件と，定理 A.10 における R の定義を $p''^2_{\text{真}}$ に対して使えば，式 (A.59) が成り立つことがわかります。

A.6　等式制約付きの非線形最適化

本文中で使う最適化の技術について基本をまとめておきます。ここで考えるのは，関数 $f(\boldsymbol{x})$ を最大化する $\boldsymbol{x}$ を求める問題です。もし $f(\boldsymbol{x})$ が微分可能性などの適切な条件を満たし，$\boldsymbol{x}$ のとりうる範囲に特別な制約がなければ，求める解 $\boldsymbol{x}^*$ は

$$\frac{\partial f}{\partial \boldsymbol{x}} = \boldsymbol{0}$$

を $\boldsymbol{x}$ について解くことで求められます。これは高校の数学で学ぶ初等的な事実ですが，$\boldsymbol{x}$ のとりうる範囲に制約がある場合，話が一気に難しくなります。

いま，関数 $f(\boldsymbol{x})$ を最大化する $\boldsymbol{x}$ の値を，制約 $g(\boldsymbol{x}) = 0$ の下で求めたいとします。形式的に書くと

$$f(\boldsymbol{x}) \to \text{最大化} \quad \text{subject to} \quad g(\boldsymbol{x}) = 0 \tag{A.63}$$

です。subject to は本文 3.6.1 項で出てきたとおり,「○○の制約の下で」を表す数学用語です。$\boldsymbol{x}$ は一般に M 次元のベクトルと考えます。話を具体的にするため，図 A.2 に $M = 2$ の状況を示しました。この場合，関数 $f(\boldsymbol{x})$ は 2 次元平面に等高線を描き，制約 $g(\boldsymbol{x}) = 0$ は曲線を描きます。等式制約を満たしながら f を最大化させるということは，曲線 $g(\boldsymbol{x}) = 0$ の上を歩いて各地点で f の値を見て，最大の f を与える地点を解 $\boldsymbol{x}^*$ として与えるということです。

図から想像できるとおり，解 $\boldsymbol{x}^*$ は，制約 $g(\boldsymbol{x}) = 0$ の描く曲線と，$f(\boldsymbol{x})$ のある等高線が接するところにある必要があります。なぜなら，もし等高線が接しておらず，等高線が制約の曲線をまたいでいれば，制約の曲線上でどちらかの方向に動けば，必ず f の値が増えるからです。等高線が制約の曲線に接していれば，曲線上のどちらの方向に歩いても f の値が増えることはありません。これはすなわち極大（凸関数の場合は最大）ということです。**図 A.2** のどちらの図でも点 Q，すなわち $\boldsymbol{x}_\mathrm{Q}$ が解となります。

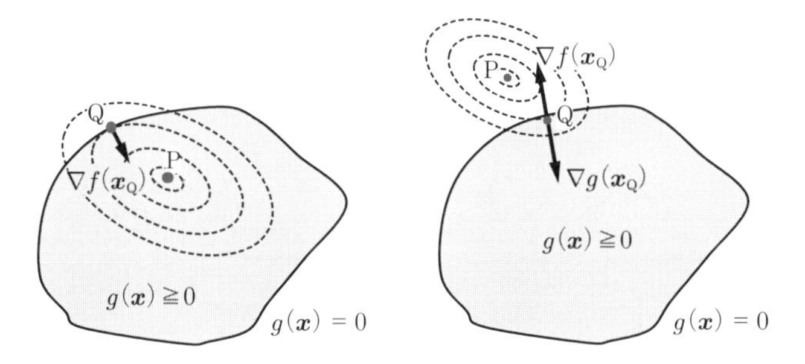

図 A.2　f の最大値が，領域 $g(\boldsymbol{x}) \geq 0$ の中にある場合（左）と
f の最大値が，領域 $g(\boldsymbol{x}) \geq 0$ の外にある場合（右）

このことを素朴に式で表現してみます。点 $\boldsymbol{x}$ がそのような接点であるとし，その近傍に，等式制約を満たす任意の点 $\boldsymbol{x} + \boldsymbol{\epsilon}$ を考えます。このとき，$\boldsymbol{\epsilon}$ の大きさが十分小さければ

$$f(\boldsymbol{x}) \simeq f(\boldsymbol{x}+\boldsymbol{\epsilon}) \tag{A.64}$$

$$g(\boldsymbol{x}) = g(\boldsymbol{x}+\boldsymbol{\epsilon}) = 0 \tag{A.65}$$

が成り立たねばなりません。第 1 の式は「動いても f の値が変わらない」，すなわち，極大である条件で（凸関数なら最大である条件で），第 2 の式は「2 点のそれぞれで制約は満たされている」という条件です。$\boldsymbol{\epsilon}$ の大きさが小さければテイラー展開により

$$f(\boldsymbol{x}+\boldsymbol{\epsilon}) \simeq f(\boldsymbol{x}) + \boldsymbol{\epsilon}^\top \nabla f(\boldsymbol{x}) \quad \text{および} \quad g(\boldsymbol{x}+\boldsymbol{\epsilon}) \simeq g(\boldsymbol{x}) + \boldsymbol{\epsilon}^\top \nabla g(\boldsymbol{x})$$

などが成り立ちますから，上記の条件は

$$\boldsymbol{\epsilon}^\top \nabla f(\boldsymbol{x}) = 0 \ \text{かつ} \ \boldsymbol{\epsilon}^\top \nabla g(\boldsymbol{x}) = 0 \tag{A.66}$$

$$g(\boldsymbol{x}) = 0 \tag{A.67}$$

となります。制約を満たす任意のベクトル $\boldsymbol{\epsilon}$ にこれが成り立つので，$\nabla f(\boldsymbol{x}) \propto \nabla g(\boldsymbol{x})$ でなければなりません。その比例係数を $-\lambda$ と書くと，上の第 1 の条件は

$$\mathbf{0} = \frac{\partial}{\partial \boldsymbol{x}} \{f(\boldsymbol{x}) + \lambda g(\boldsymbol{x})\}$$

と同じことです。この解は λ を含んだ形で求められますが，それは制約 (A.67) を明示的に使って求めることが可能です。制約式は，上式の $\{\cdot\}$ の中身を λ で微分して 0 とおいても同じものが出てきますので，結果はつぎのようにまとめられます。

定理 A.11 （ラグランジュ未定乗数法） 問題 (A.63) の局所最適解は

$$L(\boldsymbol{x}, \lambda) \equiv f(\boldsymbol{x}) + \lambda g(\boldsymbol{x})$$

に対して

$$\mathbf{0} = \frac{\partial L(\boldsymbol{x}, \lambda)}{\partial \boldsymbol{x}} \tag{A.68}$$

$$0 = \frac{\partial L(\boldsymbol{x}, \lambda)}{\partial \lambda} \tag{A.69}$$

を満たす。

この λ を**ラグランジュ乗数**，$L(\boldsymbol{x}, \lambda)$ を**ラグランジュ関数**などと呼びます。もし制約が $g_1(\boldsymbol{x}) = 0$，…，$g_C(\boldsymbol{x}) = 0$ のように複数ある場合，ラクランジュ関数を制約の数だけ

$$L(\boldsymbol{x}, \lambda) \equiv f(\boldsymbol{x}) + \sum_{i=1}^{C} \lambda_i g_i(\boldsymbol{x}) \tag{A.70}$$

のように定義して，式 (A.69) を制約の数だけ連立させることになります。なお，制約が等式であることから，上の定理の λ の符号を変えて，ラクランジュ関数を

$$L(\boldsymbol{x}, \lambda) \equiv f(\boldsymbol{x}) - \lambda g(\boldsymbol{x})$$

と定義しても同様に定理が成立します。また，$g(\boldsymbol{x}) = 0$ の代わりに，ある定数 c を使って $g(\boldsymbol{x}) = c$ という制約を加えても，式 (A.68) が成立することは明らかです。

上記では微分可能性を仮定して（工学的によく知られている）テイラー展開を使いましたが，より一般的な条件でも上記の定理が成り立つことが知られています。詳しくは非線形最適化の書籍[22] を参照してください。

引用・参考文献

1) 赤穂昭太郎：カーネル多変量解析, 岩波書店 (2008)

2) 赤池弘次, 北川源四郎：時系列解析の実際 I, II, 朝倉書店 (1994)

3) ビショップ, C.：パターン認識と機械学習（上、下）, 丸善出版 (2012)

4) Breunig, M. M., Kriegel, H.-P., Ng, R. T. and Sander, J.: LOF: Identifying Density-based Local Outliers, in *Proceedings of the ACM SIGMOD International Conference on Management of Data*, SIGMOD 2000, pp. 93–104 (2000)

5) Chen, M.-S. and Lin, K.-P.: Efficient Kernel Approximation for Large-Scale Support Vector Machine Classification, in *Proceedings of the 2011 SIAM International Conference on Data Mining*, SDM 11, pp. 211–222 (2011)

6) Fujimaki, R., Yairi, T. and Machida, K.: An Approach to Spacecraft Anomaly Detection Problem Using Kernel Feature Space, in *Proceedings of the Eleventh ACM SIGKDD International Conference on Knowledge Discovery in Data Mining*, KDD 05, pp. 401–410 (2005)

7) Golub, G. H., Heath, M. and Wahba, G.: Generalized cross-validation as a method for choosing a good ridge parameter, *Technometrics*, **21**, 2, pp. 215–223 (1979)

8) Golub, G. and Loan, C. V.: *Matrix Computations*, Johns Hopkins University Press, 4 edition (2012)

9) Hamm, J. and Lee, D. D.: Grassmann Discriminant Analysis: A Unifying View on Subspace-based Learning, in *Proceedings of the 25th International Conference on Machine Learning*, ICML 08, pp. 376–383 (2008)

10) ハーヴィル, D. A.：統計のための行列代数（上、下）, 丸善出版 (2012)

11) ヘイスティ, ティブシラニ, フリードマン：統計的学習の基礎, 共立出版 (2014)

12) Idé, T.: Why does Subsequence Time-Series Clustering Produce Sine Waves?, in *Proceedings of the 10th European Conference on Principles and Practice of Knowledge Discovery in Databases*, PKDD 06, pp. 311–322 (2006)

13) 井手 剛：潜在的ダイナミクスと異常検知, 電子情報通信学会誌, **97**, 5, pp. 410–415 (2014)

14) Idé, T. and Kashima, H.: Eigenspace-based Anomaly Detection in Computer Systems, in *Proceedings of ACM SIGKDD International Conference on Knowledge Discovery and Data Mining*, KDD 04, pp. 440–449 (2004)

15) Idé, T. and Tsuda, K.: Change-point detection using Krylov subspace learning, in *Proceedings of 2007 SIAM International Conference on Data Mining*, SDM 07, pp. 515–520 (2007)

16) Kawahara, Y. and Sugiyama, M.: Change-Point Detection in Time-Series Data by Direct Density-Ratio Estimation, in *Proceedings of the 2009 SIAM International Conference on Data Mining*, SDM 09, pp. 389–400 (2009)

17) Kawahara, Y., Yairi, T. and Machida, K.: Change-Point Detection in Time-Series Data Based on Subspace Identification, in *Proceedings of the Seventh IEEE International Conference on Data Mining*, ICDM 07, pp. 559–564 (2007)

18) Keogh, E., Lin, J. and Fu, A.: HOT SAX: Efficiently Finding the Most Unusual Time Series Subsequence, in *Proceedings of the Fifth IEEE International Conference on Data Mining*, ICDM 05, pp. 226–233 (2005)

19) Keogh, E., Lin, J. and Truppel, W.: Clustering of Time Series Subsequences is Meaningless: Implications for Previous and Future Research, in *Proceedings of the Third IEEE International Conference on Data Mining*, ICDM 03, pp. 115–122 (2003)

20) 北川源四郎：時系列解析入門, 岩波書店 (2005)

21) 小西貞則, 北川源四郎：情報量規準, 朝倉書店 (2004)

22) 今野 浩, 山下 浩：非線形計画法, 日科技連出版社 (1978)

23) Loader, C. R.: Bandwidth Selection: Classical or Plug-In?, *The Annals of Statistics*, **27**, 2, pp. 415–438 (1999)

24) 宮川雅巳：実験計画法特論 – フィッシャー、タグチ、そしてシャイニンの合理的な使い分け, 日科技連出版社 (2006)

25) Rakthanmanon, T., Campana, B., Mueen, A., Batista, G., Westover, B., Zhu, Q., Zakaria, J. and Keogh, E.: Searching and Mining Trillions of Time Series Subsequences Under Dynamic Time Warping, in *Proceedings of the 18th ACM SIGKDD International Conference on Knowledge Discovery and Data Mining*, KDD 12, pp. 262–270 (2012)

26) Rosipal, R. and Krämer, N.: *Overview and Recent Advances in Partial Least Squares*, **3940** of *Lecture Notes in Computer Science*, Springer Berlin Heidelberg, pp. 34–51 (2006)
27) 坂野　鋭：部分空間法の最近の発展, 電子情報通信学会誌, **95**, 4, pp. 347–351 (2012)
28) Sheather, S. J. and Jones, M. C.: A Reliable Data-Based Bandwidth Selection Method for Kernel Density Estimation, *Journal of the Royal Statistical Society. Series B (Methodological)*, **53**, 3, pp. 683–690 (1991)
29) ストラング, G.：線形代数とその応用, 産業図書 (1978)
30) Taguchi, G. and Jugulum, R.: *The Mahalanobis-Taguchi Strategy: A Pattern Technology System*, Wiley (2002)
31) 竹内　啓：確率分布の近似, 教育出版 (1975)
32) Tax, D. M. J. and Duin, R. P. W.: Support Vector Data Description, *Machine Learning*, **54**, 1, pp. 45–66 (2004)
33) Woodall, W. H., Koudelik, R., Tsui, K.-L., Kim, S. B., Stoumbos, Z. G., Carvounis, C. P., Jugulum, R., Taguchi, G., Taguchi, S., Wilkins, J. O., Abraham, B., Variyath, A. M. and Hawkins, D. M.: A Review and Analysis of the Mahalanobis-Taguchi System [with Discussion and Response], *Technometrics*, **45**, 1, pp. 1–30 (2003)
34) 山西健司：データマイニングによる異常検知, 共立出版 (2009)
35) Zhao, M. and Saligrama, V.: Anomaly Detection with Score functions based on Nearest Neighbor Graphs, in Bengio, Y., Schuurmans, D., Lafferty, J., Williams, C. K. I. and Culotta, A. eds., *Advances in Neural Information Processing Systems 22*, NIPS 2009, pp. 2250–2258 (2009)

索　　　　引

【す】

【せ】

【そ】

【た】

【ち】

【て】

【A〜E】

【F】

【G〜I】

【K】

【L】

【M】

【N】

【P】

【Q】

【R】

【S】

【T】

【U】

Rコマンド索引

—— 著者略歴 ——

1990 年　国立苫小牧工業高等専門学校機械工学科卒業
1993 年　東北大学工学部機械工学科卒業
2000 年　東京大学大学院博士課程修了（物理学専攻）
　　　　博士（理学）
2000 年　IBM 東京基礎研究所研究員
2013 年　IBM T. J. Watson Research Center,
　　　　Senior Technical Staff Member
　　　　現在に至る

入門 機械学習による異常検知 — Rによる実践ガイド —
Introduction to Anomaly Detection using Machine Learning
— A Practical Guide with R —

2015 年 3 月 13 日　初版第 1 刷発行
2024 年 4 月 15 日　初版第 9 刷発行

検印省略

著　者　井手（いで）　剛（つよし）
発行者　株式会社　コロナ社
　　　　代表者　牛来真也
印刷所　三美印刷株式会社
製本所　有限会社　愛千製本所

112–0011　東京都文京区千石 4–46–10
発行所　株式会社　コロナ社
CORONA PUBLISHING CO., LTD.
Tokyo Japan
振替 00140–8–14844・電話(03)3941–3131(代)
ホームページ　https://www.coronasha.co.jp

ISBN 978–4–339–02491–3　C3055　Printed in Japan　(金)